国家出版基金项目
NATIONAL PUBLICATION FOUNDATION

中国社会科学院
庆祝中华人民共和国成立70周年书系　国家发展建设史

总主编　谢伏瞻

新中国生态文明建设 70年

蔡昉　潘家华　王谋／等著

中国社会科学出版社

图书在版编目（CIP）数据

新中国生态文明建设 70 年／蔡昉等著 . —北京：中国社会科学出版社，2020. 5（2021. 6 重印）

（庆祝中华人民共和国成立 70 周年书系）

ISBN 978 - 7 - 5203 - 6361 - 7

Ⅰ. ①新… Ⅱ. ①蔡… Ⅲ. ①生态环境建设—概况—中国 Ⅳ. ①X321. 2

中国版本图书馆 CIP 数据核字（2020）第 062121 号

出 版 人	赵剑英
责任编辑	谢欣露
责任校对	郝阳洋
责任印制	王　超

出　　版	中国社会科学出版社
社　　址	北京鼓楼西大街甲 158 号
邮　　编	100720
网　　址	http：//www. csspw. cn
发 行 部	010 - 84083685
门 市 部	010 - 84029450
经　　销	新华书店及其他书店

印刷装订	北京君升印刷有限公司
版　　次	2020 年 5 月第 1 版
印　　次	2021 年 6 月第 2 次印刷

开　　本	710 × 1000　1/16
印　　张	20. 75
字　　数	289 千字
定　　价	129. 00 元

凡购买中国社会科学出版社图书，如有质量问题请与本社营销中心联系调换
电话：010 - 84083683

中国社会科学院
《庆祝中华人民共和国成立70周年书系》
编撰工作领导小组及委员会名单

编撰工作领导小组：

组　长　　谢伏瞻

成　员　　王京清　蔡　昉　高　翔　高培勇　杨笑山

　　　　　姜　辉　赵　奇

编撰工作委员会：

主　任　　谢伏瞻

成　员　　（按姓氏笔画为序）

卜宪群	马　援	王　巍	王立胜	王立峰
王延中	王京清	王建朗	史　丹	邢广程
刘丹青	刘跃进	闫　坤	孙壮志	李　扬
李正华	李　平	李向阳	李国强	李培林
李新烽	杨伯江	杨笑山	吴白乙	汪朝光
张　翼	张车伟	张宇燕	陈　甦	陈光金
陈众议	陈星灿	周　弘	郑筱筠	房　宁
赵　奇	赵剑英	胡　滨	姜　辉	莫纪宏

夏春涛　高　翔　高培勇　唐绪军　黄　平
黄群慧　朝戈金　蔡　昉　樊建新　潘家华
魏后凯

协调工作小组：

　　组　长　蔡　昉

　　副组长　马　援　赵剑英

　　成　员　（按姓氏笔画为序）

　　　　王子豪　王宏伟　王　茵　云　帆　卢　娜
　　　　叶　涛　田　侃　曲建君　朱渊寿　刘大先
　　　　刘　伟　刘红敏　刘　杨　刘爱玲　吴　超
　　　　宋学立　张　骅　张　洁　张　旭　张崇宁
　　　　林　帆　金　香　郭建宏　博　悦　蒙　娃

总　序

与时代同发展　与人民齐奋进

谢伏瞻[*]

今年是新中国成立 70 周年。70 年来，中国共产党团结带领中国人民不懈奋斗，中华民族实现了从"东亚病夫"到站起来的伟大飞跃、从站起来到富起来的伟大飞跃，迎来了从富起来到强起来的伟大飞跃。70 年来，中国哲学社会科学与时代同发展，与人民齐奋进，繁荣中国学术，发展中国理论，传播中国思想，为党和国家事业发展作出重要贡献。在这重要的历史时刻，我们组织中国社会科学院多学科专家学者编撰了《庆祝中华人民共和国成立 70 周年书系》，旨在系统回顾总结中国特色社会主义建设的巨大成就，系统梳理中国特色哲学社会科学发展壮大的历史进程，为建设富强民主文明和谐美丽的社会主义现代化强国提供历史经验与理论支持。

壮丽篇章　辉煌成就

70 年来，中国共产党创造性地把马克思主义基本原理同中国具体实际相结合，领导全国各族人民进行社会主义革命、建设和改革，

---

* 中国社会科学院院长、党组书记，学部主席团主席。

战胜各种艰难曲折和风险考验，取得了举世瞩目的伟大成就，绘就了波澜壮阔、气势恢宏的历史画卷，谱写了感天动地、气壮山河的壮丽凯歌。中华民族正以崭新姿态巍然屹立于世界的东方，一个欣欣向荣的社会主义中国日益走向世界舞台的中央。

我们党团结带领人民，完成了新民主主义革命，建立了中华人民共和国，实现了从几千年封建专制向人民民主的伟大飞跃；完成了社会主义革命，确立社会主义基本制度，推进社会主义建设，实现了中华民族有史以来最为广泛而深刻的社会变革，为当代中国的发展进步奠定了根本政治前提和制度基础；进行改革开放新的伟大革命，破除阻碍国家和民族发展的一切思想和体制障碍，开辟了中国特色社会主义道路，使中国大踏步赶上时代，迎来了实现中华民族伟大复兴的光明前景。今天，我们比历史上任何时期都更接近、更有信心和能力实现中华民族伟大复兴的目标。

中国特色社会主义进入新时代。党的十八大以来，在以习近平同志为核心的党中央坚强领导下，我们党坚定不移地坚持和发展中国特色社会主义，统筹推进"五位一体"总体布局，协调推进"四个全面"战略布局，贯彻新发展理念，适应我国社会主要矛盾已经转化为人民日益增长的美好生活需要和不平衡不充分的发展之间的矛盾的深刻变化，推动我国经济由高速增长阶段向高质量发展阶段转变，综合国力和国际影响力大幅提升。中国特色社会主义道路、理论、制度、文化不断发展，拓展了发展中国家走向现代化的途径，给世界上那些既希望加快发展又希望保持自身独立性的国家和民族提供了全新选择，为解决人类问题贡献了中国智慧和中国方案，为人类发展、为世界社会主义发展做出了重大贡献。

70 年来，党领导人民攻坚克难、砥砺奋进，从封闭落后迈向开放进步，从温饱不足迈向全面小康，从积贫积弱迈向繁荣富强，取得了举世瞩目的伟大成就，创造了人类发展史上的伟大奇迹。

经济建设取得辉煌成就。70 年来，我国经济社会发生了翻天覆地的历史性变化，主要经济社会指标占世界的比重大幅提高，国际地位和国际影响力显著提升。经济总量大幅跃升，2018 年国内生产总值比 1952 年增长 175 倍，年均增长 8.1%。1960 年我国经济总量占全球经济的比重仅为 4.37%，2018 年已升至 16% 左右，稳居世界第二大经济体地位。我国经济增速明显高于世界平均水平，成为世界经济增长的第一引擎。1979—2012 年，我国经济快速增长，年平均增长率达到 9.9%，比同期世界经济平均增长率快 7 个百分点，也高于世界各主要经济体同期平均水平。1961—1978 年，中国对世界经济增长的年均贡献率为 1.1%。1979—2012 年，中国对世界经济增长的年均贡献率为 15.9%，仅次于美国，居世界第二位。2013—2018 年，中国对世界经济增长的年均贡献率为 28.1%，居世界第一位。人均收入不断增加，1952 年我国人均 GDP 仅为 119 元，2018 年达到 64644 元，高于中等收入国家平均水平。城镇化率快速提高，1949 年我国的城镇化率仅为 10.6%，2018 年我国常住人口城镇化率达到了 59.58%，经历了人类历史上规模最大、速度最快的城镇化进程，成为中国发展史上的一大奇迹。工业成就辉煌，2018 年，我国原煤产量为 36.8 亿吨，比 1949 年增长 114 倍；钢材产量为 11.1 亿吨，增长 8503 倍；水泥产量为 22.1 亿吨，增长 3344 倍。基础设施建设积极推进，2018 年年末，我国铁路营业里程达到 13.1 万公里，比 1949 年年末增长 5 倍，其中高速铁路达到 2.9 万公里，占世界高铁总量 60% 以上；公路里程为 485 万公里，增长 59 倍；定期航班航线里程为 838 万公里，比 1950 年年末增长 734 倍。开放型经济新体制逐步健全，对外贸易、对外投资、外汇储备稳居世界前列。

科技发展实现大跨越。70 年来，中国科技实力伴随着经济发展同步壮大，实现了从大幅落后到跟跑、并跑乃至部分领域领跑的历史性跨越。涌现出一批具有世界领先水平的重大科技成果。李四光等人提出"陆相生油"理论，王淦昌等人发现反西格玛负超子，第一颗原子弹装置爆炸成功，第一枚自行设计制造的运载火箭发射成功，在世界上首次人工合成牛胰岛素，第一颗氢弹空爆成功，陈景润证明了哥德巴赫猜想中的"1＋2"，屠呦呦等人成功发现青蒿素，天宫、蛟龙、天眼、悟空、墨子、大飞机等重大科技成果相继问世。相继组织实施了一系列重大科技计划，如国家高技术研究发展（863）计划、国家重点基础研究发展（973）计划、集中解决重大问题的科技攻关（支撑）计划、推动高技术产业化的火炬计划、面向农村的星火计划以及国家自然科学基金、科技型中小企业技术创新基金等。研发人员总量稳居世界首位。我国研发经费投入持续快速增长，2018 年达 19657 亿元，是 1991 年的 138 倍，1992—2018 年年均增长 20.0%。研发经费投入强度更是屡创新高，2014 年首次突破 2%，2018 年提升至 2.18%，超过欧盟 15 国平均水平。按汇率折算，我国已成为仅次于美国的世界第二大研发经费投入国家，为科技事业发展提供了强大的资金保证。

人民生活显著改善。我们党始终把提高人民生活水平作为一切工作的出发点和落脚点，深入贯彻以人民为中心的发展思想，人民获得感显著增强。70 年来特别是改革开放以来，从温饱不足迈向全面小康，城乡居民生活发生了翻天覆地的变化。我国人均国民总收入（GNI）大幅提升。据世界银行统计，1962 年，我国人均 GNI 只有 70 美元，1978 年为 200 美元，2018 年达到 9470 美元，比 1962 年增长了 134.3 倍。人均 GNI 水平与世界平均水平的差距逐渐缩小，1962 年相当于世界平均水平的 14.6%，2018 年相当于世界平均水平的 85.3%，比 1962 年提高了 70.7 个百分点。在世界银行公布的人均 GNI 排名中，2018 年中国排名第 71 位（共计 192 个经济体），比 1978 年（共计 188 个经济体）提高 104 位。组织实施了一系列中长期扶贫规划，从救济式扶贫到开发式扶贫再到精准扶贫，探索出一条符合中国国情的农村扶贫开发道路，为全面建成小康社会奠定了坚实基础。脱贫攻坚战取得决定性进展，贫困人口大幅减少，为世界减贫事业做出了重大贡献。按照我国现行农村贫困标准测算，1978 年我国农村贫困人口为 7.7 亿人，贫困发生率为 97.5%。2018 年年末农村贫困人口为 1660 万人，比 1978 年减少 7.5 亿人；贫困发生率为 1.7%，比 1978 年下降 95.8 个百分点，平均每年下降 2.4 个百分点。我国是最早实现联合国千年发展目标中减贫目标的发展中国家。就业形势长期稳定，就业总量持续增长，从1949年的1.8亿人增加到2018年的7.8亿人，扩大了3.3倍，就业结构调整优化，就业质量显著提升，劳动力市场不断完善。教育事业获得跨越式发展。1970—2016年，我国高等教育毛入学率从0.1%提高到48.4%，2016年我国高等教育毛入学率比中等收入国家平均水平高出13.4个百分点，比世界平均水平高10.9个百分点；中等教育毛入学率从1970年的28.0%提高到2015年的94.3%，2015年我国中等教育毛入学率超过中等收入国家平均水平16.5个百分点，远高于世界平均水平。我国总人口由1949年的5.4亿人发展到2018年的近14亿人，年均增长率约为1.4%。人民身体素质日益改善，居民预期寿命由新中国成立初的35岁提高到2018年的77岁。居民环境卫生条件持续改善。2015年，我国享有基本环境卫生服务人口占总人口比重为75.0%，超过中等收入国家66.1%的平均水平。我国居民基本饮用水服务已基本实现全民覆盖，超过中等偏上收入国家平均水平。

思想文化建设取得重大进展。党对意识形态工作的领导不断加强，党的理论创新全面推进，马克思主义在意识形态领域的指导地位更加巩固，中国特色社会主义和中国梦深入人心，社会主义核心价值观和中华优秀传统文化广泛弘扬。文化事业繁荣兴盛，文化产业快速发展。文化投入力度明显加大。1953—1957年文化事业费总投入为4.97亿元，2018年达到928.33亿元。广播影视制播能力显著增强。新闻出版繁荣发展。2018年，图书品种51.9万种、总印数100.1亿册（张），分别为1950年的42.7倍和37.1倍；期刊品种10139种、总印数22.9亿册，分别为1950年的34.4倍和57.3倍；报纸品种1871种、总印数337.3亿份，分别为1950年的4.9倍和42.2倍。公共文化服务水平不断提高，文艺创作持续繁荣，文化事业和文化产业蓬勃发展，互联网建设管理运用不断完善，全民健身和竞技体育全面发展。主旋律更加响亮，正能量更加强劲，文化自信不断增强，全党全社会思想上的团结统一更加巩固。改革开放后，我国对外文化交流不断扩大和深化，已成为国家整体外交战略的重要组成部分。特别是党的十八大以来，文化交流、文化贸易和文化投资并举的"文化走出去"、推动中华文化走向世界的新格局已逐渐形成，国家文化软实力和中华文化影响力大幅提升。

生态文明建设成效显著。70 年来特别是改革开放以来，生态文明建设扎实推进，走出了一条生态文明建设的中国特色道路。党的十八大以来，以习近平同志为核心的党中央高度重视生态文明建设，将其作为统筹推进"五位一体"总体布局的重要内容，形成了习近平生态文明思想，为新时代推进我国生态文明建设提供了根本遵循。国家不断加大自然生态系统建设和环境保护力度，开展水土流失综合治理，加大荒漠化治理力度，扩大森林、湖泊、湿地面积，加强自然保护区保护，实施重大生态修复工程，逐步健全主体功能区制度，推进生态保护红线工作，生态保护和建设不断取得新成效，环境保护投入跨越式增长。20 世纪 80 年代初期，全国环境污染治理投资每年为 25 亿—30 亿元，2017 年，投资总额达到 9539 亿元，比 2001 年增长 7.2 倍，年均增长 14.0%。污染防治强力推进，治理成效日益彰显。重大生态保护和修复工程进展顺利，森林覆盖率持续提高。生态环境治理明显加强，环境状况得到改善。引导应对气候变化国际合作，成为全球生态文明建设的重要参与者、贡献者、引领者。[①]

新中国 70 年的辉煌成就充分证明，只有社会主义才能救中国，只有改革开放才能发展中国、发展社会主义、发展马克思主义，只有坚持以人民为中心才能实现党的初心和使命，只有坚持党的全面领导才能确保中国这艘航船沿着正确航向破浪前行，不断开创中国特色社会主义事业新局面，谱写人民美好生活新篇章。

---

① 文中所引用数据皆来自国家统计局发布的《新中国成立 70 周年经济社会发展成就系列报告》。

繁荣中国学术　发展中国理论
传播中国思想

　　70 年来，我国哲学社会科学与时代同发展、与人民齐奋进，在革命、建设和改革的各个历史时期，为党和国家事业作出了独特贡献，积累了宝贵经验。

一　发展历程

　　——在马克思主义指导下奠基、开创哲学社会科学。新中国哲学社会科学事业，是在马克思主义指导下逐步发展起来的。新中国成立前，哲学社会科学基础薄弱，研究与教学机构规模很小，无法适应新中国经济和文化建设的需要。因此，新中国成立前夕通过的具有临时宪法性质的《中国人民政治协商会议共同纲领》明确提出："提倡用科学的历史观点，研究和解释历史、经济、政治、文化及国际事务，奖励优秀的社会科学著作。"新中国成立后，党中央明确要求："用马列主义的思想原则在全国范围内和全体规模上教育人民，是我们党的一项最基本的政治任务。"经过几年努力，确立了马克思主义在哲学社会科学领域的指导地位。国务院规划委员会制定了1956—1967 年哲学社会科学研究工作远景规划。1956 年，毛泽东同志提出"百花齐放、百家争鸣"，强调"百花齐放、百家争鸣"的方针，"是促进艺术发展和科学进步的方针，是促进中国的社会主义文化繁荣的方针"。在机构设置方面，1955 年中国社会科学院的前身——中国科学院哲学社会科学学部成立，并先后建立了 14 个研究所。马克思主义指导地位的确立，以及科研和教育体系的建立，为新中国哲学社会科学事业的兴起和发展奠定了坚实基础。

　　——在改革开放新时期恢复、发展壮大哲学社会科学。党的十一届三中全会开启了改革开放新时期，我国哲学社会科学从十年

"文革"的一片荒芜中迎来了繁荣发展的新阶段。邓小平同志强调"科学当然包括社会科学",重申要切实贯彻"双百"方针,强调政治学、法学、社会学以及世界政治的研究需要赶快补课。1977年,党中央决定在中国科学院哲学社会科学学部的基础上组建中国社会科学院。1982年,全国哲学社会科学规划座谈会召开,强调我国哲学社会科学事业今后必须有一个大的发展。此后,全国哲学社会科学规划领导小组成立,国家社会科学基金设立并逐年开展课题立项资助工作。进入21世纪,党中央始终将哲学社会科学置于重要位置,江泽民同志强调"在认识和改造世界的过程中,哲学社会科学和自然科学同样重要;培养高水平的哲学社会科学家,与培养高水平的自然科学家同样重要;提高全民族的哲学社会科学素质,与提高全民族的自然科学素质同样重要;任用好哲学社会科学人才并充分发挥他们的作用,与任用好自然科学人才并发挥他们的作用同样重要"。《中共中央关于进一步繁荣发展哲学社会科学的意见》等文件发布,有力地推动了哲学社会科学繁荣发展。

——在新时代加快构建中国特色哲学社会科学。党的十八大以来,以习近平同志为核心的党中央高度重视哲学社会科学。2016年5月17日,习近平总书记亲自主持哲学社会科学工作座谈会并发表重要讲话,提出加快构建中国特色哲学社会科学的战略任务。2017年3月5日,党中央印发《关于加快构建中国特色哲学社会科学的意见》,对加快构建中国特色哲学社会科学作出战略部署。2017年5月17日,习近平总书记专门就中国社会科学院建院40周年发来贺信,发出了"繁荣中国学术,发展中国理论,传播中国思想"的号召。2019年1月2日、4月9日,习近平总书记分别为中国社会科学院中国历史研究院和中国非洲研究院成立发来贺信,为加快构建中国特色哲学社会科学指明了方向,提供了重要遵循。不到两年的时间内,习近平总书记专门为一个研究单位三次发贺信,这充分说明党中央对哲学社会科学的重视前所未有,对哲学社会科学工作者的关怀前所未有。在党中央坚强领导下,广大哲学社会科学工作者增强"四个意识"，坚定"四个自信"，做到"两个维护"，坚持以习近平新时代中国特色社会主义思想为指导，坚持"二为"方向和"双百"方针，以研究我国改革发展稳定重大理论和实践问题为主攻方向，哲学社会科学领域涌现出一批优秀人才和成果。经过不懈努力，我国哲学社会科学事业取得了历史性成就，发生了历史性变革。

二　主要成就

70 年来，在党中央坚强领导和亲切关怀下，我国哲学社会科学取得了重大成就。

马克思主义理论研究宣传不断深入。新中国成立后，党中央组织广大哲学社会科学工作者系统翻译了《马克思恩格斯全集》《列宁全集》《斯大林全集》等马克思主义经典作家的著作，参与编辑出版《毛泽东选集》《毛泽东文集》《邓小平文选》《江泽民文选》《胡锦涛文选》等一批党和国家重要领导人文选。党的十八大以来，参与编辑出版了《习近平谈治国理政》《干在实处　走在前列》《之江新语》，以及"习近平总书记重要论述摘编"等一批代表马克思主义中国化最新成果的重要文献。将《习近平谈治国理政》、"习近平总书记重要论述摘编"翻译成多国文字，积极对外宣传党的创新理论，为传播中国思想作出了重要贡献。先后成立了一批马克思主义研究院（学院）和"邓小平理论研究中心""中国特色社会主义理论体系研究中心"，党的十九大以后成立了 10 家习近平新时代中国特色社会主义思想研究机构，哲学社会科学研究教学机构在研究阐释党的创新理论，深入研究阐释马克思主义中国化的最新成果，推动马克思主义中国化时代化大众化方面发挥了积极作用。

为党和国家服务能力不断增强。新中国成立初期，哲学社会科学工作者围绕国家的经济建设，对商品经济、价值规律等重大现实问题进行深入研讨，推出一批重要研究成果。1978 年，哲学社会科学界开展的关于真理标准问题大讨论，推动了全国性的思想解放，为我们党重新确立马克思主义思想路线、为党的十一届三中全会召开作了重要的思想和舆论准备。改革开放以来，哲学社会科学界积极探索中国特色社会主义发展道路，在社会主义市场经济理论、经济体制改革、依法治国、建设社会主义先进文化、生态文明建设等重大问题上，进行了深入研究，积极为党和国家制定政策提供决策咨询建议。党的十八大以来，广大哲学社会科学工作者辛勤耕耘，紧紧围绕统筹推进"五位一体"总体布局、协调推进"四个全面"战略布局，推进国家治理体系和治理能力现代化，构建人类命运共同体和"一带一路"建设等重大理论与实践问题，述学立论、建言献策，推出一批重要成果，很好地发挥了"思想库""智囊团"作用。

学科体系不断健全。新中国成立初期，哲学社会科学的学科设置以历史、语言、考古、经济等学科为主。70 年来，特别是改革开放以来，哲学社会科学的研究领域不断拓展和深化。到目前为止，已形成拥有马克思主义研究、历史学、考古学、哲学、文学、语言学、经济学、法学、社会学、人口学、民族学、宗教学、政治学、新闻学、军事学、教育学、艺术学等 20 多个一级学科、400 多个二级学科的较为完整的学科体系。进入新时代，哲学社会科学界深入贯彻落实习近平总书记"5·17"重要讲话精神，加快构建中国特色哲学社会科学学科体系、学术体系、话语体系。

学术研究成果丰硕。70 年来，广大哲学社会科学工作者辛勤耕耘、积极探索，推出了一批高水平成果，如《殷周金文集成》《中国历史地图集》《中国语言地图集》《中国史稿》《辩证唯物主义原理》《历史唯物主义原理》《政治经济学》《中华大藏经》《中国政治制度通史》《中华文学通史》《中国民族关系史纲要》《现代汉语词典》等。学术论文的数量逐年递增，质量也不断提升。这些学术成果对传承和弘扬中华民族优秀传统文化、推进社会主义先进文化建设、增强文化自信、提高中华文化的"软实力"发挥了重要作用。

对外交流长足发展。70 年来特别是改革开放以来，我国哲学社会科学界对外学术交流与合作的领域不断拓展，规模不断扩大，质量和水平不断提高。目前，我国哲学社会科学对外学术交流遍及世界100多个国家和地区，与国外主要研究机构、学术团体、高等院校等建立了经常性的双边交流关系。坚持"请进来"与"走出去"相结合，一方面将高水平的国外学术成果译介到国内，另一方面将能够代表中国哲学社会科学水平的成果推广到世界，讲好中国故事，传播中国声音，提高了我国哲学社会科学的国际影响力。

人才队伍不断壮大。70年来，我国哲学社会科学研究队伍实现了由少到多、由弱到强的飞跃。新中国成立之初，哲学社会科学人才队伍薄弱。为培养科研人才，中国社会科学院、中国人民大学等一批科研、教育机构相继成立，培养了一批又一批哲学社会科学人才。目前，形成了社会科学院、高等院校、国家政府部门研究机构、党校行政学院和军队五大教研系统，汇聚了60万多专业、多类型、多层次的人才。这样一支规模宏大的哲学社会科学人才队伍，为实现我国哲学社会科学建设目标和任务提供了有力人才支撑。

三　重要启示

70年来，我国哲学社会科学在取得巨大成绩的同时，也积累了宝贵经验，给我们以重要启示。

坚定不移地以马克思主义为指导。马克思主义是科学的理论、人民的理论、实践的理论、不断发展的开放的理论。坚持以马克思主义为指导，是当代中国哲学社会科学区别于其他哲学社会科学的根本标志。习近平新时代中国特色社会主义思想是马克思主义中国化的最新成果，是当代中国马克思主义、21世纪马克思主义，要将这一重要思想贯穿哲学社会科学各学科各领域，切实转化为广大哲学社会科学工作者清醒的理论自觉、坚定的政治信念、科学的思维方法。要不断推进马克思主义中国化时代化大众化，奋力书写研究阐发当代中国马克思主义、21世纪马克思主义的理论学术经典。

坚定不移地践行为人民做学问的理念。为什么人的问题是哲学社会科学研究的根本性、原则性问题。哲学社会科学研究必须搞清楚为谁著书、为谁立说，是为少数人服务还是为绝大多数人服务的问题。脱离了人民，哲学社会科学就不会有吸引力、感染力、影响力、生命力。我国广大哲学社会科学工作者要坚持人民是历史创造者的观点，树立为人民做学问的理想，尊重人民主体地位，聚焦人民实践创造，自觉把个人学术追求同国家和民族发展紧紧联系在一起，努力多出经得起实践、人民、历史检验的研究成果。

坚定不移地以研究回答新时代重大理论和现实问题为主攻方向。习近平总书记反复强调："当代中国的伟大社会变革，不是简单延续我国历史文化的母版，不是简单套用马克思主义经典作家设想的模板，不是其他国家社会主义实践的再版，也不是国外现代化发展的翻版，不可能找到现成的教科书。"哲学社会科学研究，必须立足中国实际，以我们正在做的事情为中心，把研究回答新时代重大理论和现实问题作为主攻方向，从当代中国伟大社会变革中挖掘新材料，发现新问题，提出新观点，构建有学理性的新理论，推出有思想穿透力的精品力作，更好服务于党和国家科学决策，服务于建设社会主义现代化强国，实现中华民族伟大复兴的伟大实践。

坚定不移地加快构建中国特色哲学社会科学"三大体系"。加快构建中国特色哲学社会科学学科体系、学术体系、话语体系，是习近平总书记和党中央提出的战略任务和要求，是新时代我国哲学社会科学事业的崇高使命。要按照立足中国、借鉴国外，挖掘历史、把握当代，关怀人类、面向未来的思路，体现继承性、民族性，原创性、时代性，系统性、专业性的要求，着力构建中国特色哲学社会科学。要着力提升原创能力和水平，立足中国特色社会主义伟大实践，坚持不忘本来、吸收外来、面向未来，善于融通古今中外各种资源，不断推进学科体系、学术体系、话语体系建设创新，构建一个全方位、全领域、全要素的哲学社会科学体系。

坚定不移地全面贯彻"百花齐放、百家争鸣"方针。"百花齐放、百家争鸣"是促进我国哲学社会科学发展的重要方针。贯彻"双百方针"，做到尊重差异、包容多样，鼓励探索、宽容失误，提倡开展平等、健康、活泼和充分说理的学术争鸣，提倡不同学术观点、不同风格学派的交流互鉴。正确区分学术问题和政治问题的界限，对政治原则问题，要旗帜鲜明、立场坚定，敢于斗争、善于交锋；对学术问题，要按照学术规律来对待，不能搞简单化，要发扬民主、相互切磋，营造良好的学术环境。

坚定不移地加强和改善党对哲学社会科学的全面领导。哲学社会科学事业是党和人民的重要事业，哲学社会科学战线是党和人民的重要战线。党对哲学社会科学的全面领导，是我国哲学社会科学事业不断发展壮大的根本保证。加快构建中国特色哲学社会科学，必须坚持和加强党的领导。只有加强和改善党的领导，才能确保哲学社会科学正确的政治方向、学术导向和价值取向；才能不断深化对共产党执政规律、社会主义建设规律、人类社会发展规律的认识，不断开辟当代中国马克思主义、21 世纪马克思主义新境界。

《庆祝中华人民共和国成立 70 周年书系》坚持正确的政治方向和学术导向，力求客观、详实，系统回顾总结新中国成立 70 年来在政治、经济、社会、法治、民族、生态、外交等方面所取得的巨大成就，系统梳理我国哲学社会科学重要学科发展的历程、成就和经验。书系秉持历史与现实、理论与实践相结合的原则，编撰内容丰富、覆盖面广，分设了国家建设和学科发展两个系列，前者侧重对新中国 70 年国家发展建设的主要领域进行研究总结；后者侧重对哲学社会科学若干主要学科 70 年的发展历史进行回顾梳理，结合中国社会科学院特点，学科选择主要按照学部进行划分，同一学部内学科差异较大者单列。书系为新中国成立 70 年而作，希望新中国成立 80 年、90 年、100 年时能够接续编写下去，成为中国社会科学院学者向共和国生日献礼的精品工程。

是为序。

目　　录

总　论　篇

专　论　篇

地 区 篇

国 际 篇

展 望 篇

总论篇

新中国的生态环境建设，经历了成立之初生产力低下的农耕文明、改革开放后的工业文明、新时代迈向生态文明的三大阶段，每个阶段都有自身的特质、挑战、应对和成效。从 1949 年到改革开放前，中国整体上表现为农耕文明特征，自然灾害频发、粮食短缺、城市化水平低下。为了跳出"马尔萨斯陷阱"，新中国的缔造者带领人民治理水患，兴修水利，拓荒垦殖，问题得到缓解但没有得到解决，中国依然贫困落后。改革开放后，工业化快速推进，城市化加速发展，使农民得以从土地中解放出来，极大地提升了劳动生产力；因高额物质消费和非物质享受欲望不断膨胀，人与自然的冲突演化为危及人的生存环境和自然可持续力的污染危机。进入 21 世纪以来，中国的发展逼近工业文明的环境红线、生态底线和资源上限，可持续发展挑战不断凸显。2010 年后，中国全面启动生态保护、污染控制和资源节约的转型发展进程，高质量、大力度建设生态文明，推进人与自然的和谐发展。在新中国成立 70 周年之际，有必要系统梳理、认识这一演化进程，在总结绿色转型发展取得的成就和辨明问题的基础上，分析其直接动因和内在动力，探索学理基础，展望未来发展方向和模式。

第 一 章

生态文明建设发展 70 年的
艰难历程与辉煌成就

人类社会文明形态的发展，经历了从原始文明到农耕文明再到工业文明的发展阶段，正在迈向生态文明的新时代。新中国成立后，新中国的建设者面对自然灾害频发、生产力低下的严峻环境，战天斗地改造自然，开启了可歌可泣、曲折艰辛、成就斐然的生态文明建设发展历程。

1949 年新中国成立，启动了新民主主义和社会主义建设新征程，其中一个最重要的矛盾，就是如何处理好或者说协同好——不论是被动还是主动——人与自然的关系。人是自然的一分子，依赖自然而生存。新中国的建设发展必须利用自然，或尊重或蔑视，或顺应或逆反，或保护或破坏，人与自然的关系或和谐或冲突。新中国 70 年经历了从农耕文明生产力低下的"靠天吃饭"、祈求"丰衣足食"到迈向生态文明时代的人与自然和谐共荣、追求"美好生活"的过程。70 年改天换地，力塑河山；70 年风雨兼程，艰难曲折；70 年绿水青山，金山银山；70 年生态建设，文明发展。新中国成立 70 年生态文明建设之路，就是人与自然从矛盾冲突到和谐发展之路。

系统地梳理新中国成立 70 年来生态文明建设的壮举和伟业，我们发现，生态文明建设物理内涵的演绎过程，焦点在变化，重点在调整，难点在更替，具有明确的阶段性特征。70 年的建设发展，虽然困难重重，但将挑战转化为机遇，尊重自然，平衡生态，成就斐然。在生态相对脆弱的自然环境下，一步一步地发展经济、改善自然，内在动因何在？70 年从战天斗地改造自然到生态平衡，再到迈向生态文明的历程，需要加以学理分析、认知和解读。在全球生态文明转型进程中，中国未来的发展，我们责任重大，信心满满。

　　生态文明传承"天人合一"的东方古典哲学智慧，但其物理内涵多在哲学层面的人与自然和谐的认知与实践上。2002 年 11 月，党的十六大报告明确提出"可持续发展能力不断增强，生态环境得到改善，资源利用效率显著提高，做到人与自然的和谐，推动整个社会走上生产发展、生活富裕、生态良好的文明发展道路"的目标，较为系统全面地界定了生态文明建设的物理内涵，即生态、环境和资源三大成分，生态得到改善，环境得到整治，资源高效利用。尽管在广义层面，将生态文明界定为相对于农耕文明、工业文明的人类发展历程的社会文明形态，但更多的，在生态文明的建设发展操作层面，采用 2012 年党的十八大报告中关于中国特色社会主义事业"五位一体"总体布局中的"经济建设、政治建设、文化建设、社会建设和生态文明建设"安排，将生态文明建设限定在较为狭义的具有具体物理内涵的层面。2015 年，在生态文明体制改革方案中，进一步明确生态文明建设的方针是"节约优先、保护优先、自然恢复为主"，目标是"保障国家生态安全，改善环境质量，提高资源利用效率"①。因而，生态文明建设的内容，从广义、宏观和历史的视角看，是将生态文明放在突出位置，融入经济建设、政治建设、社会建设和文化建设的各个方面和全过程；但在狭义、技术和现实的层面，则主要包括资源节约即高能效、低物耗，污染控制即低排放、零排放，和生态保护即生物多样性保育、生态平衡的维系。

　　不论是生态保护，还是污染治理，抑或是资源节约，均源自或

---

　　①　2015 年 9 月 21 日，中共中央、国务院印发《生态文明体制改革总体方案》。

回归于自然环境本底资源。那么，新中国生态文明建设的本底特征或状况如何呢？20 世纪 30 年代，人口地理学家胡焕庸提出的中国人口地理分界线①，连接东北的爱辉，到西南的腾冲，此线西北一侧国土面积占国土总面积的 60% 以上，而人口只占全国的 4%。经过 80 余年工业化城市化进程，这一结构依然存在，东南一侧人口占全国总人口的比例达到 94%。根据中国自然气候和地形地貌特征，我国不适宜和临界适宜人类居住的面积高达 527.48 万平方千米；而在这广袤但却贫瘠的土地上，养育的人口只有区区 4501 万人，占全国人口的比例只有 3.44%。而高度适宜和比较适宜人类居住的地区，面积只占 27.36%，养育的人口占比却高达 78.12%。② 这一自然资源本底特征，足以说明新中国生态文明建设之艰辛，需要一再加大力度强化生态文明建设。

新中国成立之初，中国内陆人口为 5.42 亿人，占世界人口比例达到 22.00%。城市化水平处于农耕文明时代，只有 10.64%。粮食总产量 1.13 亿吨，人均只有 208.49 千克。工业基础极其薄弱，粗钢产量只有 15.80 万吨。③ 森林覆盖率只有 8.60%。④ 自然条件恶劣，粮食严重短缺，工业化水平低下。中国的生态文明建设，基础条件并不优渥，一穷二白，百废待兴，面临严峻的挑战。

第一节　生态文明建设的历史进程

新中国生态文明建设进程，是在生态并不良好、物产并不富足，

---

① 胡焕庸：《中国人口之分布》，《地理学报》1935 年第 2 期。

② 封志明等：《基于 GIS 的中国人居环境指数模型的建立与应用》，《地理学报》2008 年第 12 期。人口为 2006 年数据。

③ 1950 年，尽管钢铁产量有所回升，也只有区区 60 万吨。

④ 但也有分析认为，1949 年的森林覆盖率为 12.5%，几乎是 30 年后的森林覆盖率数据。参见樊宝敏、董源《中国历代森林覆盖率的探讨》，《北京林业大学学报》2001 年第 4 期。

面积相对广袤但人口数量众多，起点是农耕文明时代，努力防范掉入"马尔萨斯陷阱"的条件下进行的。改革开放之后，工业化拉动城市化，生产力水平大幅提高，生态得以自然修复，但污染趋于严重，资源短缺。中国加入世界贸易组织后，融入世界经济，成为"世界工厂"，生态文明建设接轨世界。进入2010年，中国的生态文明建设步入新阶段，共抓生态大保护，全面实施大气、水、土壤环境介质污染防治攻坚，资源减量节约、循环再生利用，引领全球生态文明建设。

一　改革开放前：战天斗地，生态失衡

新中国成立后直到20世纪70年代中后期，中国人口基数大、增长快，粮食短缺，"马尔萨斯陷阱"的幽灵始终挥之不去。中国的生态文明建设的基本特征是治水治山，战天斗地以粮为纲，城乡割裂控制人口。中国主动应对问题，但也只是部分有效，生态失衡日渐严重。

首先是治水。历史上，北京的永定河之所以被称为"永定河"，是因为它是一条无定河。淮河、黄河、长江，这些孕育中华民族文化的母亲河，也是洪患不断的灾难河、血泪河。新中国成立伊始，淮河洪水泛滥，政府全力以赴治理淮河。1950年，政务院发布《关于治理淮河的决定》。1951年，毛泽东同志亲笔题词，"一定要把淮河修好"。1952年10月，毛泽东同志视察兰考，登上黄河大堤，面对滔滔黄河，号召"要把黄河的事情办好"。1958年8月，毛泽东同志再次来到兰考，视察黄河治理和农田水利基础建设。1954年长江大洪水使武汉浸泡于洪水之中。为了长江度汛安全，20世纪50年代修建"荆江分洪工程"，探讨修建三峡大坝，根治长江洪水。面对水土流失严重的情况，1955年，毛泽东同志向全国人民发出了在12年内绿化祖国的号召。治水绿化可以减缓灾害，但对生产力的提高较为有限。

其次是新中国成立后，通过集体化道路，毁林开荒，围湖造田，修建梯田，扩大耕地面积，以提高粮食产量，保障粮食供给。1953年，大寨响应中央号召，开始实行农业集体化，在陈永贵等人的带领下，艰苦奋斗，治山治水，在七沟八梁一面坡上，建设层层梯田，

在没有任何现代机械和动力的情况下，全靠一双手，引水浇地，改变了靠天吃饭的状况。20 世纪 50 年代起，直到改革开放，军队戍边屯垦、开垦新的种植园。新中国进入和平建设期后，在新疆、黑龙江、云南、海南等省（区），组建农场，并吸纳大量城市青年。尤其是"文化大革命"期间城市就业岗位短缺、粮食定量有限，大量城市青年或集中到大中型农场，或分散到农村，从事农业生产。

在这一阶段，经济建设的基本思路是"以粮为纲，全面发展"，结果引致"以粮为纲，全面砍光"。为了加速实现工业化，实行工农产品价格"剪刀差"，农业补贴工业。为了加速工业发展，1958 年大炼钢铁，"以钢为纲，全面跃进"。中央北戴河会议宣布钢产量比 1957 年翻一番，达到 1070 万吨。由于土法上马，不尊重科学，尽管 1958 年底完成钢产量翻番任务，但实际上合格的钢只有 800 万吨，所炼 300 多万吨土钢、416 万吨土铁根本不能用。而且，全民炼钢，处处炼钢，大量毁灭森林，破坏环境，造成了严重的生态退化。

不论是"以粮为纲"还是"以钢为纲"，新中国成立后的 20 多年，始终未能跳出"马尔萨斯陷阱"。20 世纪 50 年代初，人口恢复性快速增长，引起对粮食安全供给的警觉。1955 年，马寅初提出"新人口论"，建议主动控制人口增长。到 20 世纪 70 年代中后期，我国人口数量比新中国成立初期几乎增加了一倍，国际上甚至也出现"人口爆炸"的论调。为了避免马尔萨斯式的人口灾难，一是严格户籍制度，控制城市非农业人口。在 1958 年实现城乡户籍隔离，农业户籍人口不得进入非农行业，不得离开乡村进入城镇。二是强制计划生育。20 世纪 70 年代中后期实施计划生育政策，20 世纪 80 年代严格实施"独生子女"政策，直到 2010 年后才开始松动。①

---

① 2015 年 10 月 29 日，党的十八届五中全会决定：从 2016 年 1 月 1 日起全面放开二孩政策。2015 年 12 月 27 日，全国人大常委会审议通过修订后的《人口与计划生育法》，表决通过《人口与计划生育法修正案（草案）》，全面二孩政策于 2016 年 1 月 1 日起正式实施。

由于技术水平低下，虽然兴修水利、植树造林、户籍隔离和计划生育，依然没有能够从根本上解决温饱问题。不仅如此，毁林开荒，围湖造田，破坏草原，使得生态退化、恶化，失衡加剧。由于工业发展规模相对有限，对原材料的占用和消耗也较为有限，局部地区出现污染，但是，由于相对滞后的发展水平和刻意的意识形态导向的认知宣传，认为污染是资本主义的痼疾，社会主义与此无缘。在这一阶段，主要特征是生态失衡，人与自然矛盾加剧。采取的主动政策，例如，城乡隔离、计划生育，也具有被动色彩，治标不治本。

二 改革开放后：从工业文明的极限到生态文明的和谐

改革开放后，工业化进程提速，改革使得农民从土地中解放出来，不仅大大提升了劳动生产力，而且减少了对自然生态的破坏；开放使得国际污染控制的经验和生态保护的实践被引入中国，提升了人们的环境认知和生态意识。生产力的发展使得中国成功跳出"马尔萨斯陷阱"，粮食短缺的困境原则上不复存在，减少人口破坏压力使得自然得以休养生息，生态得以自我修复和改善。但是，因循发达国家快速工业化和城市化的老路，也使中国加速抵近乃至于部分逾越了自然的容量极限（环境红线、生态底线和资源上限）。我们认识到，依靠工业文明的技术和资本投入，环境基础设施再完善，也不可能解决工业文明的固有弊端。因而，进入 2010 年后，中国加快生态文明建设，加速迈向生态文明和谐（人与自然的和谐共生）时代。

改革开放的起步阶段（1978—1991 年），污染问题不断凸显，生态恶化趋缓。工业污染加剧环境破坏，中国开始建立环境保护机构、建立健全法制。

改革开放的提速阶段（1992—2001 年），污染问题加剧，污染治理提速，生态得以改善。中国制定污染标准管控排放，加强工程设施治理污染。在这一阶段，环境保护机构得以升级，法制进一步得到完善。

改革开放的腾飞阶段（2002—2011 年），中国已加入世界贸易组织，成为"世界工厂"。由于工业的规模效应，污染排放总量增加，环境质量整体恶化，但趋势得到遏制。主要污染物排放达到峰值，排放总量减少。环境保护机构再升级，中国实施污染物排放总量控制。

改革开放的提质阶段（2012 年以后），环境质量趋稳向好，中国开始走向绿色和谐之路。环境质量总体呈现改善态势，生态文明建设的机构职能进一步得到强化。

三　生态化发展：理念升华与体制演进

从发展理念看，从生态平衡到生态文明，是一个不断演进和升华的过程。20 世纪 50 年代，中国面对自然灾害，通过全社会的努力来改造自然。由于工业化水平低下，工业污染甚至被认为是发展的代名词。20 世纪 60 年代，在生产力没有能够得到提升的情况下，也由于中国相对隔绝于世界，中国人民依靠两只手，豪情壮志，人定胜天的理念盛行。到了 20 世纪 70 年代，生态破坏引致生态退化、恶化，人们认识到生态平衡的重要性，全社会的共识是恢复生态平衡。开放使得环境保护和可持续发展的认知和理念进入中国，在 20 世纪 80 年代中国生态问题严峻和环境污染恶果初现时，我们认识到，贫困也是"污染之源"，污染需要通过发展加以控制。尽管 20 世纪 80 年代可持续发展的理念逐步成为全社会的共识，但重心经历了一个从生态平衡向污染控制的过程。进入 20 世纪 90 年代，以 1992 年在巴西里约热内卢召开的联合国环境与发展会议（又称全球环境首脑会议、里约峰会）为标志，环境保护的意识在全社会进一步提升，在发展的意愿、压力、动力强劲的情况下，环境与发展在形式上并重，实际上依然是发展优先或发展导向的保护。21 世纪开启了科学发展的征程，明确第一要义是发展，核心是以人为本，通过统筹兼顾，寻求全面协调可持续的发展。到了 2010 年后，生态文明建设不仅是"五位一体"总体布局不可或缺的组成部分，而且地位更突出，融入经济建设、政治建设、文化建设和社会建设的各个方面和全过程，新的发展理念要求创新、协调、绿色、开放、共享，生态文明建设理论形成系统并升华为习近平生态文明思想，成为新时代中国特色社会主义思想的重要组成部分。

生态环境保护机构的演进历程也与发展理念和建设实践相吻合。1949 年新中国成立之际即成立中央人民政府林垦部，1951 年改为中央人民政府林业部，1956 年成立森林工业部，1958 年森林工业部与林业部合并为林业部，1970 年林业部与农业部和水产部合并为农林部，1979 年恢复林业部。1998 年 3 月 10 日，九届全国人大一次会议通过国务院机构改革方案，林业部改为国务院直属机构国家林业局。2018 年 3 月 13 日，十三届全国人大一次会议审议国务院机构改革方案，组建国家林业和草原局，不再保留国家林业局。关于农业垦殖，1956 年在国务院组成部门中专设农垦部，统筹安排开垦发展人口密集程度低、自然生态环境具有较高初级生产力的地区尤其是边疆（例如黑龙江的北大荒）。1982 年农垦部与农业部、水产总局合并为农牧渔业部。

相对于农耕文明下的自然资源利用和生态保护，环境污染是"新生事物"，在改革开放前的国家行政机构设置中，几乎不见环境保护部门的踪影。1972 年，中国政府组团出席了在斯德哥尔摩召开的联合国人类环境会议后，我国以西方的环境保护理念和污染灾害作为前车之鉴，将污染控制纳入国家的议事日程，于次年即 1973 年设立临时性的国务院环境保护领导小组办公室。改革开放后，随着乡镇企业的遍地开花和沿海"三来一补"①贸易的发展，环境污染成为社会"公害"，中国迫切需要职能定位明确的国家行政部门实施

---

① "三来一补"指来料加工、来样加工、来件装配和补偿贸易，是中国内地在改革开放初期尝试性地创立的一种企业贸易形式，它最早出现于 1978 年。随着中国制造业的逐渐发展，2000 年后，中国加入世界贸易组织，这一劳动力密集、污染管控缺失的企业发展模式逐步退出。

环境保护职责。1982 年，环境保护局成立，归属当时的城乡建设环境保护部。1984 年 12 月，成立相对独立的国家环境保护局，仍归城乡建设环境保护部领导。1988 年 7 月，国家环境保护局脱离归属部委，成为副部级的国务院直属机构。十年后的 1998 年，环境保护机构再度升级为国家环境保护总局，成为国务院直属正部级机构。2008 年，环境保护机构地位进一步提升，成为国务院组成部门。2018 年，环境保护与生态建设机构融合，组建生态环境部，其功能拓展、职责强化。

从生态环境行政机构设置的演化进程中，我们可以发现，改革开放前的重点和中心是以生态建设为主；为了利用自然，也短暂组建过以森林砍伐、农业垦殖为职能的森林工业部和农垦部。这也就意味着，改革开放前 30 年，保护与破坏是并行的。改革开放后，随着工业化和城市化进程，自然破坏的压力弱化，资源利用的需求减缓，森林工业部和农垦部等部门被撤销，林业等部门生态建设的职能得到强化但层级下降。与此形成鲜明对照的是，在改革开放后，从中央到地方的环境保护或污染控制部门，从无到有、从小到大、从弱到强，展现了全社会环境保护意愿的不断提升和决心、力度不断强化的进程。

第二节　生态文明建设的成就与挑战

中国的自然资源和生态禀赋，表明资源是匮乏的，生态是脆弱的；中国的人口规模和发展水平，表明压力是巨大的，投入是有限的；中国"天人合一"的生态认知和严峻现实，表明意愿是明确的，意志是坚定的。在这样一种条件下的生态文明建设，道路必然是艰辛而漫长的，绩效只能是积跬步而至千里的，挑战是不断演化但却依旧严峻的。

在生态治理上，如果以森林覆盖率作为一个主要指标的话，则从 1949 年的 8.6% 增加到改革开放初期的 12.7%[①]，增加了约 4 个百分点，也就是每十年一个多百分点；改革开放 40 年，森林覆盖率提升到 2018 年的 21.92%，平均每年提升约 0.25 个百分点。要知道，这是在胡焕庸线东南一侧人口密集、西北一侧生命之源——水——严重缺乏的环境下取得的，相对于一些自然环境优渥的国家动辄 50% 乃至于 60% 的森林覆盖率，着实不算显赫，但实际上，来之不易！

　　生态治理的手段，改革开放前主要是治水和绿化荒山、风沙源治理、水土保持治理，多是防御型的；改革开放后尤其是 20 世纪 90 年代后期启动的退耕还林、退田还湖、退田还草，则是修复、改善型的。从 20 世纪 50 年代治理淮河、海河、黄河、长江洪水之患，到水利工程农田灌溉、黄河小浪底调水调沙、长江三峡控洪兴利，顺应自然而不是放纵自然，使得季风性、年际波动剧烈的中国水热资源得以生态维护。治水，工程手段是需要的，但根本还是从源头治理。例如，千年泛滥的黄河，泥沙俱下，屡修屡毁，堤防护不了，大坝（三门峡）拦不住。然而，经过新中国 70 年的不断治理，不仅洪泛绝迹，而且黄河变清了。根据黄河潼关 2000—2015 年的实测数据，年均入黄泥沙 2.64 亿吨，较天然来沙均值 15.92 亿吨减少 83.6%；径流量较天然时期年均值减少 46%，含沙量大幅下降 71%，为 10.8 千克/立方米。显然，这些成效不仅仅是工程措施，更多的是黄土高原生态治理的结果。1999—2015 年，延安累计退耕还林 1070 万亩，覆盖了当地 19.4% 的国土面积，植被覆盖度达 67.7%。坡面治理使径流不下沟，沟壑地的径流、泥沙分别减少 58% 和 78%。由于淤地坝建设，仅榆林一地就减少水土流失量 1/3。2017 年 5 月潼关实

---

①　关于森林覆盖率的数据，国家林业主管部门和学术文献研究的数据存在不同的表述。王兰会、刘俊昌的论文《1978—1998 我国森林覆盖率变动的影响因素分析》（《北京林业大学学报》2003 年第 1 期）表明，1976 年的数据为 12.7%，但 1981 年的数据为 12.0%，与林业部门改革开放初期森林覆盖率 12.0% 的数据（参见刘毅、寇江泽《森林覆盖率升至 22.96%　我国生态环境持续向好》，《人民日报》2019 年 5 月 28 日第 1 版）相一致。

测数据显示，黄河含沙量不超过 0.8 千克/立方米。①

改革开放后，大幅启动的各类自然保护地建设，涉及森林公园、湿地公园、遗址公园、地质公园、自然保护区、水源保护区、国家公园，覆盖东部、中部、西部，遍布全国。全国超过 90% 的陆地自然生态系统都建有代表性的自然保护区，89% 的国家重点保护野生动植物种类以及大多数重要自然遗迹在自然保护区内得到保护。② 全国共有各类自然保护地 10000 多处。各类陆域自然保护地总面积占陆地国土面积的 18% 左右，超过世界 14% 的平均水平。其中 80% 的面积为生态保护属性较强的自然保护区，约占陆地国土面积的14.8%；生态保护属性较弱的风景名胜区和森林公园占保护地总面积的 3.8% 左右。

污染攻坚，经历了一个从"宁愿呛死不愿守穷"到"绿水青山就是金山银山"的认知过程。改革开放后，"无工不富"的口号推动"村村点火户户冒烟"，江南亮丽水乡在 20 世纪 80 年代演变为污水横流、水华遍地的境况。20 世纪 80 年代，我国几乎没有污水处理设施，政府没有相应的财政预算。改革开放后，世界银行和日本等发达国家通过低息贷款支持中国的环境污水处理厂建设，也因管网不配套、运行费用无着落而搁置。20 世纪 90 年代配套管网；21 世纪初实施污染者付费，水费中列收污水处理费，严格排放标准；到 2010 年后，城镇污水处理率已经到 95% 以上。大气环境的治理，也从 20 世纪 80 年代治理沙尘暴（粉尘）、工业烟囱除尘，到 20 世纪 90 年代的脱硫治理酸雨，到 21 世纪初的脱硝治理氮氧化物污染，再到 2010 年后的攻坚治霾、大幅降低 PM2.5 浓度；从 2008 年的"奥运蓝"，到 2015 年的"阅兵蓝"，再到目前的日常蓝，蓝天白云，空气清新，民生普惠。

大江大河的治理，也经历了一个从水土流失生态治理到污染控制

---

① 《黄河变清调查》，《瞭望》新闻周刊 2017 年第 39 期。

② 潘家华等：《中国生态建设与环境保护（1978～2018）》，社会科学文献出版社2018 年版。

水质治理的过程。在 20 世纪 80 年代的城市规划和产业布局中，沿江城市的化工企业，多布局在城市的下游，或城市自来水厂取水口的下游，典型"只管自家门前雪，不顾他人瓦上霜"的模式。淮河流域水污染始于 20 世纪 70 年代后期，进入 80 年代，水污染事故频发，水质恶化加剧，给沿淮人民身体健康和经济社会发展带来了严重危害。"五十年代淘米洗菜，六十年代洗衣灌溉，七十年代水质变坏，八十年代鱼虾绝代，九十年代身心受害。"这首歌谣是淮河流域水质变化过程的真实写照。1994 年 5 月，国务院环境保护委员会在安徽省蚌埠市召开了第一次淮河流域环保执法检查现场会，揭开了淮河治污的序幕。① 随后，相继制定和实施了淮河流域水污染防治规划及"九五""十五"计划。进入 21 世纪，淮河流域排污总量有所削减，但仍然居高不下。2005 年，淮河流域废水排放量 41.7 亿吨，化学需氧量（COD）排放量 104.2 万吨，是"九五"目标的 2.8 倍，"十五"目标的 1.6 倍，"十一五"目标的 1.2 倍；氨氮排放量 14.0 万吨，是"十五"目标的 1.2 倍，"十一五"目标的 1.3 倍。从水质来看，污染仍然十分严重。2007 年上半年，淮河干流 14 个监测断面Ⅱ类、Ⅲ类水质比例仅占 14%，Ⅳ类水质比例占 29%，Ⅴ类、劣Ⅴ类水质所占比例高达 57%。2010 年后的污染攻坚，淮河流域整体上污染大幅减轻至轻度污染。2018 年，监测的 180 个水质断面中，Ⅰ类、Ⅱ类、Ⅲ类水质占比提升至 57.2%，Ⅴ类、劣Ⅴ类占比降至 12.2%。② 2016 年 1 月，习近平总书记在重庆提出长江"共抓大保护，不搞大开发"。从长江流域水质监测数据看（见表 1—1），2016 年以前，长江水质整体上呈现恶化态势，2014 年Ⅰ类水质断面仍占 4.4%，到 2017 年，下降到 2.2%；Ⅳ类到劣Ⅴ类的水质断面，在 2016 年居然

---

① 裴晓飞：《淮河流域污染痼疾"久治不愈"的深层分析》，《中国经济时报》2007 年 12 月 4 日。

② 生态环境部：《中国生态环境状况公报（2018）》，2019 年 5 月 29 日，http://www.mee.gov.cn/hjzl/zghjzkgb/lnzghjzkgb/。

高达 17.6% 。2017 年、2018 年，长江流域干支流沿岸壮士断腕、铁腕治江，大力关停并转迁化工企业，长江国控断面水质迅速改善。2018 年，Ⅰ 类、Ⅱ 类水质断面超过 60% ，Ⅳ 类至劣 Ⅴ 类降至 12.6% 。共抓大保护初现成效。

表 1—1　　长江流域国控断面水质类别比例　　单位：%

年份	水质						
	Ⅰ	Ⅱ	Ⅲ	Ⅳ	Ⅴ	劣 Ⅴ	Ⅳ—劣 Ⅴ
2018	5.7	54.7	27.1	9.0	1.8	1.8	12.6
2017	2.2	44.3	38.0	10.2	3.1	2.2	15.5
2016	2.7	53.5	26.1	9.6	4.5	3.5	17.6
2015	3.8	55.0	30.6	6.2	1.2	3.1	10.5
2014	4.4	50.9	32.7	6.9	1.9	3.1	11.9

注：2016—2018 年 510 个国控断面，其中干流 59 个断面，支流 451 个断面；2014—2015 年 160 个国控断面，其中干流 42 个，支流 118 个。

资料来源：环境保护部：《中国环境状况公报》（2014—2016 年）；生态环境部：《中国生态环境状况公报》（2017—2018 年）。

固体废弃物的治理，尤其是城市生活垃圾的治理，也是经历了改革开放前的随意堆放、20 世纪 80 年代的直接填埋、20 世纪 90 年代的卫生填埋、21 世纪初的垃圾焚烧、2010 年后的强制分类循环再生。2017 年 3 月底，国家发展改革委、住房和城乡建设部共同发布了《生活垃圾分类制度实施方案》，为生活垃圾分类制度实施制定了路线图。[①] 2019

---

① 《生活垃圾分类制度实施方案》要求，到 2020 年底，基本建立垃圾分类相关法律法规和标准体系，实施生活垃圾强制分类的城市，生活垃圾回收利用率达到 35% 以上。随后，部分省市出台了相应的垃圾分类指导意见或实施方案：北京市提出，到 2020 年底，全市垃圾分类制度覆盖范围达到 90% 以上，进入垃圾焚烧和填埋处理设施的生活垃圾增速控制在 4% 左右；重庆市提出，到 2020 年底，实施居民生活垃圾分类示范试点的街道比例达到 50% ，生活垃圾回收利用率超过 35% 。宁夏银川、贵州贵阳等西部地区也出台了相应的实施方案，但没有强制实施。（《垃圾分类：习惯要培养系统要完善》，《经济日报》2018 年 4 月 16 日第 5 版）

年7月1日,《上海市生活垃圾管理条例》正式实施,垃圾强制分类进入日常状态。对不规范分类强化监管和处罚,不是仅落实在文件上,而是要落实到具体实施上。7月1日当天,上海执法部门开出623张整改单。① 这也意味着城市生活垃圾的治理、管控追溯到源头。上海就是一个风向标,其他城市的实施也只是一个时间问题。

资源节约成效,尽管与世界先进水平仍有差距,但成就斐然。以建筑节能为例,改革开放前的房屋建筑,在供给短缺的情况下,材料及设计以遮风避雨为要义,少有强制节能要求。改革开放与世界接轨,以绿色照明进程为例,新中国成立之初主要以煤油灯、蜡烛为照明器具。随着农村电气化进程,20世纪80年代,白炽灯普及城乡。20世纪90年代,散热少、节能效率高的荧光灯基本取代白炽灯。随后采用的紧凑型荧光灯(CFL),也称节能灯,是一种新型高效电光源产品,发光效率80流明/瓦,寿命5000—10000小时。与普通白炽灯相比,发光效率高5—7倍,节电70%—75%,寿命长8—10倍。进入21世纪,发光二极管(LED)光源灯(半导体照明)进入市场,耗电比紧凑型荧光灯少50%;寿命超过5万小时,为白炽灯的50倍;2017年国内照明市场渗透率为65%。② 替代传统黏土实心砖的新型墙体材料,生产能耗比黏土实心砖低40%,用于建筑,采暖能耗减少30%以上。2017年,我国新型墙体材料占墙体材料总产量的71%。20世纪80年代,每千瓦时火电煤耗高达450克;进入21世纪,我国超超临界燃煤机组发电效率已然引领世界。2010年,我国有33台1000兆瓦超超临界机组在运行,2017年达到104台。平均供电煤耗282克标准煤/千瓦时(gce/kWh),比全国火电平均供电煤耗少27gce/kWh。按此计算,2017年采用超超临界机组节能1182万吨标准煤(tce)。莱

---

① 《〈上海市生活垃圾管理条例〉正式实施 沪上垃圾分类迈入"硬约束"时代》,2019年7月1日,http://www.xinhuanet.com/2019 - 07/01/c_1124696166.htm。

② 王庆一:《2018能源数据报告》,北京绿色创新发展中心,2018年。

芜电厂 GW 二次再热机组，效率达 48.12%，发电煤耗 255.29gce/kWh，刷新世界纪录。

生态救赎、污染攻坚、资源效率，70 年成就斐然。但是，未来挑战依然严峻。根据生态环境部监测数据，2018 年，全国 338 个地级及以上城市中，121 个城市环境空气质量达标，占全部城市数的 35.8%；217 个城市环境空气质量不达标，占 64.2%。[①] 华北的京津冀及周边地区 PM2.5 浓度高达 60 微克/立方米，城市密集度高的长三角地区 PM2.5 浓度也居高不下，达到 44 微克/立方米。需要说明的是，京津冀和长三角的浓度水平，比 2017 年分别下降了 11.8% 和 10.2%。随着能源结构和产业结构调整难度的加大，未来下降的幅度也将趋减。水环境质量可以治理，但是，水资源数量却是生态环境容量的制约因子，难以改变。西北、华北大部分地区水资源严重短缺。例如，2016 年北京市水资源总量为 35.06 亿立方米，这其中还包括南水北调中线工程入境水量 10.63 亿立方米。按照年末常住人口 2172.90 万人计算，北京市人均水资源占有量为 161 立方米。北京的农业和工业用水量，已经从 2000 年的 26 亿立方米缩减到 10 亿立方米，环境用水则从低于 1 亿立方米增加到 11 亿立方米以上，超过工业和农业用水的总和。[②] 中国化石能源燃烧的二氧化碳排放量，在 1971 年人均为 0.90 吨，只有世界平均的 1/4。2017 年，中国人均排放已经达到 7.50 吨，高于欧盟排放水平。[③]《巴黎协定》的目标要求在 2050 年后实现净零排放。英国明确修改其 2050 年的减排目标，不是在 1990 年的基础上减排 80%，而是实现净零排放。尽管中国非化石能源占比在 2018 年已经达到 14.3%，且不说石油、天然气，在 2050 年完全去煤，也几乎是不可能的事情。中国

---

① 生态环境部：《中国生态环境状况公报（2018）》，2019 年 5 月 29 日，http://www.mee.gov.cn/hjzl/zghjzkgb/lnzghjzkgb/。

② 根据《北京市水资源公报》数据分析整理。

③ Le Quéré et al., *Global Carbon Budget 2018*, Global Budget Project, 2018.

的生态文明建设，是全球生态安全的一部分，贡献和引领全球可
持续发展，也是应尽的责任。

第三节　生态文明建设的驱动因素

新中国生态文明建设发展 70 年，在艰难中前行，取得巨大成
就，动因何在？

一　城市化

生态破坏或改善，自然的因素固然重要，但人为因素应该是最
为直接、最为有效的。根据国家统计局的数据，中国人口从 1949 年
的 5.4 亿人，增加到 1978 年的 9.6 亿人，平均每年增加 1400 多万
人。随后，1980 年开始实施独生子女政策。在 1979—2018 年 40 年
间，平均每年增加人口数量降至 1000 万人。每年新出生人口，从 20
世纪 60 年代的 2600 万人左右减少到进入 21 世纪后的 1600 万人左
右。城市化水平，从 1949 年的不足 11%，经过 30 年，仍然低于
20%（见图 1—1）。尤其是 20 世纪六七十年代虽然人口数量增长
快，但城市化进程处于停滞状态，几乎没有增长，甚至还有所下降。
这也就说明，为什么毁林开荒、围湖造田等生态恶化的时间集中在
20 世纪六七十年代。改革开放以后，严格的计划生育政策大幅减少
了人口出生数量，而且，大量农村人口离开乡村到城市进入非农行
业，减少了对自然生态环境的直接破坏。尽管增加自然保护投入也
是积极因素，但是，最为主要的，还是将生态破坏的原动力——人
口——在空间上从乡村转移到城市、在就业上从作用于自然转移到
制造业。而这一"双转移"的速率和效果，又为强制的计划生育政
策所提速。

如果说生态恢复之内在动因是人的"双转移"，那么，资源节约
则是技术进步、学习效应和聚集效应。技术进步的来源，改革开放

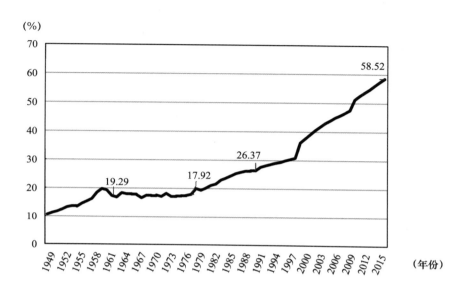

图 1—1　中国城市化进程（1949—2015 年）

资料来源：国家统计局编：历年《中国统计年鉴》。

前，应该是以自力更生为主；改革开放以后，则是以引进、消化、吸收和创新为主，即以市场换技术。例如，高铁技术，20 世纪 60 年代日本和欧洲创新开发。改革开放后，吸收利用发达国家先进技术，改善和提高铁路运营速度和水平；进入 21 世纪，在引进的基础上创新，使得高铁成为中国的亮丽名片。改革开放前，有线电话数量少、价格昂贵，只有单位和极少数家庭有安装，普通百姓多只能使用公用电话。20 世纪 80 年代电话开始进入普通家庭，20 世纪 90 年代出现无线通信，21 世纪初中国的无线通信规模和服务技术水平等在许多方面已经处于世界先进水平。快速城市化引致城市人口的聚集，使得新技术的传播速率和普及成本也大为降低。所谓学习效应，也是在规模扩大的情况下，在干中学，提升技术水平，降低生产成本。例如，太阳光伏发电成本，在 2005 年，每千瓦时的上网电价是 4元；5 年后的 2010 年，成本下降到 2 元；2015 年，上网电价降到0.91 元；2018 年，国家取消电价补贴，鼓励平价上网。

污染控制则既不同于生态修复，也有别于资源节约。原动力主要是外源的。主要表现在：第一，直接拿来主义。污染的产生和治理，发达国家有经验教训，中国作为后发者，直接拿来，成本低、效果好。第二，外资较高环境标准的拉动。尽管发达国家转移过剩产能到中国，把中国视为污染避风港，但是，这些转移的技术也多比当时中国的本土技术先进。第三，从示范到强制的强化过程。20世纪80年代的污水处理厂、20世纪90年代的垃圾卫生填埋场，多是国际资金和技术示范，在环境管制趋严的情况下，扩散并得以实施。当然，中国环境意识的不断增强、环保投入的不断增加、环境监管的不断趋严，乃至于独具中国特色的行政手段——环保督察，是外源动力得以内生化并落地生效的关键所在。

二　工业化

一方面，工业化提升了劳动生产力，加剧了资源消耗，增加了排放；另一方面，工业化提升了效率，创造了财富，催生了技术，推进生态文明建设。

工业化的作用机理主要是通过规模效应、技术效应和结构效应，随着工业化阶段的演进而实现发展与生态环境间动态平衡。所谓规模效应，是指工业生产规模扩大也就是简单外延扩大再生产，使资源消耗、污染排放、生态破坏呈现出线性增长。应该说，20世纪80年代的改革开放初期和加入世界贸易组织后的21世纪初，主要特征是生产规模的扩大。其间污染加剧，排放线性增加。20世纪90年代淘汰"十五小"[①] 和21世纪初的"腾笼换鸟"，则是技术效应的功

---

① "十五小""新五小"企业是指1996年《国务院关于加强环境保护若干问题的决定》中明令取缔关停的十五种重污染小企业，以及原国家经贸委、国家发展改革委限期淘汰和关闭的破坏资源、污染环境、产品质量低劣、技术装备落后、不符合安全生产条件企业。"十五小"企业包括小造纸、小制革、小染料、土炼焦、土炼硫、土炼砷、土炼汞、土炼铅锌、土炼油、土选金、小农药、小电镀、土法生产石棉制品、土法生产放射性制品和小漂染。随后的"新五小"企业包括小水泥、小火电、小炼油、小煤矿和小钢铁。

效。传统工艺的"土法"生产，在农耕文明时代，规模小且分散，自然有相应的自净能力。进入工业文明时代，规模上的量化扩大必然造成污染的等比例甚至更为严重的增加。通过采用新技术，资源利用效率更高，污染控制更有效。所谓结构效应，包括产业结构、产品结构、地域结构、能源结构、消费结构等。制造业尤其是钢铁、水泥、建材、化工等原材料制造业，相对于轻型产业例如轻工部门、服务业，单位产值或单位产品的能耗高、排放高。但是，随着工业化进程的演进，第二产业比重先增加而后又减少；劳动力密集型的轻工部门占比会不断降低，低于资本密集型的重化工部门，而后又走向技术密集型的工业化阶段。发达国家多已经步入后工业化阶段，因而单位产出的能耗较低、排放较少。中国的工业化进程，也从改革开放前的工业化前期阶段，到 20 世纪 80 年代的初期阶段，再到 21 世纪初的中期阶段，直至 2010 年后部分地区开始迈入后工业化阶段。①

三　体制调整与改革

新中国成立后，20 世纪 50 年代通过合作化运动和社会主义改造，形成了生产资料公有制和集中力量办大事的"计划经济"体制，大江大河的治理和绿化荒山的土地所有权制约及资源调动能力，能够得到保障。华北的塞罕坝国有林场，正是在这样一种体制下生态建设的成功案例。20 世纪 50 年代后期建立并延续到改革开放后的城乡二元体制和农产品统购统销、工农产品"剪刀差"政策，使得农村智力单向外流而得不到补偿、农业劳动的剩余投入到农业生产的改进较为有限。20 世纪六七十年代的"以粮为纲""文化大革命""割资本主义尾巴"等宏观政策环境，使得生态文明建设难以提到主要议事日程。

----

① 陈佳贵、黄群慧、吕铁、李晓华等：《中国工业化进程报告（1995～2010）》，社会科学文献出版社 2012 年版。

20世纪70年代后期启动的改革，影响最大、效果最为深远的，是乡村集体可以办企业，农民可以离土不离乡进入工业，使得苏南的乡镇企业模式、沿海"三来一补"快速推进了工业化进程。20世纪90年代中小国有企业、集体企业改制，以及允许并鼓励民营企业发展，使农民可以离土又离乡，跨区域流动，加速了城市化进程。21世纪初中国加入世界贸易组织，与世界接轨，生产规模大幅扩张，技术跳跃升级，农业转移人口开始了市民化进程。2010年后，让市场在资源配置中起决定性作用的定位，以及不断深化经济体制、生态文明体制改革，促使中国经济从高速度增长全面转向高质量发展。

四　开放：从单向到双向

新中国成立后，世界进入美苏冷战，中国战后恢复重建。在20世纪50年代，中国主要是向苏联、东欧学习引进工业制造业技术。1972年前，中国媒体有批判属性的关于发达国家工业污染和生态破坏的国际新闻报道，但是，直接学习引入经验的相对有限。直到改革开放，关于资源节约和污染控制，中国主要还是单向跟进，以学习借鉴为主。

20世纪70年代的开放，中国被动参与特征突出，但学习借鉴比较有效。1972年参加联合国人类环境会议，引入环境治理理念和方法，国内自上而下启动环境保护制度的构建和环境保护法制体系的建立。20世纪80年代的开放，表现为从被动参与到主动跟进。1982年，世界环境与发展委员会（WCED）开始《我们共同的未来》报告的调研和撰写，使得可持续发展的概念认知与生态平衡的实际需求相交融。20世纪90年代，中国参与全球可持续发展进程，演进为从主动跟进到有所贡献。1992年中国派高级别代表团出席联合国环境与发展会议，随后第一个启动可持续发展国家战略。21世纪初，中国的参与趋于积极主动。2001年中国加入世界贸易组织，国际贸易规则和市场对中国环境与生态相关要求倒逼污染控制和生态保护。

2002 年，在约翰内斯堡召开了可持续发展世界首脑会议，联合国新千年目标成为政治共识。2010 年后，中国在环境治理方面不仅学习借鉴国际经验，也表现出责任担当，积极贡献。2012 年"里约 + 20"联合国可持续发展峰会（也称联合国可持续发展大会、"里约 + 20"峰会）召开，中国积极参与新千年目标的制定进程。2015 年通过的《变革我们的世界：2030 年可持续发展议程》（以下简称《2030 年可持续发展议程》），以及联合国气候变化框架公约缔约方会议关于后京都时代即 2012 年后全球应对气候变化的国际协定谈判和 2015 年达成的《巴黎协定》，都有中国积极的、不可或缺的贡献，乃至对于进程的引领。

第四节 生态文明建设的理论认知

新中国生态文明建设发展 70 年，凸显中国特色，也具有普适意义，需要从学理上加以分析、揭示和梳理。从前述的动因分析看，西方经济学中的外部性理论、公地悲剧理论，只见树木、不见森林，学理上可以部分解释，但难以全面解读中国的生态建设和环境保护。①

在社会经济发展规律认知层面，经济社会发展是一个进程。从发展经济学的视角，罗斯托的经济发展阶段论可以解释环境库兹涅茨曲线。在传统社会阶段，工业发展的规模比较有限，环境质量处于比较好的状况。在经济起飞准备阶段，工业发展规模快速扩张，环境质量趋于恶化。在起飞进入自我持续增长的阶段，工业生产规模大，能耗高，污染加剧，环境质量恶化。到了工业化的成熟阶段，投入增加，技术改进，污染得到控制和治理，环境质量开始改善。在高额大众消费阶段和追求生活质量阶段，环境质量成为美好生活

---

① Grossman, G. M. and Krueger, A. B., "Environmental Impacts of a North American Free Trade Agreement", *NBER Working Papers*, No. W3914, 1991.

不可或缺的一部分，因而，环境质量水平大幅改善。①

20 世纪 60 年代中期，美国经济学家肯尼斯·波尔丁（Kenneth Boulding）提出的宇宙飞船经济理论，是对自然环境刚性约束的认知。肯尼斯·波尔丁在《即将到来的宇宙飞船世界的经济学》一文中认为，地球经济系统如同一艘宇宙飞船，是一个孤立无援、与世隔绝的独立系统，靠不断消耗自身资源存在，最终将因资源耗尽而毁灭。要使飞船延长寿命，就要实现飞船内的资源循环，尽可能少地排出废物。但是，这只是一个假说，没有考虑人类自身的适应和调整。如果人类自身的调整和适应不会或不可能超越这一刚性约束的边界，这一假说也就没有什么意义。

自工业革命以后，西方国家开启了工业化进程。生态文明建设，实际上也是一个生态化发展的过程。习近平总书记于 2018 年 5 月 18 日在全国生态环境保护大会上的讲话明确提出，要加快建立健全以产业生态化、生态产业化为主体的生态经济体系。②

生态文明建设发展实践的学理认知，不仅需要规律性理解，更需要机理性解读。显然，生态文明建设是一个转型发展的过程。为什么要、为什么会转型发展，必然有其内在的机理。这些机理，从根本上，具有公理属性。③ 潜在经济增长的因子或内在动力，无外乎来自四个方面。

第一个方面是自然资产的转换。人类通过狩猎捕鱼、砍伐树木、种植农作物、养殖家禽家畜、加工增值、市场交易等活动，将自然有机资产转换为社会财富，促进经济增长；人类通过开发石油等矿产，生产燃油、化工原料、化学纤维、塑料制品等入市交易，以及形成横向或纵向一体化产业链，进行产品链延伸、衍生等活动，将自然无机资产转换为人类财富，拉动经济增长。只要有规模的扩张，

---

① ［美］罗斯托：《经济成长的阶段》，商务印书馆 1962 年版。
② 习近平：《推动我国生态文明建设迈向新台阶》，《求是》2019 年第 3 期。
③ 潘家华：《中国的环境治理与生态建设》，中国社会科学出版社 2015 年版。

就会加大对自然的索取，从而传递生态退化的压力。

第二个方面是社会基础设施或固定资产存量的扩容。之所以成为基础设施，是因为其公共属性、高投入属性、耐久属性，例如，高速公路、铁路、机场、港口、桥梁、城市道路、给排水工程和其他公共设施，以及房屋建筑、污水处理、发电设施，乃至于大型机械装备例如飞机、汽车等。这些设施或装备初始投入巨大，包括原材料消耗、劳动力需求、各种工程服务保障等，能够立竿见影催生就业、拉动需求、推进增长，而且是高速增长。但其环境和生态内涵则是：如果不加以管控和治理，污染排放数量增长，环境质量下降；资源消耗量增加，生态系统格局出现变化，很可能改变原生态环境。

第三个方面是社会最终需求，即人口因子。在消费水平保持不变的情况下，需求的增长与人口数量增长必然同步。这一增长，主要体现的是农耕文明的增长特质。工业文明的需求增长是生活质量的拉动。我们的基本需求，包括衣食住行用。衣，从遮体保暖到舒适体面；食，从吃饱、吃好到吃特色、吃品味；住，从挡风避雨的简易茅草房，到加固增强的砖瓦房，再到上下水、电器、网络完备的品质住房；行，从步行、骑马到自行车，到两轮机动摩托车，再到舒适安全的四轮机动车；用，例如农业器具，从人力、畜力到机械助力，再到机械化。需求产品品质的提升，必然是经济增长的原动力，拉动经济不断扩张增长。真正拉动经济持续增长和影响生态环境的，不仅是人口数量的简单扩张，而且是品质的不断提升。

第四个方面是技术进步带来的效率提升和质量改进。没有工业技术的不断创新，仅靠工匠精神，可以将产品在既定技术格局下做到极致，但不可能引致产品的更新换代。例如，采光透风的窗户，在农耕文明技术条件下，高级工匠精神可以在窗户制作上精雕细琢，雕梁画栋，没有工业文明的技术进步与创新，不可能演化到透明采光、保温效果不断提高的单层玻璃或双层中空玻璃，以及充入惰性气体的双层或三层玻璃。窗户框架的材料，也从木材、铁质、铝材到铝合金，耐用、保温、采光、观感等性能得以不断改进。如果说这些技术是渐进性的创新，有些技术则是破坏性或颠覆性的，例如，光伏发电，直接接收转换太阳辐射能，而不是采用燃烧化石能源的方式产生电力。手机融入通信、照相、文件编辑等功能，就替代了传统的有线电话、相机，乃至于台式电脑。纯电动汽车不需要燃油，交通也就不会有尾气排放。

　　生态文明建设的物理内涵要求资源节约、污染控制和生态保护。进一步从学理来看，尊重自然、顺应自然，需要但并非一定要因循所谓的阶段论，存在但也并非一定受制于外在的刚性约束。自然资产的转换，首先存在一个容量或刚性的总量约束。例如，森林一旦砍伐殆尽，尽管可以再造林，数量上也只能是周期性更新。矿产资源，由于地球的物理边界的存在，既不可再生，也不可无限增加。农耕文明时代生产力低下破坏生态，工业文明时代生产力不断提高，更有条件实现与自然和谐共进的发展。大量的农地撂荒、退耕还林、退湖还田，不是自然的物理刚性约束，而是技术发展使然。化石能源尽管是可枯竭的，但随着新能源的发展，石油、煤炭资源很有可能在枯竭以前就被替代了。有如石器时代的结束不是因为石头的枯竭，化石能源时代的终结，也并不必然等同于化石矿产资源的枯竭。

　　社会固定资产，也存在一个饱和和需求的问题。高速铁路、公路、房屋建筑，受物理空间的制约和需求量级的饱和，也不可能无限扩张。因而，基础设施大投入时期的高能耗、高排放、高污染，集中在建设时期。一旦建设完成，如果运行维护得当，寿命少则数十年，长则以世纪论。相对来说，使用和维护的能耗和排放甚至可以忽略不计。在农耕文明时代，由于人口对资源的占用和消费，人类面临"马尔萨斯陷阱"，由此战乱周而复始，对资源的争夺只能是零和博弈。农耕文明的生育选择或策略，也是多子多福、人丁兴旺。而在工业文明时代，物质财富可以极为丰富，通过技术进步，可以做大蛋糕，实现合作共赢。因而，在发达的工业化国家，无须计划生育，更没有强制性政策，社会的生育选择或策略是少子化，人口数量不再增加，一些国家已经在实现峰值后下降。如果人口数量趋稳乃至于长远看趋降，那么，对自然的索取频次和强度、物质资产的存量、环境污染物的排放就会趋稳或下降。在技术不断创新的情况下，人与自然的关系，也就有可能从“马尔萨斯陷阱”的被动适应，经过工业化进程中的污染破坏，最终走向生态文明时代的和谐。

根据上述规律性和学理性认知，工业化进程、人口数量态势和生活品质提升，是未来生态文明建设的基础条件。经过 20 世纪 70 年代中期以后的人口控制、改革开放以来的工业化进程，中国少子化的人口态势正在出现而且将持续甚至加剧。中国人口总量，从 1950 年的 5.5 亿人增加到 2015 年的 13.7 亿人，[①] 预计到 2030 年前后达到 14.5 亿人的峰值，然后人口绝对数量下降，到 21 世纪末，人口总量将可能降至 10 亿人乃至于更低。中国物质财富的积累和生活品质的提升，也正在趋近于饱和阶段，不再是物质短缺时代，而是物质极大丰富时代，人们寻求更多的是美好生活的需要。

第五节　生态文明建设的总结与展望

如果说中国生态文明建设 70 年的历程是从人定胜天、生态失衡，经过工业化和城市化彻底跳出“马尔萨斯陷阱”，但却遭遇生态底线、污染红线和资源上限而启动新时代生态文明建设，阔步迈向生态文明新时代，那么，微观建设层面，生态保护所展现的 70 年历程则是从（生态）退化到（生态）平衡再到（生态）改善的自然修复，污染控制所展示的 70 年历程则是从放任（排放）到总量（控制）再到质量（管控），资源利用所致力的 70 年历程则是从粗放（利用）到节约（利用）再到循环（利用）。中国地域广阔，根据自然、经济、社会的实际情况，国家明确制定了东部、中部、西部和

---

① 资料来源：中国国家统计局网站，http：//data. stats. gov. cn/。

东北四大板块的区域发展战略。各个地区的生态文明建设也有着自身的特质和历程。

新中国成立伊始，中国从新民主主义社会通过改造走上公有制的社会主义道路，国际合作和借鉴并不活跃。20世纪70年代初中国重返联合国后，在世界环境保护和可持续发展进程中，中国参与有限，但是，西方环境污染的悲剧、环境保护的理念和实践，对中国有着巨大的启蒙作用。改革开放后中国大量吸引外资，成为完成工业化国家转移落后产能的"污染港湾"，但中国学习借鉴发达国家的经验，保护生态、控制污染、节约资源，使得我们能够在较短的时间以较好的效果推进可持续发展。作为全球生态安全的重要组成部分，美丽中国建设本身就是对全球生态文明建设的贡献。改革开放后，中国主动加入可持续发展的国际体系，并且随着中国国力的增强和话语地位的上升，中国主动参与、大力贡献、垂范引领，推进着全球生态文明的转型发展进程。在全球生态文明建设的历史进程中，新中国的70年也经历了一个从旁观者、跟进者、参与者、贡献者到引领者的角色转换过程。

站在新的历史方位，我们展望未来，建设美丽中国，实现人与自然的和谐共生共享共荣，不仅信心满满，也深感任重道远。路漫漫其修远兮，我们不忘初心，牢记使命，砥砺前行。

生态文明是人类社会进步的重大成果，大力推动生态文明建设亦是时代发展的必然要求。新中国成立之初，我国生产力低下，物质尤其是粮食极其短缺，自然灾害频发。启动改革开放之后，工业化和城市化快速发展，虽极大地解放了生产力，但人类对自然的大肆开发与利用也带来日益严重的环境问题。不同发展阶段所面临的主要矛盾不断变化，推动着我们开启并不断深化生态保护、资源节约与污染控制进程。

　　新中国成立70年以来，生态保护所走的是一条从（生态）退化到（生态）平衡再到（生态）改善的自然修复之路，资源利用逐步实现从粗放（利用）到节约（利用）再到循环（利用）的调整转型，污染控制实现从最初的放任排放到总量控制到当前的质量管控的转变。尤其是党的十八大以来，以习近平同志为核心的党中央着眼于新时代新矛盾新需求，立足人与自然和谐共生，大力推进生态文明建设，围绕合理节约利用自然资源、积极保护修复（建设）自然生态和认真扎实地保护环境开展了一系列根本性、开创性、长远性工作，推动着我国向高质量和可持续发展。

　　生态保护、资源节约与环境治理，是生态文明建设的三大支柱。尽管我们在发展推进中取得了很大成效，管理体制也正日趋完善，但同时面临着一些问题与困难，还需要进一步克服挑战，巩固成果，推进取得更大成效。

第 二 章

生态保护:从退化到平衡
再到改善的自然修复

第一节　生态保护概述

一　生态保护的范畴与内涵

新中国成立尤其是改革开放以来，国家十分关注与重视生态环境的保护与建设工作，采取了一系列战略措施，加大了生态环境保护与建设力度，从而促使一些重点地区的生态环境得到有效保护和改善。目前，关于生态保护并没有明确的、一致的界定，在政府文件和实践管理中，我们通常把它与生态环境保护混为一体，实际上生态环境保护包括生态保护和环境保护两大部分，它们是两个不尽相同的管理和实践活动。对于环境保护（environment protection）而言，主要是针对人为活动所造成的各种环境（大气、水、土壤等）污染及其相关影响从源头、过程及后果等进行的保护与治理的活动，甚至通过法律强制进行保护。而生态保护（ecological conservation）①，是

---

① 严格意义上讲，"environment protection" 表达为生态保育，与 "ecological conservation"（生态保护）有根本的区别。鉴于它们在政府文件和社会话语中并没有区别，此处采用通常的 "生态保护" 表述。

指针对人为活动造成的自然生态系统（森林、草原、荒漠、湿地、海洋、矿地等）退化、破坏、消失所采取的保护与修复的活动。可见，生态保护的根本目的在于对生态系统本身的维护。

从生态保护的范畴来看，生态保护主要包括两大部分：一是自然生态系统，即森林、草原、荒漠、湿地、海洋等；二是人工生态系统，例如，农田、城镇等。生态系统不但为人类提供食物、木材、燃料、纤维以及药物等，是社会经济发展的重要组成部分，而且还维持着人类赖以生存的生命保障系统，包括空气和水体的净化、洪涝和干旱的缓解、土壤的产生及其肥力的维持、废物的分解、生物多样性的产生和维持、气候的调节等。

从生态保护的具体工作来看，包含保存、保护、保育、修复、改良或改造、恢复重建甚至新建等活动。由于生态系统本身是复杂的、复合的，因此针对生态系统的生态保护工作也是多样的。例如，水资源开发生态保护、矿产资源开发生态保护、旅游资源开发生态保护以及生物多样性保护等，这些生态保护的活动根据生态系统不同状况和需求可采用对应的保护或建设举措，有些是在单个生态系统层次，有些则是在多生态系统的复合景观层次或人工生态系统中所进行的生态系统管理，如表2—1所示。

表2—1   生态保护的范畴与活动

生态系统		生态保护举措
森林、草原、荒漠、湿地、水体等	原始或保存较好的生态系统	生态系统的保护、生物多样性和各类自然保护区的保存
	轻中度退化的生态系统	生态系统的保护、促进正向生态演替的生态保育
	严重破坏或退化的生态系统	破坏或退化生态系统的修复、生态系统组成和结构的改良或改造、生态系统的恢复重建
	原生生态系统已经消失的土地	用人工方法仿照重建原有生态系统，或根据需求转变与重建为其他生态系统

续表

生态系统		生态保护举措
人工生态系统	农田	耕地保护、退耕还林、退耕还湿、生态农业、农林复合经营、牧场防护林营造等
	城镇	城镇园林绿化、城郊林业、建筑立体绿化及内部绿化等
	废弃或损害的工矿及交通等用地	矿山废弃地修复、采空塌陷地修复、工厂废弃地修复、交通损害地修复、油气管线等建设用地修复等

二　生态保护在生态文明建设中的地位与作用

生态安全是生态文明建设的三大目标之一。虽然生态文明建设涉及诸多方面,但追根溯源,我国生态文明建设的起因是应对工业文明对资源掠夺式的使用而产生的生态危机、环境危机和资源危机,目的是实现生态安全、环境良好和资源永续,所以生态保护也就与环境保护、资源节约一起,构成了生态文明建设的三个关键主题。从表面上看,环境良好和资源永续直接维系着人类的生存和发展,但细究起来,环境和资源都依赖生态系统,离开了生态系统,环境和资源就成了无源之水、无本之木。在生态文明建设中,环境良好和资源永续是直接的目标,生态保护是基础和保障。生态保护在生态文明建设中,乃至于对于整个人类的生存和发展,都具有基础性和根本性的战略意义。

(一)　生态保护是促进和落实生态文明建设之首义

为解决我国面临的日趋严重的生态破坏、环境污染、资源约束趋紧等问题,我国大力进行生态文明建设,并要求把生态文明建设放在突出地位,先后出台了一系列重大决策部署。生态文明建设强调要树立尊重自然、顺应自然、保护自然的生态文明理念,走可持续发展道路。生态系统是人类生存和发展的基础,是环境良好和资源永续的先决条件，但环境恶化和资源匮乏不断加剧生态退化，因此做好生态保护是解决当前环境危机和资源危机、促进和落实生态文明建设的根本要义。

（二）生态保护是保障生态产品和国土安全之关键

随着社会的进步和人们生活水平的提高，人们对清新空气、健康食品、优美环境、良好生态的需求越来越强烈。然而，长期以来粗放式的发展导致对自然资源掠夺式的使用，对森林、草地、湿地等生态空间的过度开发，使许多地方的发展超过了生态容量和环境承载力，出现了生态赤字，生态产品也就成为一种奢侈品、短缺品。面对当前我国社会矛盾的转化，要解决好人民日益增长的美好生活需要和不平衡不充分的发展之间的矛盾，做好生态保护是关键，只有把生态保护好，将生态优势转化为经济优势，实现产业生态化、生态产业化，才能提供充足的生态产品，减少乃至消除生态赤字，维护国家生态安全、国土安全。

（三）生态保护是实现美丽中国和可持续发展之保障

生态文明建设是中国特色社会主义事业的重要内容，关乎民生福祉，关乎民族未来，关乎中华民族伟大复兴的中国梦的实现和中华民族美丽中国的可持续发展。生态保护是根本保障，没有了山清水秀、没有了蓝天绿地、没有了鸟语花香，也就没有了美丽中国。一味地开发或者毁灭性地利用自然资源，我们将失去那些尚没有被市场认可的自然资源的选择价值和存在价值，我们的子孙后代将丧失那些必需的基本的生存条件，最终人类的发展也难以继续。只有控制好人的贪婪，对大自然始终怀持敬畏之心，尊重自然，按自然规律办事，保护优先，才能保障子孙后代拥有生活所需要的空气、淡水、食物等，让我们的人类社会走向高质量发展和可持续发展。

（四）生态保护是推动我国建立国际话语权之必然选择

尽管我国已经成为国际第二大经济体，但是，由于生态恶化、环境污染和资源消耗，生态的差距正成为我国最大的发展短板。近年来生态破坏带来的雾霾、酸雨和极端气候变化等已引起国际社会的广泛关注与担忧。作为一个负责任的大国，我们要按照"共同但有区别的责任"原则承担必要的生态环境保护义务，为全球的生态安全做出贡献。加强生态保护，增加森林面积，保护湿地和生物多样性，加强生态治理等，不仅是我国履行国际责任的需要，也是弘扬中华民族生态文明理念和提升国际形象的需要，更是增强国际竞争力和提高国际话语权的需要。中国要逐渐成为全球生态文明建设的重要参与者、贡献者、引领者，生态保护是必然的选择，也是基石。

第二节 生态保护的发展进程

新中国生态保护的发展历程，大致可以分为以下四个阶段。

一 新中国生态保护的起步阶段（1949—1972年）

新中国成立之初，我国一穷二白，面临的各项发展任务都非常艰巨，受思想理念和经济发展的局限，生态保护并不广受人们重视。但随着经济的发展，我国加大资源与环境开发利用力度，使自然环境和生态平衡整体不断恶化。森林和草地的面积逐年缩小，质量也日益下降；水土流失面积迅速增大，我国成为世界荒漠化最严重的国家之一；生物多样性不断遭到破坏，野生动植物物种严重减少；工业发展导致我国的空气污染严重；耕地面积锐减，粮食安全威胁到了国家和民族发展，人多地少的矛盾更加尖锐。同时，各种地方病、传染病、寄生虫等疾病频发并大面积蔓延，人口死亡率居高不下，人民群众的健康状况堪忧。为此，以毛泽东同志为代表的党的第一代领导集体开始关注生态问题，提出了注重人与自然的关系、绿化祖国、治水、治理环境卫生等理念和政策。

1950年，周恩来同志指出，在风沙水旱灾害严重的地区，应选择重点，发动群众，斟酌土壤气候各种情形，有计划地进行造林，并在政务院第二十八次会议上针对《关于全国林业工作的指示》说，"林业工作为百年工作，我们要一点一点去增加森林，现在为百分之五，梁部长说将来要达到百分之三十。森林不增加，就不能很好地保持水土，森林对农业有很大的影响"①。时任代理中央主席刘少奇下达了《中央转发〈华东局关于禁止盲目开荒及乱伐山林指示〉的通知》，提倡保护山林，严禁各地盲目的开荒、烧山和乱伐山林。毛泽东同志甚至将农林牧业比喻成农业和林业是祖宗，畜牧业是儿子，反过来，畜牧业是其他两个产业的祖宗，那两个产业是儿子，它们三个就是这样相互依存并发展着的。② 1956 年，毛泽东同志通过贺电向全国发起"绿化祖国"的号召，并提出要实行大地园林化。之后更提出要努力让我国实现全部绿化，像园林一样美丽，以达到"一切能够植树造林的地方都要努力植树造林，逐步绿化我们的祖国"③。

为了更好地实现绿化祖国的目标，党中央先后颁布了《关于全国林业工作的指示》《关于保护和改善环境的若干规定（试行草案)》《关于加强山林保护管理、制止破坏山林、树木的通知》《中华人民共和国森林保护条例》《关于加强护林防火的紧急指示》等法律法规，这些文件的下达，不仅体现了党的第一代领导人对林业保护与建设的重视，更是在制度层面上为具体的实践提供了保障。

除此之外，中央还号召和带领人民进行草原的保护、森林火灾的防范、爱国卫生运动的开展以及工业企业污染的防范等。毛泽东同志明确提出，要加强我国的环境监测力度，提高环保预警和应急处理的能力，并积极稳妥地推进相关法律法规的出台，还要加强对

① 中共中央文献研究室、国家林业局编：《周恩来论林业》，中央文献出版社1999 年版，第 3 页。

② 中共中央文献研究室、国家林业局编：《毛泽东论林业》，中央文献出版社2003 年版，第 71 页。

③ 同上书，第 51、77 页。

工业企业的监管力度，做好前期的预防工作，并积极建立环保的目标责任制，当有较大环境污染事件发生时可以第一时间明确责任主体，进行合法追究，提高处理此类事件的效率，为防治环境恶化提供可靠的保障。在发展工业企业的时候，必须注重城市的合理布局，将工业企业与居民区分开来，中间可以植树造林营造防护隔离带，让工业企业的污染尽可能少地危害到城市中的居民。①

与此同时，党中央也认识到水利建设的重要性，新中国成立初期毛泽东同志就提出了"水利是农业的命脉"的名言，要求进行黄河治理、淮河修复、三门峡水库修建、荆江分洪以及南水北调等工程建设，多次强调"要把黄河的事情办好""一定要把淮河修好""一定要根治海河"，并多次视察长江，指导三峡工程建设。1952年的荆江分洪工程，是新中国成立后全国最大的水利工程，1959年又在全国掀起了大规模的水利建设，水利问题基本得到解决，避免了水土进一步流失的危险。而为了确保中央对林业、水利等工作的指导，在机构建设上，中央政府先后成立了林业部和水利部。

可以说，在新中国成立之初，党的第一代领导人就已经意识到了保护生态环境的重要性，并颁布了许多相关法律法规为保护生态环境提供依据和保障，开展植树造林，禁止乱砍滥伐，不许任意排放工业废水和废气，不许捕杀珍稀的野生动物，等等，但由于缺乏相应的体制机制来保障法律法规的有效执行，当时民众的生态保护意识也不强，因此在实践中，更多的是从经济角度出发，对生态系统本身的关注和保护力度有限。在国际局势紧张、国内百废待兴的情况下，为巩固民族解放、国家独立的不易成果，我国不得不优先发展重工业和国防工业。由于当时生产力相对落后，科学技术不发达，我们像西方工业化国家一样，走的是资源投入型和粗放型的外延扩大式再生产，以资源换发展，牺牲环境来发展经济，这也给生

① 姜珊：《新中国成立初期中共生态保护思想、制度与实践研究（1949—1956）》，硕士学位论文，西南交通大学，2015年。

态系统带来了很大的破坏和隐患。

二 新中国生态保护的探索阶段（1973—1995 年）

20 世纪 60 年代以来，随着发达国家工业化的实现，臭氧层损害，全球气候变暖，生物多样性锐减，空气、水、土壤污染等一系列的全球性环境问题开始全面爆发，而这一时期发展中国家的工业化提速，也使得人与自然的冲突和危机不断升级。严峻的环境问题使得国际社会开始关注全球的可持续发展。1972 年，中国代表团参加了在斯德哥尔摩召开的联合国人类环境会议；1973 年 8 月，我国在北京召开了第一次全国环境保护会议，会议审议通过了我国第一个全国性环境保护文件——《关于保护和改善环境的若干规定（试行）》；1974 年，国务院环境保护领导小组正式成立，我国历史上第一个环境保护机构诞生；1978 年 3 月我国对《中华人民共和国宪法》（以下简称《宪法》）进行修订，明确规定我国要"保护和改善生活环境和生态环境"。生态环境保护第一次写进了《宪法》，这充分显示了我党对生态环境保护的重视。环境保护工作作为生态系统保护的需要被正式提到了议事日程。只是在后来的一段时间内，我国生态环境的保护工作，更注重环境污染的防治，生态保护建设偏弱。

改革开放以后，我国的生态保护逐步得到更多关注。1982 年 12 月，环境保护作为一个独立篇章首次纳入《中华人民共和国国民经济和社会发展第六个五年计划》，国家"八五"环保计划（1991—1995 年）的编制，特别注重将生态环境保护从各层次纳入国民经济和社会发展计划。1983 年 12 月 31 日至 1984 年 1 月 7 日，国务院召开的第二次全国环境保护会议将环境保护确立为基本国策，这是中国发展战略的一次重大突破。

1989 年召开的第三次全国环境保护会议，提出了三大环境政策，即坚持预防为主、谁污染谁治理、强化环境管理，在此基础上，提出了五项制度和措施，形成了中国环境管理史上有名的"八项制度"，为生态保护提供了基础纲领性的指引。另外《中华人民共和国海洋环境保护法》（1982 年）、《中华人民共和国森林法》（1984 年，以下简称《森林法》）、《中华人民共和国草原法》（1985 年，以下简称《草原法》）、《中国自然保护纲要》（1987 年）、《中华人民共和国水土保持法》（1991 年）等相关法律和相关政策、法规、规章的陆续出台，以及《联合国防治荒漠化公约》（1994 年）、《联合国生物多样性公约》（1992 年，以下简称《生物多样性公约》）、《联合国气候变化框架公约》（1992 年）的签署也为全国生态保护工作的进一步深入开展提供了坚实的保障。

在这段时期里，我国工业经济迅猛发展，同时生态保护工作也在不断探索，相继启动了"三北"防护林、长江防护林、沿海防护林等大型生态建设工程，自然保护区的建设也不断加强，尤其是1994 年国家发布了《中华人民共和国自然保护区条例》，推动自然保护区建设工作开始步入正规、稳步化的发展。

毋庸置疑，基于环境问题的思考，得益于生态安全的重视，我国的生态保护开始从更多层面进行探索，不仅开展了以防治工业污染为重点的环境保护工作，也逐步关注对生态系统的维护与建设，确定了生态环境保护在经济社会发展中的战略地位，建立了生态环境保护的法律、法规、标准和机构，开始步入了用基本国策和配套法制来保护生态资源环境的新时期。到 20 世纪 90 年代，国家已初步形成了生态环境保护的法规体系，为生态保护和建设提供了良好的法制保障。

三　新中国生态保护的快速发展阶段（1996—2011 年）

1996 年 7 月我国召开了第四次全国环境保护会议，提出生态保护与污染防治并举的战略，强调了保护的极端重要性，提出保护生态环境是可持续发展的基础和关键。之后 1997 年、1998 年的中央计划生育与环境保护工作座谈会，又进一步正式确立了生态保护与污染防治并重的环境保护工作方针，明确了生态环境保护与建设的目标，从而实现了中国环境保护由以污染防治为主向污染防治与生态保护并重的历史性转变，这是中国历史上一个重要的生态保护发展阶段。

1998 年特大洪水之后，国家又发布了《全国生态环境建设规划》，提出了生态保护与建设的奋斗目标、总体布局和政策措施。近期目标是，到 2010 年坚决控制住人为因素产生新的水土流失，努力遏制荒漠化的发展，生态环境特别恶劣的黄河、长江上中游水土流失重点地区以及严重荒漠化地区的治理初见成效。并对天然林等自然资源保护、植树种草、水土保持、防治荒漠化、草原建设、生态农业等明确提出了生态保护措施。①

天然林资源保护是党中央、国务院着眼于经济与社会可持续发展全局做出的一项重大决策，是有效保护森林资源并从根本上治理重点地区水土流失、土地荒漠化等生态环境问题的重要举措，1998年，中央提出要对天然林实行更严格的保护，在长江上游、黄河上中游地区全面停止天然林商品性采伐，在东北、内蒙古等重点国有林区大幅度调减木材产量，并率先在四川等 12 个省份启动试点工作。2000 年，国务院批准《长江上游、黄河上中游地区天然林保护工程实施方案》《东北、内蒙古等重点国有林区天然林保护工程实施方案》，天然林保护工程进入全面实施阶段。

与此同时，2000—2003 年，国家环境保护总局联合有关部门开展了全国生态环境现状调查，通过调查基本掌握了全国生态环境现状，并在此基础上，国家环境保护总局、中国科学院联合开展了生态功能区划工作，明确不同区域的生态服务功能，为生态保护提供基础，为制定重大区域经济技术政策、社会发展规划、经济发展计划和产业布局提供科学依据，推动经济社会与生态环境保护的协调、健康发展。尤其是党的十六大以来，党中央、国务院提出树立和落

---

① 国家环境保护总局自然生态司：《共和国生态保护发展历程及取得的成就》，《环境教育》2007 年第 1 期。

实科学发展观、构建社会主义和谐社会、建设资源节约型和环境友好型社会、让江河湖泊休养生息、推进环境保护历史性转变、环境保护是重大民生问题、探索生态环境保护新路等新思想新举措，国家相继开展了退耕还林、退耕还草、水土保持、国土整治等重点生态工程，建立了一大批不同类型的自然保护区、风景名胜区和森林公园，生态农业试点示范、生态示范区建设稳步发展。

不难看出，由于生态保护国策的推进，人们环保意识增强，党中央、国务院高度重视生态环境保护工作，采取了一系列保护和改善生态环境的重大举措，这一阶段的生态保护得到了极大的建设和发展，水土流失减少，风沙灾害减轻，沙化、盐碱化、石漠化得到遏制，生态环境得到了一定程度的保护与改善。

四　新中国生态保护的全面建设阶段（2012 年至今）

随着经济社会的发展，我国逐渐进入环境污染事故高发期，生态质量也逐渐成为公众关注的焦点，生态环境问题越来越成为重大的社会问题。在这种背景下，在生态保护方面更为深刻、全面的理念——"生态文明"也就应运而生，并逐步得到完善与深化。2012 年，党的十八大召开，提出了将生态文明建设纳入中国特色社会主义事业总体布局的"五位一体"的新战略。

生态文明是一种新的文明形态，强调以资源环境承载能力为基础，以自然规律为准则，以可持续发展、人与自然和谐为目标建设生产发展、生活富裕、生态良好的文明社会。生态环境保护是生态文明建设的主阵地和根本措施。事实上，建设生态文明的主要目的是解决生态环境保护问题，最大制约因素是环境问题，薄弱环节和突破口是生态环境保护，而成效的最先体现也是生态环境保护。生态环境保护取得的任何成效、任何突破，都是对生态文明建设的积极贡献，直接决定着生态文明建设的进程。生态兴则文明兴，生态衰则文明衰。

2013 年党的十八届三中全会通过的《中共中央关于全面深化改

革若干重大问题的决定》提出，必须建立系统完整的生态文明制度体系，实行最严格的源头保护制度、损害赔偿制度、责任追究制度，完善环境治理和生态修复制度，用制度保护生态环境。2015 年 9 月，中共中央、国务院印发了《生态文明体制改革总体方案》，阐明了我国生态文明体制改革的指导思想、理念、原则、目标、实施保障等重要内容，提出要加快建立系统完整的生态文明制度体系，为我国生态文明领域改革作出了顶层设计，为生态保护明确了前进的方向和着力点。习近平总书记指出，"绿水青山就是金山银山"，强调不以环境为代价去推动经济增长，要求我们在生态环境保护上，一定要树立大局观、长远观、整体观，不能因小失大、顾此失彼、寅吃卯粮、急功近利。① 同年，习近平主席在巴黎联合国气候变化大会上指出，人类是命运共同体，呼吁全球人民一起保护我们的生态环境，保护地球。②

　　2016 年，我国全面深化改革的步伐进一步加快、力度进一步加大，习近平总书记对生态文明建设作出重要指示，强调生态文明建设是"五位一体"总体布局和"四个全面"战略布局的重要内容，各地区各部门要切实贯彻新发展理念，树立"绿水青山就是金山银山"的强烈意识，坚决做好对生态环境的保护和建设。2017 年，党的十九大提出了习近平新时代中国特色社会主义思想，坚持人与自然和谐共生成为重要内容之一，强调"加大生态系统保护力度"是加强生态文明建设的四大内容之一，要求牢固树立社会主义生态文明观，推动形成人与自然和谐发展的现代化建设的新格局。2018年，全国生态环境保护大会第 18 次会议召开，这次大会是我国生态文明建设和生态环境保护发展历程中规格最高、规模最大、影响最

---

① 《习近平在省部级主要领导干部学习贯彻党的十八届五中全会精神专题研讨班上的讲话（2016 年 1 月 18 日）》，《人民日报》2016 年 5 月 10 日第 2 版。

② 《携手构建合作共赢、公平合理的气候变化治理机制——在气候变化巴黎大会开幕式上的讲话（2015 年 11 月 30 日）》，2015 年 12 月 1 日，http://www.xinhuanet.com/world/2015 - 1/01/c_1117309642.htm。

广、意义最深的历史性盛会，正式确立了习近平生态文明思想，提出了新时代推进生态文明建设、推进生态环境保护的原则、要求、时间表、路线图等，强调地方各级党委和政府主要领导是本行政区域生态环境保护第一责任人，强调要打通污染防治和生态保护。

从实践上看，这一时期，国家不仅进一步加强兴修水利、退耕还林、绿化中国，而且花大力气推进水土保持、污染控制、自然修复等工作。在保护优先、修复优先的基本理念指导下，通过各地生态文明建设来确保生态安全。

"生态兴则文明兴，生态衰则文明衰""人与自然是一种共生关系，对自然的伤害最终会伤及人类自身""保护生态环境就是保护生产力、改善生态环境就是发展生产力""山水林田湖草是生命共同体""人类是命运的共同体"，在上述理念的指导和相关战略部署下，党的十八大以来我国的生态环境保护取得了长足的发展和全方位的进步：习近平生态文明思想已经确立，生态环境在生产力构成中的基础地位得以确定，公众参与生态保护的意识增强以及社会参与机制建立，生态环境管理体制进行了改革，生态保护制度体系更加完善，生态保护执法实现了统一并强化落实，生态保护红线划定，自然保护区的建设更加深入，各地生态保护和建设的工作成效颇丰。可以说，党的十八大的召开，开创了一个新的时代，中国迈向生态文明时代，中国生态保护走向了自觉化、系统化和全面建设阶段。

综观上述我国生态保护发展历程，可以看出，自然生态观很大程度上影响甚至决定着人类对自然界的行为和社会历史文明的走向，但是人类的认知是一个发展的过程，并受当时具体条件的局限。在新中国成立之初，物质极度匮乏，随着人口增加，人与资源的矛盾更加凸显，为了经济的发展和综合国力的提高，强调征服自然，认为人在自然中占有主导地位，号召广大人民群众团结起来，共同参与实践，向自然宣战，在这种情况下，即便有对生态的关注，也更多是集中在经济服务的目的上。改革开放初期，经济与生态矛盾虽不突出但已经开始显现，人们开始注意生态环境的保护，但此时的生态环境保护更多的是应急性保护，即应对和治理环境的污染。随着生态环境问题的不断复杂化和尖锐化，一些自然灾害、社会公害等环境灾难频发，人类开始反思自己的行为和生态环境的重要性，环保意识逐步增强，在人与自然和谐发展的正确理念指导下，不再把生态保护与经济发展割裂开来，而是把生态文明建设放在突出的位置，人类在认知上从战天斗地、改造自然转向尊重自然、和谐共生，在实践中走向在保护中发展、在发展中保护的可持续发展之路。

第三节　生态保护取得的成就与面临的挑战

新中国成立 70 年，尤其是近十年以来，随着经济社会的不断发展，国家投入巨资实施重点生态工程，开展大规模的生态保护与建设，取得了显著成就；部分农村及山区产业结构的转型、生产水平的提高、农村人口的转移、能源结构的优化等，对自然生态系统的影响方式也在不断发生变化，许多地方生态状况明显改善。

一　取得的成就

（一）林业生态建设稳步发展，森林覆盖率和森林蓄积量倍增

新中国成立以来，国家大力实施天然林保护、退耕还林、防护林建设等生态工程，森林覆盖率和森林蓄积量数量不断提高，质量稳步提升，效能不断增强，林业生态稳步发展。据统计，退耕还林工程实施以来，共退耕还林 2940 万公顷，累计完成造林 2580.62 万公顷。而自实施天然防护林工程以来，截至 2014 年，天然防护林工程累计完成造林 1508.99 万公顷，全国天然林面积从 11969 万公顷增加到 12184 万公顷，天然林蓄积量从 114.02 亿立方米增加到

122.96 亿立方米。[①] 根据第八次全国森林资源清查（2009—2013 年）结果，2013 年全国森林面积 2.08 亿公顷，森林覆盖率 21.63%，活立木总蓄积 164.33 亿立方米，森林蓄积 151.37 亿立方米。与第一次全国森林资源清查（1973—1976 年）相比，森林面积增加 0.86 亿公顷，森林覆盖率提高 8.93 个百分点，活立木总蓄积和森林蓄积分别增加 69.01 亿立方米和 64.81 亿立方米。[②]

（二）加强荒漠化和石漠化防治，荒漠化和石漠化土地面积持续减少

多年来尤其是近 30 年来，通过国家一系列的生态工程建设，加大投入进行修复与治理，同时进行产业结构的优化转型，荒漠化和石漠化的土地持续减少。

第五次全国荒漠化和沙化土地监测结果显示：截至 2014 年，全国荒漠化土地面积 261.16 万平方千米，沙化土地面积 172.12 万平方千米，有明显沙化趋势的土地面积 30.03 万平方千米；实际有效治理的沙化土地面积 20.37 万平方千米，占沙化土地面积的 11.8%。与 1999 年完成的第二次全国荒漠化和沙化土地监测结果相比，全国荒漠化土地面积减少 6.24 万平方千米，沙化土地面积减少 2.19 万平方千米。荒漠化和沙化程度逐步减轻，沙区植被状况进一步好转，区域风沙天气明显减少，防沙治沙工作取得了明显成效。[③] 而第三次石漠化监测成果显示，截至 2016 年，中国石漠化土地面积为 1007 万公顷，占岩溶面积的 22.3%。与 2011 年相比，5 年间石漠化土地就净减少 193.2 万公顷，年均减少 38.6 万公顷，年均缩减率为 3.45%，一些地区的植被开始恢复。

---

① 沈国舫等：《新时期国家生态保护和建设研究》，科学出版社 2013 年版。

② 《环境保护事业全面推进 生态文明建设成效初显——改革开放 40 年经济社会发展成就系列报告之十八》，2018 年 9 月 17 日，http://www.stats.gov.cn/tjsj/zxfb/201809/t20180917_1623289.html。

③ 同上。

（三）自然保护区和湿地管理等不断加强，生态环境得以明显改善

从自然保护区建设看，我国于 1956 年建立第一个自然保护区（鼎湖自然保护区），至 1965 年 10 年的时间，全国 8 个省、自治区已成立了 20 个自然保护区，虽然在 1966—1974 年自然保护区的建设曾一度陷于停滞，但截至 2016 年，全国自然保护区已达 2750 个，自然保护区面积 14733 万公顷[①]，有效地保护了我国 90% 的陆地生态系统、85% 的野生动物种群和 65% 的高等植物群落。一些珍稀濒危动物和种群得以拯救，还建立了 400 多处野生植物种质资源保育基地，以及中国西南野生生物种质资源库。

从湿地资源保护看，2013 年第二次全国湿地资源调查结果显示：全国湿地总面积 5360.26 万公顷（另有水稻田面积 3005.7 万公顷未计入），湿地率 5.58%。纳入保护体系的湿地面积 2324.32 万公顷，湿地保护率达 43.51%[②]，并已建成了 500 多处湿地自然保护区、468 个湿地公园，有 46 处国际重要湿地，基本形成了以湿地自然保护区为主，国际重要湿地、湿地公园等相结合的湿地保护体系。

从草原生态来看，随着轮牧、禁牧、圈养等草原牧业生产方式的大力推广，全国草原生态加速恶化的势头得到了有效的遏制，草原质量出现好转，自 21 世纪以来全国重点天然草原平均超载率下降到 20% 以下，区域风沙天气明显减少，防沙治沙工作也取得了明显成效。

（四）坚持综合治理，水土保持和工矿区生态恢复取得新进展

健全水土流失综合防治支撑体系，实施水土流失综合治理。根

---

① 《环境保护事业全面推进　生态文明建设成效初显——改革开放 40 年经济社会发展成就系列报告之十八》，2018 年 9 月 17 日，http://www.stats.gov.cn/tjsj/zxfb/201809/t20180917_1623289.html。

② 同上。

据全国水土保持情况普查，近 15 年我国水土流失面积净减少 61 万平方千米，水土保持措施保持面积达 99.16 万平方千米，土壤侵蚀面积比 2002 年第二次全国土壤侵蚀遥感调查结果减少 17%，尤其是2010 年新的《中华人民共和国水土保持法》实施以来，新增水土流失综合治理面积 15.8 万平方千米。截至 2016 年，全国累计水土流失治理面积已达 12041 万公顷，新增水土流失治理面积 562 万公顷。工矿区生态恢复不断加强。

（五）城市生态建设力度加大，城镇绿化规模不断扩大

国家有关部委对城市的生态保护和建设给予较大的重视，先后制定了国家园林城市、全国绿化模范城市、国家森林城市、生态园林城市等引导政策，辐射带动城镇绿化速度不断加快，全国城市人均公园绿地面积不断攀升，绿化覆盖率不断提升，绿化覆盖面积不断增加，城镇绿化建设形成不同的绿地布局结构，城市森林建设形成点线面相结合的模式。

总体来说，新中国成立以来尤其是近年来，国家逐步加快造林绿化步伐，加强对自然保护区的保护力度，推进水土流失治理，重视建设和保护森林生态系统、保护和恢复湿地生态系统、治理和改善荒漠生态系统，全面加强生态保护和建设，国家生态安全屏障的框架基本形成。2013 年，《全国生态保护与建设规划（2013—2020年）》出台，提出到 2020 年，全国生态环境得到改善，增强国家重点生态功能区生态服务功能，生态系统稳定性加强，构筑"两屏三带一区多点"的国家生态安全屏障。随着生态保护和监管强化，生态安全屏障逐步构建，我国自然生态系统有所改善，自然保护区数量增加，森林覆盖率逐步提高，湿地保护面积增加，水土流失治理、沙化和荒漠化治理等取得明显成效。

二　面临的挑战

（一）自然生态系统十分脆弱，生态承载力问题日益突出

我国生态资源总量不足，森林、湿地、草原等生态空间不足，

生态系统十分脆弱的情况将长期存在。一方面，全国生态系统复杂多样，空间差异大，以草地、森林、农田和荒漠为主，占全国陆地总面积的82.8%，全国生态环境高度敏感区域面积390万平方千米，占国土面积的40.6%，而生态环境脆弱区面积占国土面积的60%以上，[①] 西北干旱半干旱区、黄土高原区、西南山地区和青藏高寒区等地区尤为突出；另一方面，巨大的人口数量和高速的经济发展导致的高强度资源开发，对我国森林、草地和湿地等自然生态系统造成了巨大影响，生态系统退化还在扩展。以森林和草地为例，全国森林与草地质量为低等级与差等级的面积分别占森林与草地生态系统总面积的43.7%和68.2%，质量为优等级的面积仅占森林与草地生态系统总面积的5.8%和5.4%，局部地区生态系统质量仍在下降，有17.6%的森林与34.7%的草地生态系统质量均有不同程度的下降[②]，生态承载力问题日益突出。

（二）生态环保历史欠账多，保护建设难度加大

长期以来，我国生态保护和建设方面历史欠账太多，随着我国经济持续高速发展，新老生态问题交织，呈现出复杂性、综合性、潜伏性和长期性特征，生态保护和建设面临十分艰巨的任务，导致我国在将来很长一段时间内存在较强的刚性生态压力，需要较长时间，付出较高代价，是一场攻坚战、持久战。例如，全国目前仍有180多万平方千米的水土流失面积，2400万平方公顷的坡耕地和44.2万条侵蚀沟亟待治理，全国资源枯竭型城市也有14万平方公顷沉陷区需要生态修复治理。[③] 气候变化对生态系统演变产生的影响也不容忽视，气候变化导致森林树种结构与分布改变，阔叶林向更北、

---

① 联合国可持续发展大会中国筹委会：《中华人民共和国可持续发展国家报告》，人民出版社2012年版。

② 欧阳志云：《我国生态系统面临的问题及变化趋势》，《中国科学报》2017年7月24日。

③ 参见水利部会同财政部编制的《革命老区水土保持重点建设工程规划（2010—2020）》，2009年。

更高区域扩展，物种适生地整体北移，华北、东北、黄土高原和西南地区的气候暖干导致水资源日趋紧张，降水减少，地区的森林向旱生化演替，草地退化，湿地萎缩，森林草原火灾与虫鼠害加重，部分地区荒漠化加重，保护建设的难度更大。同时，随着经济社会尤其是城镇化的加速发展，经济发展对生态系统的影响也在不断加剧，守住生态红线、扩大生态空间、巩固现有生态保护成果的压力越来越大，难度越来越大。

（三）生态系统功能不强，生态产品十分短缺

我国是世界上人均生态资源稀缺的国家之一，生态资源总量不足，森林、湿地、草原等自然生态空间不足，质量不高，分布不均，功能不强，生态产品非常短缺。例如，我国人均森林面积仅为世界人均水平的1/4，人均森林蓄积量只有世界人均水平的1/7，而且其分布极其不均。我国草原质量和生产力的水平普遍偏低，中度和重度退化草原面积仍然占1/3以上，草原生态及草原生产能力严重不足。① 而在湿地和生物多样性等方面，近些年随着工业化和城镇化的发展，以及基础设施的建设、滩涂围垦和填海以及环境污染等，湿地生态状况总体不好，生物多样性锐减、受威胁的物种总数居高不下，已占到脊椎动物和高等植物种类总数的10%—15%，许多野生动植物的遗传资源仍在不断丧失。② 我国生态产品的短缺与生态产品质量的低下，与人民群众日益增长的生态产品需求形成了较大的差距。

（四）生态保护与建设的投入不足，科技与人才支撑薄弱

由于我国生态欠账多，生态保护和建设的压力大，应保持较大幅度的持续投入才能扭转当前的恶化趋势。但是长期以来，我国生态保护的资金投入过多依靠中央财政，市场机制的决定作用远未发

---

① 参见农业部发布的近几年《全国草原监测报告》。

② 参见《张希武司长在全国野生动植物保护与自然保护区建设管理工作交流会上的讲话》，2012年2月17日，http：//www.forestry.gov.cn/。

挥出来，政府投入多，社会投入小，融资渠道单一，缺乏有效的社会资金的引导机制，公众参与机制还未真正建立起来，导致我国生态保护与建设的资金投入总量不足且难于持续。而在科技支撑和人才保障上，也危机重重。生态保护与建设必须依靠科技的支撑，但是由于我国科技投入不足，方向分散且不连续，基础性研究薄弱，技术支撑推广体系不健全，生态保护建设科技成果在生产中应用程度较低。在人才建设上，一方面社会在培养适用人才上存在不足；另一方面人才使用过程中专业人才流失严重，队伍专业化低，专业队伍建设有断档、断层等危险。

（五）生态差距明显，履行国际生态责任形势严峻

与生态良好的发达国家相比，我国生态差距明显，区域发展不协调、经济与生态环境发展不均衡仍然是我国可持续发展与进一步加强生态保护建设的突出障碍。我国作为世界上最大的发展中国家，在生态资源上，无论是数量还是质量都并无优势。我国是土地沙化和水土流失最严重的国家之一，也是森林资源最贫乏的国家之一。当今世界各国特别是世界大国、国际组织、联合国等，对全球气候变化生态问题的关注越来越多，各类生态环境保护行为不断涌现，给我国的生态保护与建设也带来了前所未有的国际压力。国际社会关于森林资源保护、荒漠化防治、湿地保护、野生动植物保护等相关公约的刚性约束机制趋强，涉及中国的敏感物种和敏感议题不断增多，履行国际公约的任务将越发艰巨。

总之，我国生态条件脆弱，局部生态改善与局部恶化一直并存，生态问题仍旧是制约我国可持续发展的重大问题、人民美好生活需要的重大障碍和中华民族永续发展的重大隐患，我们必须对生态保护和建设的艰巨性、复杂性、长期性等予以高度的重视，持之以恒加强生态保护和建设。

第四节 进一步推进生态保护的路径与建议

生态保护和建设是综合性的系统工程，涉及面广。长期以来，党和政府对生态保护和建设的认识不断深化，广大人民群众生态保护与建设的意识不断增强。"三北"防护林工程实施以来，我国以重点领域和关键领域为抓手，实施重大生态工程，治理与开发并重，区域与系统建设齐驱，在保护生态资源、加强生态治理、增强生态产品生产能力等方面取得了明显成效。但基于新时代新要求，我们还需在巩固已有成果的基础上，进一步持续地推进生态保护与建设。

一 加强顶层设计的系统性，确保生态优先理念真正树立与落实

生态兴则文明兴，生态衰则文明衰。生态兴国、生态立国，是我们推动经济社会发展首先需要秉承的基本原则，是我们开启生态文明时代的基础与根本保障。生态文明建设的基本要求，一是生态安全，二是环境良好，三是资源永续。生态保护与建设是保障生态产品供给和生态安全的关键所在。我国国情和自然条件极其复杂，各地情况千差万别，目前我国生态保护与建设的总体设计缺乏系统性，与经济结构调整、生产方式转型、生活消费模式改变的要求结合不紧密，亟须在生态文明框架下进行生态保护的系统设计，让生态保护与生态文明其他建设融合、衔接及互动，确保生态优先理念的真正树立与落实，不仅要改变那些土地粗放利用、空间无序开发、追求挖山填湖、大树移栽等短期行为，还要预防那些忽视生态功能，甚至违背生态规律和破坏生态系统服务等伪生态的做法。通过系统的顶层设计和细致的规划，将生态保护及建设真正落实到位。

二　优化生态保护的体制机制，做好生态系统的统筹与综合管理

加强生态保护与建设，应优化生态保护的体制机制，从制度层面进行设计，做好生态系统的统筹和综合管理。山水林田湖草是生命共同体，因此应将环保、水利、海洋、旅游、建设等相关部门的生态保护职能进行整合和协调，强化统一监管，提升专业化水平，同时建立协调机制和监督机制。另外，生态保护与建设应坚持政府主导、市场调节和社会参与的原则，完善市场机制，建立健全社会参与机制，调动市场和公众的力量来推进生态保护工作。运用市场经济的方法推进生态保护与建设，也是解决公共资金投入不足和公共资金效率低下的有效途径。这需要尽快建立自然资源产权制度，制定生态产品市场规则，加快建立资源使用权出让、转让和租赁的交易机制，调动民间生产生态产品的积极性，盘活生产要素，促进生态资产的合理配置和有偿使用，做好生态系统的统筹管理。

三　健全生态保护与建设的法律体系，促进法制化和可持续发展

我国目前现有法律法规大都是针对某一特定生产要素制定的，例如，《森林法》《草原法》和《中华人民共和国水法》（以下简称《水法》）等，没有考虑到自然生态的有机整体性和各生产要素的相互依存关系，这种分散性立法在系统性、整体性和协调性上存在着重大缺陷和明显不足。新修订的《中华人民共和国环境保护法》（以下简称《环境保护法》）虽然规定了生态补偿等措施，但是总的来说，和生态保护有关的自然资源开发利用、林业环境、农业环境、水环境、水土保持等方面规定修改得很少，综合性也不足，立法结构"瘸腿"的现象没有得到纠正。因此，要进一步建立健全生态保护和建设的法律法规，构建相应的法律体系。同时，还应完善生态保护和建设的配套性立法，制定相应的制度和修改相关的技术规范，使其具有法律效力。另外还要加强对传统立法的生态化改造，部门

法的生态化并不只在立法形式上规定生态保护的法律条款，而要求在内在精神上能遵循生态系统管理的基本原则，并真正确认和有效保护基于生态系统服务功能而蕴含的生态利益，修改不利于生态保护和建设的法律规定，确定和保护生态效益，形成生态保护法制建设的整体合力，让制度为进一步加强生态保护与建设保驾护航。

四　加大生态保护与建设的资金投入与人才保障，加强科技创新

政府应当健全和完善有关财政税收和金融等方面的经济政策，保证生态保护与建设所需的资金，加快建立生态财政制度，把生态财政作为公共财政的一个重要组成部分，加大对生态保护的财政转移支付力度，加强相关基础设施建设，对重点生态保护和生态修复工程确保资金的注入，还要监督资金的使用过程，提高资金的使用效率。同时，要建立支持生态建设的投融资机制，通过政府引导社会各方面的参与，促使社会资金投向生态保护与建设，拓宽生态保护与建设的市场化运作的道路，努力形成多元化的资金格局，构建多方并举合力推进的格局。在生态保护与建设的科技创新上，要努力提高生态保护与建设的科技创新能力，大力研发生态保护与建设的新技术，同时加强科技成果转化，为生态保护提供强有力的技术支撑，加强对工程绿化技术和生态修复等工程的研究与示范。进行专业人才的培育与现有人才的专业化培训，提供生态保护的人才保障。

五　积极参与生态保护的国际谈判，促进生态保护国际交流与合作

生态问题既是一国的区域问题，也是全球必须共同面对的问题，我们生活在一个地球上，是命运的共同体，加强生态保护与建设需要多国的交流与合作。一方面，我们要积极参与生态保护与建设的国际谈判以及国际规则的制定，加强对当前生态保护重大问题的研

究，争取更多的话语权和主动权，维护国家利益；另一方面，要更加积极主动地参与国际合作，拓展国际合作空间，根据生态保护与建设总体战略目标和需要解决的关键性问题，确定优先领域，积极引进国外资金、技术和先进管理经验，提高资金的使用效率，强化本国的生态保护能力建设，为全球生态安全做出贡献。

第 三 章

资源利用:从粗放到节约
再到循环的减量发展

　　建设资源节约型与环境友好型社会是我国重要的战略目标之一,也是我国建设生态文明社会的重要构成及支撑。从新中国成立初期的"倡导节约,反对浪费",到后来的"走资源节约型发展道路",再到当前的"建设资源节约型与环境友好型社会",我国在不断深化资源节约的理念及实践。节能、节水、节材、节地、资源综合利用和发展循环经济是我国资源节约工作的重点领域,新中国成立70年以来,我国不仅重视完善这些领域的政策法规、标准等体制机制要素,也重视加大这些领域的宣传、研究等工作,这使资源节约理念深入人心,资源节约工作取得了巨大的进展。但同时,资源开发利用粗放、自然资源产权不明晰等问题依然存在,同资源节约先进国家相比,我国资源节约工作尚有很大的空间及潜力,需要结合时代特征,积极采用新理念、新思路及新方法持续推进资源节约工作。

第一节　资源节约概述

一　资源节约的概念及边界界定

　　资源节约是指通过对资源的合理配置、高效和循环利用、有效保护和替代，实现以最少的资源消耗获得最大的经济和社会收益。资源节约的核心是提高资源利用效率，重点路径包括节能、节水、节材、节地、资源综合利用和发展循环经济等。

节能、节水、节材、节地是建设资源节约型社会的主要方式。节能是"节约能源"的简称，是指加强用能管理，采取技术上可行、经济上合理以及环境和社会可以承受的措施，从能源生产到消费的各个环节，降低消耗、减少损失和污染物排放、制止浪费，有效、合理地利用能源。① 节水的全称是节约用水，是指通过行政、技术、经济等管理手段加强用水管理，调整用水结构，改进用水方式，科学、合理、有计划、有重点地用水，提高水的利用率，避免水资源的浪费。节地一般被称作节约集约利用土地，是指通过规模引导、布局优化、标准控制、市场配置、盘活利用等手段，达到节约土地、减量用地、提升用地强度、促进低效废弃地再利用、优化土地利用结构和布局、提高土地利用效率的各项行为与活动。② 节地主要包括了三层含义：一是节约用地，就是各项建设都要尽量节省用地，想方设法地不占或少占耕地；二是集约用地，每宗建设用地必须提高投入产出的强度，提高土地利用的集约化程度；三是通过整合、置换和储备，合理安排土地投放的数量和节奏，改善建设用地结构、布局，挖掘用地潜力，提高土地配置和利用效率。节材的全称是节约原材料，是指通过加强科学管理和推进技术进步的各种途径，直接或间接地降低生产生活中的原材料消耗，以最小的原材料消耗取得最大的经济效益。

---

① 《中华人民共和国节约能源法》于1997年11月1日第八届全国人民代表大会常务委员会第二十八次会议通过，2007年10月28日第十届全国人民代表大会常务委员会第三十次会议修订。

② 《节约集约利用土地规定》于2014年3月27日国土资源部第一次部务会议通过。

循环经济思想最初由美国经济学家 K. 波尔丁提出[①]，我国从 20 世纪 90 年代起引入了关于循环经济的思想。循环经济主要指在人、自然资源和科学技术的大系统内，在资源投入、企业生产、产品消费及其废弃的全过程中，把传统的依赖资源消耗的线性增长经济，转变为依靠生态型资源循环来发展的经济。

资源综合利用是指在合理规划的前提下，依靠相关技术，对生产、服务过程中所需资源，包括主料、辅料的各种有效利用活动，以及对副产物和各种再生资源的利用活动。资源综合利用主要包括：在矿产资源开采过程中对共生、伴生矿进行综合开发与合理利用；对生产过程中产生的废渣、废水（液）、废气、余热、余压等进行回收和合理利用；对社会生产和消费过程中产生的各种废旧物资进行回收和再生利用。[②]

二　我国资源节约工作的阶段划分

根据我国各个时期在资源节约领域的工作重心不同，可以把我国资源节约工作划分为三个阶段。

第一个阶段：基于"倡导节约，反对浪费"思想的资源节约阶段（1949—1977 年）。1949 年新中国成立，我国百废待兴，各种物质都很缺乏，这一时期的资源节约工作主要是基于"倡导节约，反对浪费"思想，这一思想也是中国共产党人延安精神的延续。

第二阶段：走资源节约型发展道路阶段（1978—2004 年）。1978 年以后，我国开始全力从事经济建设，在经济快速发展的同时，也呈现出粗放式的发展特点，各种浪费问题非常突出。在这一背景下，我国开始强调"要坚持开发和节约并举的方针"，并提出

---

① Boulding, K. E., "The Economics of the Coming Spaceship Earth", in Jarrett, H., ed., *Environmental Quality in a Growing Economy*, Baltimore, MD: Johns Hopkins University Press, 1966.

② 国家经济贸易委员会、财政部、国家税务总局：《关于进一步开展资源综合利用的意见》，1996 年 8 月 9 日。

"走资源节约型发展道路"的思想。

第三阶段：建设资源节约型与环境友好型社会阶段（2005 年至今）。2005 年召开的党的十六届五中全会明确提出，要加快建设资源节约型、环境友好型社会，首次把建设"两型社会"确定为国民经济与社会发展中长期规划的一项战略任务。"十二五"规划纲要明确把"建设资源节约型、环境友好型社会"作为我国"十二五"时期的重要战略任务。2015 年发布的《中共中央国务院关于加快推进生态文明建设的意见》提出，到 2020 年，资源节约型和环境友好型社会建设要取得重大进展。

三　我国资源节约工作面临的主要问题及挑战

在资源的开发利用方面，我国正在从粗放型向节约型转变，并取得很大成效，资源节约理念被广泛传播，技术进步明显，管理体制日益完善。但同时也面临一些问题及挑战。

一是资源节约工作压力大。长期以来，粗放式的发展方式已深入到我国社会经济的各个方面，要改变这种状况，需要付出巨大的努力及社会成本，且不是短时间能解决的问题。对于节能、节水、节地、节材等资源节约工作来说，不仅需要持续完善相关的节约机制体制，也需要在技术创新方面进行巨大的投入，面临的工作千头万绪，压力较大。

二是建立健全资源高效利用机制面临诸多挑战。节能、节水、节地、节材、节矿标准体系有待进一步完善，用能权、用水权、碳排放权等市场交易机制推进缓慢，能源和水资源消耗、建设用地等总量和强度双控行动面临来自多方面的阻力，建筑节能标准在农村难以推进，从目标责任的强化、市场机制的完善，到标准控制和考核监管体制的完善等诸多方面都面临挑战。

三是自然资源资产产权制度弊端明显。1996 年《矿产资源法》修改通过之后，在自然资源法规中规定"国家所有权由国务院代表国家行使"逐渐成为我国的立法通例，但关于国务院到底应当如何行使国家所有权，法律规定并不明确，所以国务院的组成部门和地方政府只能在没有法律规定或国务院授权的情况下，主动或被动承担起代表国家行使国家所有权的职能。

四是全民所有自然资源资产有偿使用制度不完善。改革开放以来，我国全民所有自然资源资产有偿使用制度逐步建立和完善，在促进自然资源保护和合理利用、维护所有者权益方面发挥了积极作用，但还存在与经济社会发展和生态文明建设不相适应的一些突出问题，如所有权人不到位，使用权权利体系不健全，市场决定性作用发挥不充分等。

四　当前我国推进资源节约的工作重点

针对资源节约集约利用工作中面临的问题与挑战，当前我国正重点加强以下几个方面的工作：一是通过推进能源消费革命等措施全面推动能源节约；二是通过落实最严格的水资源管理制度等措施全面推进节水型社会建设；三是通过严控新增建设用地、有效管控新城新区和开发区无序扩张等措施来强化土地节约集约利用；四是通过强化矿产资源规划管控，严格执行分区管理、总量控制和开采准入制度，以加强复合矿区开发的统筹协调等措施来加强矿产资源节约和管理；五是通过实施循环发展引领计划、推进生产和生活系统循环链接、加快废弃物资源化利用等措施大力发展循环经济；六是通过倡导合理消费、力戒奢侈消费、制止奢靡之风等措施倡导勤俭节约的生活方式；七是通过实施能源和水资源消耗、建设用地等总量和强度双控行动等措施建立健全资源高效利用机制。

同时，我国还健全自然资源资产产权制度，深化自然资源资产有偿使用制度改革。2018 年，自然资源部正式成立，该部的主要职责是，对自然资源开发利用和保护进行监管，建立空间规划体系并监督实施，履行全民所有各类自然资源资产所有者职责，统一调查和确权登记，建立自然资源有偿使用制度，负责测绘和地质勘查行业管理等。在自然资源资产有偿使用制度方面，我国正积极争取建设一套产权明晰、权能丰富、规则完善、监管有效、权益落实的全民所有自然资源资产有偿使用制度。

第二节　资源节约的发展历程

一　基于"倡导节约，反对浪费"思想的资源节约阶段（1949—1977年）

勤俭节约的思想贯穿于中国共产党人的革命斗争和治国理政的实践之中。早在民主主义革命时期，毛泽东同志就提出，"应该使一切政府工作人员明白，贪污和浪费是极大的犯罪""节省每一个铜板为着战争和革命事业""节约是一切工作机关都要注意的""采取办法坚决地反对任何人对于生产资料和生活资料的破坏和浪费，反对大吃大喝，注意节约"[①]。

新中国成立后，中国共产党仍高度重视勤俭节约。新中国成立初期，在由毛泽东同志亲自主持起草的具有临时宪法性质的《共同纲领》中就明确规定：中华人民共和国的一切国家机关，必须厉行廉洁的、朴素的、为人民服务的革命工作作风，严惩贪污，禁止浪费，反对脱离人民群众的官僚主义作风。毛泽东同志认为，我们在社会主义建设中面临这样的矛盾：我国是一个社会主义的大国，又是一个经济落后的穷国，怎样解决这个矛盾，办法只有一个，那就是全面地持久地厉行节约。并指出，要使我国富强起来，需要几十年艰苦奋斗的时间，其中包括执行厉行节约、反对浪费这样一个勤俭建国的方针。[②]

1951年12月1日发布的《中共中央关于下发〈中共中央关于

[①]　曹前发：《学习毛泽东勤俭节约的思想与风范》，《求是》2013年第12期。

[②]　毛泽东：《关于正确处理人民内部矛盾的问题》，《人民日报》1957年6月19日第8版。

实行精兵简政、增产节约、反对贪污、反对浪费和反对官僚主义的决定〉的通知》，强调节约，反对浪费。1952 年，在党中央的领导下，全国的党政机关范围内展开了"三反""五反"的运动，其中"三反"之一就是要反对浪费。1955 年，针对一些合作社存在的不注意节约的不良风气，毛泽东同志在《勤俭办社》一文按语中指出：勤俭经营应当是全国一切农业生产合作社的方针，应当是一切经济事业的方针。勤俭办工厂，勤俭办商店，勤俭办一切国营事业和合作事业，勤俭办一切其他事业，什么事情都应当执行勤俭的原则。这就是节约的原则，节约是社会主义经济的基本原则之一。① 在1956 年党的八届二中全会上，周恩来同志在对下一年度的国家经济和财政计划进行报告时，提出了在全党全国范围内开展增产节约运动的建议。② 随后，中共中央通过并发布了关于周恩来同志这一建议的指示，号召全国各行各业各部门都大力开展增产节约运动。

　　同当前基于可持续发展的资源节约理念不同，改革开放前的资源节约工作主要基于当时物质缺乏的实际情况，同时，也是中国共产党人一贯的艰苦朴素作风的延续。在资源节约方面，除"勤俭"理念外，当时也开始出现了资源综合利用的理念，如 1972 年在联合国人类环境会议上，中国提出"综合利用"思想，倡导综合利用废弃物，将之作为材料再次投入生产。

　　1973 年 8 月 5—20 日，由国务院委托国家计委在北京组织召开的第一次全国环境保护会议，揭开了中国环境保护事业的序幕。会议通过了《关于保护和改善环境的若干规定》，确定了"全面规划、合理布局、综合利用、化害为利、依靠群众、大家动手、保护环境、造福人民"的 32 字方针。

---

　　①　《〈中国农村的社会主义高潮〉按语选》，http://www.people.com/cn/GB/shizheng/8198/30446/30452/2196125.html。

　　②　周恩来：《关于 1957 年度国民经济发展计划和财政预算的控制数字的报告》，中国共产党八届二中全会（1956 年 11 月 10—15 日）。

二　走资源节约型发展道路阶段（1978—2004 年）

1978 年，党的十一届三中全会做出了把工作重心转移到经济建设上的决定，并做出了改革开放的重大决策。由于我国当时经济发展落后，国家财政资金不充裕，在这种基础上想要快速发展经济必须提倡节约，反对浪费。1980 年，邓小平同志在谈当时的形势和任务时指出：我们的资金来之不易，我们生产出来的东西来之不易，任何浪费都是犯罪；无论是在生产建设以前，生产建设过程中间，还是在生产建设得到了产品以后，都不允许有丝毫的大手大脚。①

在经济快速发展的过程中，由于片面追求经济效益，加之技术手段落后，在利用资源过程中存在严重的浪费现象，资源利用效率低下。为扭转这种现象，国家开始重视通过政策来引导各地及各行各业加强自然资源的合理开发和利用工作。例如，国务院在 1981 年发布的《关于在国民经济调整时期加强环境保护工作的决定》指出："环境和自然资源，是人民赖以生存的基本条件，是发展生产、繁荣经济的物质源泉。管理好我国的环境，合理地开发和利用自然资源，是现代化建设的一项基本任务。"② 1991 年，邓小平同志亲自为《中国人口·资源与环境》题写刊名，反映了党中央对资源节约工作的高度重视。

以江泽民同志为核心的党中央重视可持续发展理念，进一步深化了资源节约思想。1996 年，江泽民同志在全国第四次环境保护工作会议上论述了可持续发展战略，认为我国应该以长远的、可持续的眼光来进行社会主义现代化建设，提出要节约各种资源。

江泽民同志还提出了走资源节约型发展道路的思想。在 2001 年

---

①　邓小平：《目前的形势和任务》（1980 年 1 月 16 日），《邓小平文选》（第 2 卷），人民出版社 1994 年版。

②　国务院：《关于在国民经济调整时期加强环境保护工作的决定》，1981 年 2 月 24 日。

3月召开的中央人口资源环境工作座谈会上，江泽民同志强调：必须长期坚持保护和合理利用资源的方针，实行严格的资源管理制度，依靠科技进步，完善市场机制，推进资源利用方式的根本转变，处理好资源保护与经济发展的关系。要把节约资源放在首位，增强节约使用资源的观念，转变生产方式和消费方式。要把节约用水放在突出位置，大力推行节约用水措施，发展节水型农业、工业和服务业，建立节水型社会。①

为推动资源节约工作的深入开展，我国出台了一系列的政策法规。2002年，我国第一部循环经济立法《清洁生产促进法》出台，标志着我国污染治理模式由末端治理开始向全过程控制转变。2004年4月，国务院下发《关于开展资源节约活动的通知》，决定2004—2006年在全国范围内组织开展资源节约活动，全面推进土地、矿产、能源、水、原材料等资源的节约与综合利用。

三　建设资源节约型与环境友好型社会阶段（2005年至今）

2005年召开的党的十六届五中全会明确提出，要加快建设资源节约型、环境友好型社会，首次把建设"两型社会"确定为国民经济与社会发展中长期规划的一项战略任务。其中，资源节约型社会是指在生产、流通、消费等领域，通过采取法律、经济和行政等综合性措施，提高资源利用效率，以最少的资源消耗获得最大的经济和社会收益，保障经济社会可持续发展。

"十一五"（2006—2010年）时期，国家积极推动资源节约型、环境友好型社会建设，大力发展循环经济。2008年，为贯彻落实党的十七大精神，推进生态文明建设，促进资源节约型、环境友好型社会的建立，努力构建社会主义和谐社会，环境保护部出台了《关于推进生态文明建设的指导意见》。

---

① 《江泽民在中央人口资源环境工作座谈会上强调》，http：//www. people. com. cn/GB/shizheng/16/20010311/414161. html。

"十二五"（2011—2015 年）时期，党中央、国务院把环境保护摆在更加突出的位置，把建设资源节约型、环境友好型社会作为加快转变经济发展方式的重要着力点。2015 年发布的《中共中央国务院关于加快推进生态文明建设的意见》提出，到 2020 年，资源节约型和环境友好型社会建设要取得重大进展。

"十三五"（2016—2020 年）期间，以习近平同志为核心的党中央持续推进"两型社会"建设。《中华人民共和国国民经济和社会发展第十三个五年规划纲要》将生态环境质量改善作为全面建成小康社会的目标，提出加强生态文明建设的重大任务举措，明确了生态环境领域将实施 19 个重大工程项目，其中 5 个聚焦在资源节约集约循环利用上。党的十九大报告提出，要推进资源全面节约和循环利用，实施国家节水行动，降低能耗、物耗，实现生产系统和生活系统循环连接。倡导简约适度、绿色低碳的生活方式，反对奢侈浪费和不合理消费，开展创建节约型机关、绿色家庭、绿色学校、绿色社区和绿色出行等行动。

第三节　资源节约重点领域及主要成就

一　节能工作

新中国成立 70 年，我国节能工作经历了拉闸限电、节能增效与节能环保及节能减排等不同时期。

新中国成立初期，我国工业极度落后，能源贫乏，主要工作是快速推进工业化，积极开发利用能源资源，节约能源工作未受重视。特别是在"文化大革命"期间，由于管理紊乱，消耗无定额，计量仪表残缺不全，统计记录不准，以及技术装备陈旧，工艺落后，更新年代延长等原因，能源有效利用率低，煤、油、气、电、水损失浪费惊人，以至于造成能源供需之间矛盾突出。① 能源供给不足加上较严重的能源浪费问题，导致在改革开放初期时常出现拉闸限电现象。

从 20 世纪 80 年代到 21 世纪初，节能主要是为了增效，同时，各界也开始关注到环保问题。为了推进全社会节约能源，提高能源利用效率和经济效益，保护环境，保障国民经济和社会的发展，满足人民生活需要，1998 年我国实施了《节约能源法》，随后，国家计委、国家经贸委、建设部等部门也陆续发布了《重点用能单位节能管理办法》《节能产品认证管理办法》《节约用电管理办法》等配套规章。

2002 年以后，中国进入新一轮经济增长期，经济快速发展，能源消费迅速增长。2004 年全国能源消费强度达到 1.64 吨标准煤/万元，是新中国成立以来最高值，中国成为世界第二大能源消费国。2004 年，国家发展改革委组织编写并经国务院同意发布了《节能中长期专项规划》，这是改革开放后我国制定和发布的第一个节能中长期专项规划。2005 年开始，国家节能工作力度空前加大，节能减排工作开始成为我国的工作重心之一。《中华人民共和国国民经济和社会发展第十一个五年规划纲要》（2006 年）提出，落实节约资源和保护环境基本国策，建设低投入、高产出，低消耗、少排放，能循环、可持续的国民经济体系和资源节约型、环境友好型社会。《能源发展"十一五"规划》也提出"以能源节约推动减排"。2007 年，国务院成立了由温家宝同志任组长的"国家节能减排领导小组"。近年来，我国又陆续出台了《节能减排"十二五"规划》《"十三五"节能减排综合工作方案》等相关规划及政策。

总之，经过全社会的共同努力，我国能源供给取得了巨大进步。1949 年，我国能源生产总量只有 0.24 亿吨标准煤，远远满足不了国内需求。经过 70 年特别是改革开放以来的不断努力，我国能源供给能力明显增强，建立了较为完善的能源供给体系。2018 年我国能源

---

① 《抓紧节约能源 加快四化建设》，《中国能源》1979 年第 4 期。

生产总量达到 37.7 亿吨标准煤，比 1949 年增长 156 倍。①

同时，我国节能降耗也取得了突出成效，尤其是党的十八大以来，国家扎实推进节能减排，完善节能降耗各项政策，加强节能减排体制、机制、法制和能力建设，综合运用经济、法律等手段，推进工业、建筑、交通等重点领域节能减排，坚决淘汰落后产能，推广使用节能新工艺、新技术，加快传统产业升级改造和培育新动能，通过加快产业调整、优化能源结构和推进节能型社会建设，促进了节能降耗目标的实现，节能降耗不断取得新成效。

国家统计局发布的《改革开放四十年能源发展报告》显示，我国单位 GDP 能耗整体呈现下降态势，2017 年比 1978 年累计降低 77.2%，年均下降 3.7%。通过改进工艺技术、更新改造用能设备、淘汰落后产能和加快技术进步等，单位产品能耗明显降低。特别是"十一五"时期以来，单位 GDP 能耗指标作为约束性指标，连续被纳入我国"十一五"时期、"十二五"时期和"十三五"时期国民经济和社会发展规划纲要。"十一五"时期，2010 年单位 GDP 能耗比 2005 年累计降低目标为 20% 左右，实际降低 19.3%；"十二五"时期，2015 年单位 GDP 能耗比 2010 年累计降低目标为 16% 以上，实际降低 18.4%。

《中华人民共和国国民经济和社会发展第十三个五年规划纲要》提出，全面推动能源节约，能源消费总量控制在 50 亿吨标准煤以内。

二　节水工作

我国人多水少，水资源供需矛盾突出，节水工作意义重大。新中国成立 70 年，我国节水工作经历了节水、综合利用及水生态文明

---

① 国家统计局：《沧桑巨变七十载　民族复兴铸辉煌——新中国成立 70 周年经济社会发展成就系列报告之一》，http://www.gov.cn/xinwen/2019 – 07/01/content_5404949.htm。

建设三个时期。

（一）节水时期

1949—2000 年前后，我国水资源的开发利用相对比较粗放。但在一些领域也开始重视节水工作，如农业、工业和城市生活领域。

我国农业节水发展较早。为了提高农业用水效率，20 世纪五六十年代我国就已开展节水灌溉技术研究，70 年代初重点对自流灌区土质渠道进行防渗衬砌；70 年代中期开始，试验推广喷灌、滴灌等节水灌溉技术；80 年代对机电泵站和机井灌区推行节水节能技术改造；80 年代中期到 90 年代初，在北方井灌区推广低压管道输水技术；从 90 年代开始，逐步实现工程技术、农业技术和管理技术的有机结合。工业节水和城市生活节水工作开始于 20 世纪 70 年代末 80 年代初，随着我国北方一些城市和地区出现供水形势紧张局面，节水作为一种有效缓解措施得到广泛重视和采用。在这一时期，我国节水工作也取得一些进展，如万元 GDP 用水量从 1980 年的 9820 立方米降到 2000 年的 610 立方米。[①]

（二）以实现人水和谐为目标的综合利用时期

2001 年，人水和谐思想被正式纳入现代治水思想中，成为我国 21 世纪治水思路的核心内容。2004 年，"中国水周"活动的宣传主题为"人水和谐"，通过大量宣传，让更多的人对人水和谐思想有了深入认识。在其后数年间，我国治水实践始终坚持人水和谐思想，在现代水资源管理工作中以实现人水和谐为目标，重视水资源综合利用、合理利用、科学利用。

2011 年的中央一号文件《中共中央、国务院关于加快水利改革发展的决定》作出"水利欠账太多""水利设施薄弱仍然是国家基础设施的明显短板"的科学判断。2012 年 1 月，国务院印发了《关于实行最严格水资源管理制度的意见》，对实行最严格水资源管理制度作出全面部署和具体安排，其核心内容是"三条红线"

---

①　全国节约用水办公室：《全国节水规划纲要（2001—2010 年）》，2002 年。

"四项制度"。

(三) 水生态文明建设时期

2013 年 1 月，水利部印发了《关于加快推进水生态文明建设工作的意见》，提出加快推进水生态文明建设的部署。除水生态文明建设试点工作外，在水工程建设领域特别强调了水生态的地位和作用。可以说，从此以后的所有水工程规划、建设和管理都要考虑生态的约束作用和保护需求，进入以保护水生态、建设生态文明为目标的以水资源保护为主的阶段。

2015 年 4 月，国务院发布了《关于印发水污染防治行动计划的通知》，出重拳解决水污染问题。"水十条"以改善水环境质量为核心，为建设"蓝天常在、青山常在、绿水常在"的美丽中国提供保障。2017 年，党的十九大报告提出坚持节约资源和保护环境的基本国策，像对待生命一样对待生态环境，再一次强调建设生态文明是中华民族永续发展的千年大计。

这一时期，国家围绕水生态文明建设、水生态保护，实施了一系列工程建设和制度建设。水利部在全国层面分两批启动了 105 个水生态文明城市建设试点，部分省市也开展了省级水生态文明城市建设试点工作，水资源各项管控目标顺利实现，为经济社会发展提供了可靠的水安全保障。2019 年 4 月，国家发展改革委、水利部联合印发了《国家节水行动方案》，提出了六大重点行动和深化机制体制改革两方面举措，确定了 20 多项具体任务。六大重点行动是指"总量强度双控""农业节水增效""工业节水减排""城镇节水降损""重点地区节水开源"和"科技创新引领"。

总之，70 年来，随着人口的增加和经济社会的发展，我国用水总量不断增加。但通过落实各种节水的机制及措施，我国节约了大量的水资源，延缓了总用水量的增长。新中国成立以后，全国总用水量已从 1949 年的 1031 亿立方米，发展到 2000 年的 5500 亿立方米左右，增加了 4 倍以上。但 1990 年以后缓慢波动增长，平均年增长 1% 左右。1980 年后，在国民经济基本保持 8% 左右的年增长率的情况下，全国年人均用水量基本稳定在 440 立方米左右。从分部门用水看，节水对农田灌溉用水量的影响最大，1949—1980年，全国农田灌溉用水量从 956 亿立方米增加到 3580 亿立方米，平均年递增率为 4.35%；而 1980 年后，虽然前期有一定增长，但后期逐渐趋于稳定。①

"十二五"期间，我国国内生产总值提高 46%（按不变价计算），用水量仅增长 1.3%，以用水微增长保障了社会各行业高速发展，全国万元 GDP 用水量下降 31%，万元工业增加值用水量下降35%，农田灌溉水有效利用系数提高到 0.532。② 与 2012 年相比，2017 年全国万元国内生产总值用水量降低 30%，万元工业增加值用水量降低 32.9%，农田灌溉水有效利用系数由 0.516 提高到 0.548。③

《中华人民共和国国民经济和社会发展第十三个五年规划纲要》提出，全面推进节水型社会建设，用水总量控制在 6700 亿立方米以内。

三　节地工作

我国人均土地资源占有量偏低，节地是国家的重要战略方针。新中国成立 70 年，我国土地利用经历了节约用地、集约用地及节约集约用地三个时期。

（一）节约用地时期

新中国成立初期，我国生产力水平相对落后，在土地利用政策上多强调节约。1953 年夏，国家开始实行农业合作化的土地制度，将农民土地私有制转变为社会主义公有制，实行集体经营。同年底公布实施了新中国第一部征用土地办法《政务院关于国家建设征用土地办法》，该法第四条规定，凡征用土地，均应由用地单位本着节

---

① 全国节约用水办公室：《全国节水规划纲要（2001—2010 年）》，2002 年。
② 《节水型社会建设"十三五"规划》（发改环资〔2017〕128 号）。
③ 《全国水资源节约成效显著》，《人民日报》2019 年 3 月 23 日第 3 版。

约用地的原则。1956 年，发布《国务院关于纠正和防止国家建设征用土地中浪费现象的通知》。1986 年出台的第一部《土地管理法》规定，国家建设和乡（镇）村建设必须节约使用土地。

（二）集约用地时期

1995 年党的十四届五中全会提出，要积极推进经济增长方式的转变，把提高经济效益作为经济工作的中心，实现经济增长方式从粗放型向集约型转变，形成有利于节约资源、降低消耗、增加效益的企业经营管理机制。其核心就是要摒弃高投入、高消耗、低产出、低质量的粗放型经济增长方式，推行高产出、高效率、高质量、低消耗的集约型经济增长方式。

1998 年的"6·25 全国土地日"以"土地与未来——集约用地，造福后代"为主题开展纪念活动，旨在唤起社会各界土地节约集约利用的意识，珍惜和合理利用有限的土地资源，保障经济社会的可持续发展。

（三）节约集约用地时期

2004 年出台的《国务院关于深化改革严格土地管理的决定》提出"实行强化节约和集约用地政策"。2005 年，党中央提出建设节约型社会，节约集约用地首次成为国家要求。

2006 年，十届全国人大四次会议上通过的《中华人民共和国国民经济和社会发展第十一个五年规划纲要》提出，18 亿亩耕地是一个具有法律效力的约束性指标，是不可逾越的一道红线。

2008 年 1 月，国务院颁布《关于促进节约集约用地的通知》，提出切实保护耕地，大力促进节约集约用地，走出一条建设占地少、利用效率高的符合我国国情的土地利用新路子，是我国必须长期坚持的一条根本方针。

2012 年中央领导作出了"发展是硬道理，节约是大战略"的指示，已将节约集约用地从土地管理的现实手段，变为 13 亿人的国家战略。

2013 年召开党的十八届三中全会，再次强调要健全土地节约集约使用制度，从严合理供给城市建设用地，提高城市土地利用率。

2013 年召开的中央城镇化工作会议明确要求，要按照严守底线、调整结构、深化改革的思路，严控增量，盘活存量，优化结构，提升效率。节约集约用地工作已经上升到资源利用方式和经济发展方式转变、推动城镇化健康发展、生态文明和美丽中国建设的战略高度。

2014 年，国土资源部第 61 号令，发布《节约集约利用土地规定》，这是我国首部专门就土地节约集约利用进行规定的部门规章，标志着节约集约用地迈上了法制化轨道，在制度建设上具有里程碑意义。2014 年国土资源部下发的《关于推进土地节约集约利用的指导意见》提出：到 2020 年，单位建设用地第二、第三产业增加值比 2010 年翻一番，单位固定资产投资建设用地面积下降 80%，城市新区平均容积率比现城区提高 30% 以上。

《中华人民共和国国民经济和社会发展第十三个五年规划纲要》提出，强化土地节约集约利用，单位国内生产总值建设用地使用面积下降 20%。

四　节材工作

新中国成立 70 年，我国不断探索节材工作的主要路径及方法，推动我国节材工作逐步走上正轨，并不断深化。

（一）积极探索

1949—1988 年，我国节约原材料的工作主要是以"倡导节约，反对浪费"为指导思想，主要手段以奖励为主。

按照财政部、国家劳动总局、国家物资总局 1979 年 11 月发布的《关于国营工业、交通企业特定燃料、原材料节约奖办法的通知》规定，我国设立了特定原材料节约奖，该奖是指经国家批准对大量使用燃料、电力、有色金属等特定原材料进行生产的企业试行的一种单项节约奖。试行这种单项奖励的范围，只限于大量使用煤炭、焦炭、电力、汽油、柴油、重油、原油、木材、稀有贵重金属或目前国内不能大量生产的有色金属、优质钢材等燃料和原材料的企业。其奖金在节约的价值中开支，并计入成本。

为了进一步调动企业和职工节约使用原材料、燃料的积极性，降低消耗，提高经济效益，实现增产增收，1986年，财政部、劳动人事部、国家经委发布了《国营工业、交通企业原材料、燃料节约奖试行办法》。

（二）走上正轨

1989年3月，国务院总理李鹏在第七届全国人民代表大会第二次会议上作了政府工作报告。李鹏指出："所有的地方、部门和企业，都要把原材料的节约和综合利用，当作提高经济效益的一件大事抓紧抓好。"①

1989年以后，原材料节约指标正式列入国家指导性计划，对推动节材工作起到了引导作用。各省市区根据国家计划的要求，确定了一系列先进、合理的节材考核指标。大多数省市区和主要耗材部门采用环比和定比相结合的考核方式，对达到先进水平的企业实行定比考核，低水平的企业则实行环比考核。定额考核管理的做法，不仅减少了消耗，降低了成本，而且使企业不断向更高水平迈进。②

为提高我国生产经营型企业（包括从事生产、建设等经济活动的企业）的原材料管理水平，不断降低原材料消耗，提高经济效益，为实现国民经济持续、稳定、协调发展，1990年，国家计委印发了《节约原材料管理暂行规定》。对各类企业的节材工作提出了包括组织领导、管理、依靠技术进步以及节材的奖惩办法等方面的原则要求。这是指导企业开展节材工作的一个政策性文件，在企业节材管理工作规范化、条例化上迈出了新的一步。该文件颁布后，各地区和主要耗材部门积极行动起来，在及时将《节约原材料管理暂行规定》转发到基层的同时，结合自身的实际情况拟定本地区、本部门

---

① 李鹏：《坚决贯彻治理整顿和深化改革的方针——1989年3月20日在第七届全国人民代表大会第二次会议上的政府工作报告》，《人民日报》1989年4月6日第1版。

② 陈英：《节约原材料工作取得新进展》，《经济工作通讯》1991年第22期。

的暂行规定和实施细则。

为了提高建材企业、事业单位原材料管理水平,不断降低原材料消耗,提高经济效益,根据国家计委发布的《节约原材料管理暂行规定》,结合建材工业的实际情况,国家建筑材料工业局在1992年发布了《建材工业节约原材料管理办法》。

2004年,国务院办公厅发布的《关于开展资源节约活动的通知》指出:能源、原材料、水、土地等自然资源是人类赖以生存和发展的基础,是经济社会可持续发展的重要物质保障。由于我国许多行业和地区资源利用效率低、浪费大、污染重,目前我国单位国内生产总值能源、原材料和水资源消耗大大高于世界平均水平。靠大量消耗资源支撑经济增长,不仅使资源约束矛盾更加突出,环境压力加大,也制约了经济增长质量和效益的进一步提高。要充分运用价格调节机制,促进节能、节水、节约原材料和资源综合利用。

（三）把节材上升到建设资源型社会的高度

2006年发布的《中华人民共和国国民经济和社会发展第十一个五年规划纲要》在"建设资源节约型、环境友好型社会"的内容中提出了"节材、节水、节能、节地"的要求。其中,节材的措施主要有:推行产品生态设计,推广节材的技术工艺,鼓励采用小型、轻型和再生材料。提高建筑物质量,延长使用寿命,提倡简约实用的建筑装修。推进木材、金属材料、水泥等的节约使用。禁止过度包装。规范并减少一次性用品生产和使用。

五　我国发展循环经济的主要成就

循环经济概念于20世纪90年代末进入我国,被各界广泛认同,并进一步上升为国家发展战略。我国循环经济发展大体经历了理念倡导、试点示范及全面推行三个时期。

（一）理念倡导

20世纪末,我国引入循环经济概念后,从概念内涵、发展模式、政策和制度、关键共性技术等方面展开了广泛讨论。

（二）试点示范

从 2001 年开始，我国着手建设循环经济示范园区，比如广西贵糖（集团）股份有限公司在国内创建了我国首个国家级生态工业示范园区，辽宁省、贵阳市相继开展了省级、市级示范区建设。2005年，国家发展改革委等六部委联合发布了两批包括省、市产业园区和重点企业在内的循环经济试点单位，标志着我国循环经济发展已进入全面实践阶段。

（三）全面推行

2005 年印发了《关于加快发展循环经济的若干意见》；2006 年中国正式将循环经济列入"十一五"规划；2008 年 8 月全国人大常委会通过《中华人民共和国循环经济促进法》，2009 年 1 月 1 日起实施；2013 年颁布了《循环经济发展战略及近期行动计划》；2017年印发了《循环发展引领行动》。

在相关法规、政策和规划的推动下，我国循环经济发展取得了显著成效。在工业领域，实施了园区循环化改造示范工程，推进企业间、行业间、产业间共生耦合，向企业循环式生产、园区循环式发展、产业循环式组合的方向迈进。在农业领域，实践探索了农林牧渔多业共生、农工旅复合发展的新型农业循环经济模式。在服务业领域，通过推动服务主体绿色化、服务过程清洁化，在引导人们树立绿色循环低碳理念、转变消费模式方面发挥了积极作用。

六　资源综合利用工作

资源综合利用理念在我国出现较早，1972 年，在联合国人类环境会议上，中国就提出了"综合利用"思想，倡导综合利用废弃物，将之作为材料再次投入生产。在之后的时间里，我国通过政策推动、试点示范等措施不断推动资源综合利用工作。

（一）政策推动

开展资源综合利用是一项重大的技术经济政策，对合理利用资源、增加社会财富、提高经济效益、保护自然环境，都有重要的意义。1975 年，中共中央制定的《1976—1980 年发展国民经济十年规划纲要（草案）》就提出，积极开展综合利用，大力搞好环境保护。

为了调动企业开展资源综合利用的积极性，1985 年国务院批转了国家经委《关于开展资源综合利用若干问题的暂行规定》。1996 年，国务院批转《关于进一步开展资源综合利用意见》，并发布《资源综合利用目录》，从企业所得税、增值税等方面，鼓励矿山企业依靠科技进步和创新，提高资源综合利用水平。2006 年为加强资源综合利用管理，鼓励企业开展资源综合利用，促进经济社会可持续发展，有关部门出台了《国家鼓励的资源综合利用认定管理办法》。2008 年，财政部、国家税务总局出台了《关于资源综合利用及其他产品增值税政策的通知》。

（二）试点示范

2010 年，财政部、国土资源部共同组织实施矿产资源节约与综合利用专项工作，该专项采取"以奖代补"和"示范工程"两种形式鼓励和支持矿山企业合理开发和综合利用矿产资源。2010 年 7 月 1 日，国家发展改革委、国土资源部等六部委联合发布《中国资源综合利用技术政策大纲》，引导社会资金投入，为相关单位开展资源综合利用工作提供技术支持。2011 年 10 月 27 日，首批矿产资源综合利用示范基地建设启动，国土资源部、财政部与河北、山东、湖北等 21 个省级人民政府以及中国石油、神华集团等 6 个中央矿业企业签署合作协议，共同推动 7 大领域的 40 个示范基地建设工作。2011 年 11 月 15 日，《矿产资源节约与综合利用"十二五"规划》发布实施，从全面调查资源节约与综合利用现状及潜力、大力开展先进适用关键技术的研发和推广、加快建设示范基地和示范工程、构建长效机制等方面提出促进资源节约与综合利用的具体措施。2011 年 12 月，国家发展改革委印发了《"十二五"资源综合利用指导意见》。

为推进工业资源综合利用产业规模化、高值化、集约化发展，加快提升资源综合利用水平，促进工业绿色转型发展，工业和信息化部组织开展了工业固体废物综合利用基地建设试点工作。依据《工业和信息化部办公厅关于开展工业固体废物综合利用基地建设试点工作的通知》《工业和信息化部办公厅关于开展工业固体废物综合利用基地建设试点验收工作的通知》，2016 年工业和信息化部确定了第一批工业资源综合利用示范基地。2018 年 5 月，工业和信息化部发布施行了《工业固体废物资源综合利用评价管理暂行办法》和《国家工业固体废物资源综合利用产品目录》。

第四节　进一步推进资源管理与资源节约的路径与建议

一　进一步推进资源管理与资源节约的路径

资源节约的路径主要有四条：一是资源的高效利用，主要是从提高效率的角度节约资源；二是资源的合理配置，主要是从改变产业结构等角度节约资源；三是资源的有效保护，主要是从增量与存量角度保护资源；四是资源替代，主要是开发利用可再生资源以替代不可再生资源。

通过以上路径建设，进而形成资源节约型的产业体系与消费方式、循环经济发展模式、资源综合利用的生产方式，以及开发利用再生资源的环境。

要实现节约资源的目标，需要重点从以下方面着手：一是构建完善的政策法规体系；二是形成市场驱动机制；三是重视技术创新的推动；四是积极完善相关评价与标准体系；五是积极主动地进行宣传教育；六是重视各类平台建设（见图 3—1）。

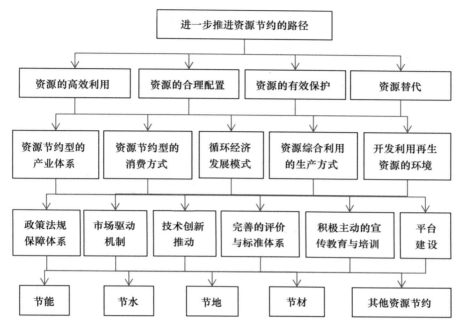

图3—1 进一步推进资源节约的路径

二 政策建议

建设资源节约型社会的主要目标是转变"高投入、高消耗、高排放、不协调、难循环、低效益"的粗放型经济增长方式,逐步建立起资源节约型产业体系和消费体系。要实现以上目标,需要构建从生产、流通、分配到消费各个环节相互关联、相互制约的资源节约体系。

针对当前我国资源节约工作中存在的问题与挑战,建议重视以下几个方面的工作。

一是重视资源替代工作。长期以来,我国在资源节约工作中主要强调资源的高效利用、资源的合理配置及资源的有效保护三大路径,对资源替代工作重视不够。实际上,利用可再生资源替代不可再生资源是节约资源的重要路径。在我国的各类资源中,有相当一部分资源面临资源贫乏或资源枯竭问题,资源替代有利于应对这方面的问题。

二是完善资源产权制度。产权不明是我国资源不能得到有效保护的主要根源之一，并影响资源的有偿使用制度。要促进资源节约，需要完善资源有偿使用制度及资源产权制度。我国新成立了自然资源部，有利于推进资源产权制度的完善。

三是重视利用智慧技术推进自然资源的节约。节约资源意味着成本的降低，对于企业、个人等资源消费主体来说，主观上是愿意进行资源节约工作的，关键是要有条件及成本可接受。智慧技术的出现及应用为各类资源消费主体节约资源提供了有力的技术支撑，也为各级监管部门的监管提供了有力的技术手段。

四是重视资源节约潜力分析。不同的行业、领域，甚至不同的区域，在资源节约上有着不同的潜力，要通过制定"资源节约潜力地图"等方式，明确资源节约的重点领域及轻重缓急，避免制定一些不切实际的目标。

五是重视发挥"领跑者"机制的作用。不同于以约束机制为主的环境保护工作，资源节约工作应以激励为主。通过完善"领跑者"机制等措施，形成鼓励节约、淘汰浪费的市场氛围及社会氛围。

第 四 章

污染防治:从放任到总量再到
质量的环境治理

　　良好的生态环境是实现社会可持续发展的内在要求和基础，也是保障人民生活健康、增进民生福祉的优先领域，同时还是留给子孙后代最宝贵的财富。保护生态环境是实现高质量发展的重要保障基础和推动力，也是度量发展成效质量水平的重要标杆之一。而污染防治就是为了保护和改善生活环境、保障人体健康、促进经济和社会发展、推进生态文明建设和可持续发展，依据保护优先、预防为主、综合治理、公众参与、损害担责的原则，加强对诸如水、大气、土壤、固体废物等污染源的控制，减少环境污染，改善环境质量。新中国成立以来，污染防治工作的理念、目标和措施也不断发生着深刻的变革。污染防治逐渐从以末端治理为主的模式转为全过程防控，通过采取排污许可证、环境影响评价、"三同时"等源头控制措施来有效预防各类污染的产生。21世纪之后，污染防治工作逐步迈向精准化方向，并以解决重点污染问题和重点区域为突破，带动全局工作的开展。70年来，中国面对污染问题，从放任转向总量减排，最终走向以改善环境质量为核心目标，积累了一些成功经验，并有效增强了全社会治污攻坚的信心。

第一节   污染防治概述

一   污染防治的概念与主要防治手段

污染的产生会造成大气、水体、土壤等生态环境的化学、物理、生物等特征的改变，从而损害对其有效利用，危害人体健康或者破坏自然生态环境，因此需要对可能产生污染的行为进行预防，并对已经产生的污染进行治理。

污染防治是一个系统性工程，需要综合运用技术措施、经济手段、法律机制和其他行政管理手段和措施，对可能造成污染现象的污染物排放行为进行必要的监督和控制。

污染防治的技术手段是指针对在各种工业、农业生产过程中，以及城乡生活中产生的水、气、固体和声等环境污染物，通过清洁生产技术和措施预防并减少污染物的排放。在污染防治过程中采用可行、有效的技术措施，并辅以所需的管理手段的综合性技术，包括制定污染控制标准，利用环境监测和环境统计方法对污染产生进行管理分析，引入各种处于研发状态或从国外引进能够有效降低能源消耗水平、物耗水平且符合现行排放标准的清洁生产和污染治理的各种新技术，采用在工业行业的清洁生产和末端实践操作中被行业证实能够达到或优于相关排放标准的各种污染防治可行技术，以及针对目标污染物的处理达到或者优于相关排放标准的污染治理设施可行技术等。

污染防治的经济手段是指利用市场经济规律，针对污染源的产生，运用价格、税收、信贷等经济工具，对资源开发行为进行预防和控制的举措。国务院在批准外交部、国家环境保护局《关于出席联合国环境与发展大会的情况及有关对策的报告》中明确指出，各级政府应更多地运用经济手段来达到保护环境的目的。通过经济手段可以更好地限制产生污染的社会经济活动，对积极防治污染的单位可以提供合理的经济激励。具体措施包括：对积极防治环境污染的企业、事业单位发放补贴资金；对排放污染超标的单位征收排污费；对违反规定，造成严重污染的单位和个人处以罚款；对污染排放物损害人群健康或造成财产损失的单位和个人，责令对受害者提供损失赔偿；对减少污染排放的企业还可以提供税收减免优惠或利润留成奖励；制定和实施针对性的污染征税制度等。

法律机制是进行保障污染防治的强制性手段，通过制定相应的法律体系对污染排放进行控制并达到消除污染的目的。污染防治立法体系需要针对具体的污染对象制定法律规章，将国家对污染防治的要求和标准以法律形式固定下来，因此具有强制性效力。新中国成立以来，尤其是改革开放之后，我国从中央到地方已经建立了相对完善的环境保护和污染防治法律、法规体系，初步形成由国家宪法、环境保护基本法、环境保护和污染防治单行法规以及其他部门法规中关于污染防治内容组成的法律体系。在法律手段中，除了立法之外，针对污染行为的执法同样重要。环境管理部门将针对造成污染的犯罪行为配合司法部门进行处理，协助仲裁。

防治污染的其他行政管理手段指的是国家和地方各级行政管理机构，按照宪法和其他国家行政法规赋予的权力，针对环境污染防治制定相应的政策，颁布排放标准，建立法规；对环境保护和污染防治行为进行监督协调；对污染防治工作进行行政决策和管理。具体包括根据行政权力划定重点污染防治区，针对污染严重的工业部门、企业要求限期治理等，甚至勒令其关、停、并、转、迁等。

二 污染防治的具体工作领域

污染防治是一个复杂、系统性的工程。由于污染源繁多，污染行为和控制方式均存在差异性，因此在不同时期，国家污染防治的工作重点也在不断发展和调整。总体而言，我国污染防治的具体领域包括水、大气、土壤、噪声、重金属、固体废物、化学品等。在党的十九大报告中，明确将打好"污染防治攻坚战"确定为我国全面建成小康社会决胜时期的三大重点攻坚任务之一。习近平总书记在 2018 年全国生态环境保护大会上的讲话也对污染防治攻坚战进行了全面、系统的部署和安排，明确了当前我国污染防治三大重点领域包括大气、水和土壤。除了这三大重点领域，我国也针对包括重金属、危险废物、化学品在内的其他污染防治制定了专项规划和具体的污染防治行动计划。

（一）大气污染防治

大气污染是人类的生产及生活活动或自然界向大气排出各种污染物且其含量超过了当地的环境承载能力，致使大气质量恶化，从而对人们的工作、生活和健康产生威胁的情况。大气污染会对人体造成许多危害，会对工农业发展、天气和气候自然生态起到影响，甚至会对社会的稳定造成一定的危害，因此事关民生福祉。

大气污染源可以分为天然污染源以及人为污染源两大类。前者指的是自然界向大气排放污染物的地点或地区，比如排放灰尘、二氧化硫以及硫化氢等污染物的活火山和自然逸出的瓦斯气，以及发生森林火灾、地震等自然灾害造成大气污染的地区。人为污染源，可以进一步按照不同的方法来细化分类，例如，按照污染源空间的分布方式，可以分为点污染源、面污染源、区域性污染源三种；按照社会活动功能，可以分为生活污染源、工业污染源、交通污染源等；按照污染源存在的形式，又可以分为固定污染源和移动污染源。

我国的大气污染防治是针对严峻的大气污染形势，通过规划能源结构、工业发展、城市建设布局以及运用各种防治大气污染的技术措施，实现改善空气质量目标。开展大气污染防治工作，既是重大民生问题，也是经济升级转型的重要抓手。2013 年，国务院出台了《大气污染防治行动计划》，明确了我国大气污染防治工作的重点，该计划以保障人民群众身体健康为出发点，通过推进生态文明建设，坚持政府调控与市场调节相结合、全面推进与重点突破相配合、区域协作与属地管理相协调、总量减排与质量改善相同步，形成政府统领、企业施治、市场驱动、公众参与的大气污染防治新机制。《大气污染防治行动计划》提出，要经过五年努力，实现全国空气质量总体改善，重污染天气较大幅度减少；京津冀、长三角、珠三角等区域空气质量明显好转。力争再用五年或更长时间，逐步消除重污染天气，全国空气质量明显改善。2018 年又进一步推出《打赢蓝天保卫战三年行动计划》，要求再通过三年努力，大幅减少主要大气污染物排放总量，协同减少温室气体排放，进一步明显降低细颗粒物（PM2.5）浓度，明显减少重污染天数，改善环境空气质量，以及增强人民的蓝天幸福感。

《大气污染防治行动计划》中确定了关于燃煤、工业、机动车、重污染预警在内的大气污染防治十项具体举措，具体包括：加大综合治理力度，减少污染排放；调整优化产业结构，推动产业转型升级；加快企业技术改造，提高科技创新能力；加快调整能源结构，增加清洁能源供应；严格节能环保准入，优化产业空间布局；发挥市场机制作用，完善环境经济政策；健全法律法规体系，严格依法监督管理；建立区域协同机制，统筹区域环境治理；建立预测预警应急机制，妥善应对重污染天气；明确政府、企业和社会的责任，动员全民参与环境保护等。

在大气污染防治中，有一个争议性较强的议题就是对温室气体的控制是否应纳入大气污染防治范畴内。按照目前中国立法对污染物的定义框架，二氧化碳并不是大气污染物，但在我国修订《大气污染防治法》的过程中，也有学者认为应将二氧化碳纳入大气污染物范畴，并通过针对《大气污染防治法》的修订将对二氧化碳的排放控制纳入法制轨道。但同时，也有部分学者认为，二氧化碳排放关乎能源利用和发展空间，在污染防治框架下解决温室气体排放问题将不利于工业发展，而应继续通过强化激励性的政策措施来实现节能减排。[①] 目前温室气体仍然不在大气污染防治的污染物范围

---

① 常纪文：《二氧化碳的排放控制与〈大气污染防治法〉的修订》，《法学杂志》2009 年第 5 期。

之内。

（二）水污染防治

水污染是指人类行为或其他原因向水体排入的有害物质造成水的使用价值降低或丧失，以及水质恶化的情况。由于水资源是一种重要的可再生资源，因此水污染会对人类的生存安全构成严重威胁，还会影响工业生产，成为制约人类健康发展、经济和社会可持续发展的重大障碍。

水污染主要由人类活动产生的污染物造成。水污染源包括工业污染源、农业污染源和生活污染源三大部分。其中工业废水是水域的重要污染源，主要来自工业生产过程中产生的有毒废水排放，由于其成分复杂、毒性大，因此难以被净化和处理。水污染的农业污染源主要包括牲畜粪便、农药、化肥等对水域的无控制排放，导致有毒物质排入水体内，或使湖泊受到不同程度富营养化污染的危害，从而使水质恶化。水污染的生活污染源主要是城市生活中使用的各种洗涤剂和污水、垃圾等的无控制排放。

目前，我国面临着较为严峻的水污染局面，包括河流污染、湖泊污染、地下水污染、海洋水污染、工业废水污染和生活污水污染等具体问题。尽管我国的淡水资源总量，仅次于巴西、俄罗斯和加拿大，名列全球第四位，但人均水资源量却仅为世界平均水平的1/4左右。因此水污染将加重可用水资源紧缺的问题，针对水污染的治理就显得至关重要。

我国当前的水污染防治以改善水环境质量为核心。2008年2月28日全国人民代表大会常务委员会修订通过了《中华人民共和国水污染防治法》（以下简称《水污染防治法》），从立法角度保障了水污染防治举措的落实，规定了水污染防治应当坚持预防为主、防治结合、综合治理的原则，优先保护饮用水水源，严格控制工业污染、城镇生活污染，防治农业面源污染，积极推进生态治理工程建设，预防、控制和减少水环境污染和生态破坏。国家鼓励、支持水污染防治的科学技术研究和先进适用技术的推广应用，加强水环境保护的宣传教育。2015 年 4 月国务院发布《水污染防治行动计划》，提出了 2020 年与 2030 年两阶段，七大重点流域水质、城市黑臭水体水质、饮用水源水质、地下水水质和近岸海域水质等量化目标。为了切实落实"水十条"目标，国家发展改革委、住房和城乡建设部也在 2016 年 12 月发布《"十三五"全国城镇污水处理及再生利用设施建设规划》，环境保护部、国家发展改革委和水利部 2017 年 10 月发布《重点流域水污染防治规划（2016—2020 年)》，从不同角度细化了水污染防治的目标和推进路径。这一系列水污染防治政策的最终目标是维护地表水体健康，即恢复和维持水体的化学、物理和生物方面的完整性和特性；中间目标是入河污染物排放得到控制；直接目标是点源和非点源的排放得到控制。

《水污染防治行动计划》还进一步确定了水污染防治应该按照"节水优先、空间均衡、系统治理、两手发力"原则，贯彻"安全、清洁、健康"方针，强化源头控制，水陆统筹、河海兼顾，对江河湖海实施分流域、分区域、分阶段科学治理，系统推进水污染防治、水生态保护和水资源管理。以政府、市场协同的方式，注重改革创新；全面依法推进并实行最严格环境保护制度；通过落实各方责任，严格考核问责；鼓励全民参与，推动节水洁水人人有责，形成"政府统领、企业施治、市场驱动、公众参与"的水污染防治新机制。

（三）土壤污染防治

土壤污染是因为人类社会经济活动向陆地表面具有肥力、能够生长植物的疏松表层堆放和倾倒固体废物或有毒废水，或因大气中的有毒气体和飘尘通过各种途径降落到土壤中，使土壤中有害、有毒物质的含量超出其自净能力，导致土壤的物理、化学和生物性质发生了变化的现象。土壤污染源可以分为无机污染和有机污染两大类，也可以进一步具体分为化学污染物、物理污染物、生物污染物和放射性污染物。土壤污染积累到一定程度将会导致土壤质量恶化、农作物的产量和品质下降，甚至通过影响农作物果实，对人类和牲畜健康造成损害，并严重影响依赖土壤的生态系统多样性；此外，土壤污染还可能污染地下水和地表水，影响大气环境质量，间接导致水污染和大气污染。

　　土壤污染形成的原因主要是人为产生的"废气、废渣、废水"排放，过量使用农药、化肥，以及不加控制地随意倾倒污泥、重金属物、微生物等。防治工作主要是防止土壤遭受污染以及对已遭污染的土壤进行改良、治理的活动。土壤污染防治工作应该以预防为主，预防的重点是对各种污染源排放进行浓度和总量控制；对农业用水进行经常性监测、监督，使之符合农田灌溉水质标准；合理施用化肥、农药，慎重使用下水污泥、河泥、塘泥；利用城市污水灌溉，必须进行净化处理；推广病虫草害的生物防治和综合防治，以及整治矿山防止矿毒污染等。

　　从 2005 年 4 月到 2013 年 12 月，我国开展了首次全国土壤污染状况调查。调查结果显示，全国土壤环境状况整体不容乐观，部分地区土壤污染较重，耕地土壤环境质量堪忧，工矿业废弃地土壤环境问题突出。工矿业、农业等人为活动以及土壤环境背景值高是土壤污染或超标的主要原因。为了切实控制土壤污染，加强土壤污染防治，逐步改善土壤质量，国务院在 2016 年 5 月 28 日正式印发并实施了《土壤污染防治行动计划》，确定了全国土壤污染防治工作的行动纲领。随后在 2018 年 8 月 31 日，在第十三届全国人民代表大会常务委员会第五次会议上通过了《中华人民共和国土壤污染防治法》。

　　《土壤污染防治行动计划》确定了我国土壤污染防治的工作目标：到 2020 年，使全国土壤污染加重趋势得到初步遏制，土壤环境质量总体保持稳定，农用地和建设用地土壤环境安全得到基本保障，土壤环境风险得到基本管控。到 2030 年，全国土壤环境质量稳中向好，农用地和建设用地土壤环境安全得到有效保障，土壤环境风险得到全面管控。到 21 世纪中叶，土壤环境质量全面改善，生态系统实现良性循环。同时制定了量化目标：到 2020 年，要使受污染耕地安全利用率达到 90% 左右，污染地块安全利用率达到 90% 以上。到

2030 年，受污染耕地安全利用率达到 95% 以上，污染地块安全利用率达到 95% 以上。为了实现这些目标，行动计划同时还明确了土壤污染防治的具体措施：开展土壤污染调查，掌握土壤环境质量状况；加快土壤污染防治立法，建立健全法规标准体系；实施农用地分类管理，保障农业生产环境安全；实施建设用地准入管理，防范人居环境风险；强化未污染土壤保护，严控新增土壤污染；加强污染源监管，做好土壤污染预防工作；开展污染治理与修复，改善土壤环境质量；加大科技研发力度，推动环境保护产业发展；发挥政府主导作用，构建土壤环境治理体系；加强目标考核，严格责任追究等。

（四）其他污染防治

除了上述污染防治三大重点领域，我国环境污染防治工作还涉及其他一些具体领域，例如，针对声环境的噪声污染防治，针对固体废物管理的危险废物污染防治、电子产品类废弃物污染防治，以及化学品污染防治和重金属污染防治等。

噪声污染防治主要针对超过国家规定的环境噪声排放标准，并干扰他人正常生活、工作和学习的环境噪声情况加以预防和控制。环境噪声污染是一种能量污染，与其他工业污染一样，也是危害人类环境的公害。从环境保护角度而论，凡是人们所不需要的声音可统称为噪声。噪声对人类的危害是多方面的，其主要表现为对听力的损伤、睡眠干扰、人体的生理和心理影响。1996 年，我国制定并颁布的《中华人民共和国环境噪声污染防治法》是关于噪声污染防治的首部立法。该法在完善环境噪声有关规章和标准体系，提高环境噪声管理能力，促进产业发展，改善生活环境，保障人体健康等方面发挥了重要作用。但该法实施二十多年来，我国经济社会发生了巨大变化，为适应环境噪声管理的新形势、新要求，推进环境治理体系和治理能力现代化，我国在 2019 年开始启动对该法的修订工作。2010 年 12 月，环境保护部联合国家发展改革委、科技部、工业和信息化部等 11 个国务院部门，共同发布了《关于加强环境噪声污染防治工作　改善城乡声环境质量的指导意见》，明确了噪声污染防治和城市与乡村声环境质量改善的行动纲领。并从 2011 年开始，环境保护部（从 2018 年开始为生态环境部）每年发布《中国环境噪声污染防治报告》。① 为了更好地对噪声污染进行控制，我国还先后发布了《城市区域环境噪声标准》（GB3096—82）、《建筑施工场界噪声限值》（GB12523—90）、《建筑施工场界噪声测量方法》（GB12524—90）、《城市区域环境噪声标准》（GB3096—93）、《声环境质量标准》、《社会生活环境噪声排放标准》和《工业企业厂界环境噪声排放标准》等，明确了噪声排放标准，为环境噪声污染防治提供了技术依据。

固体废物是指在生产建设、日常生活和其他活动中产生的污染环境的固态、半固态废弃物质，固体废物一般分为工业固体废物、城市生活垃圾和危险废物三类。工业固体废物包括粉煤灰、冶炼废渣、炉渣、尾矿、工业水处理污泥、煤矸石及工业粉尘；城市生活垃圾是指人们在日常生活中产生的废物，包括食物残渣、纸屑、灰土、包装物和其他废品等；危险废物是指易燃、易爆、腐蚀性、传染性、放射性等有毒有害废物。除了固体废物，针对液体废物（排入水体的废水除外）、半固态废物和置于容器中的气态废物（排入大气的废物除外）的污染防治，通常也划入危险废物进行管理。针对固体废物的污染防治，需要从根本上遏制固体废物不断增长的势头，提高资源利用效率；建立包括法律法规、标准规范在内的固体废物管理制度体系；增强固体废物处理、处置能力建设；强化环境执法，打击和控制固体废物违法行为。针对防治固体废物污染的影响，我国在 1995 年 10 月 30 日通过了《中华人民共和国固体废物污染环境防治法》，并在 2016 年 11 月 7 日对该法案进行了修改，2019 年 6 月 5 日，国务院常务会通过了《中华人民共和国固体废物污染环境防治法（修订草案）》。针对固体废物污染防治，还出台了一系列法律、制度和标准。

---

① 在此之前，每年发布《中国噪声环境状况》报告。

辐射污染包括电离辐射污染和电磁辐射污染。电离辐射污染即通常所说的放射性污染，包括核设施、核技术利用以及射线装置使用等产生的辐射；电磁辐射污染则指的是以电磁波形式通过空间传播的能量流。长久以来，因为放射性污染有着特别严重的危害性，而又难以治理和清除，各国都将其作为特殊污染物加以防治，并制定专门性的法律法规或相关标准。我国也于 2003 年 6 月通过《放射性污染防治法》。随着电子技术在全社会范围内被广泛应用，电磁能量迅速增长，电磁辐射污染已经成为 21 世纪最新的主要污染源之一。无论在城市还是农村，有关电磁辐射污染的纠纷不断，但目前我国在电磁辐射污染防治方面还未制定专门的法律、行政法规，仅有《环境保护法》的原则规定。国家环境保护总局 1997 年发布了《电磁辐射环境保护管理办法》，然而，该法效力级别低，不能适应目前的电磁辐射污染防治形势需求，但关于辐射污染防治的地方立法十分活跃，制定综合性的辐射污染防治法成为未来立法的趋势所在。

此外，对于一些更加具体的污染源如重金属、化学品等，以及机动车船和非道路移动机械污染防治、农业面源污染防治等，国家也出台了一系列专门的管理办法、规划和行政法规，但这些污染防治与大气、水和土壤污染相互关联，在大气、水、土壤三大污染防治行动计划中，一些措施将有助于解决这些具体的污染问题。

第二节　污染防治的发展历程

新中国成立 70 年以来，我国对环境污染的认识一直处于不断发展的状态，对污染问题的应对也从"污染控制"逐步发展为"污染防治"，即从被动性控制产生的污染，变为主动性的预防和治理相结合。总体来说，我国的污染防治工作大体上分为五个阶段，分别是污染防治工作萌芽阶段、污染防治意识觉醒阶段、污染防治重要性凸显阶段、污染防治工作落实阶段以及污染防治工作的系统化和攻坚阶段。通过污染防治理念和措施的不断深化，环境保护的抓手逐步从排放标准设定，转变到污染排放总量控制，再到环境介质（大气、水、土壤等）的质量提升；环境保护的焦点也逐步从水污染（"三河""三湖"治理）转向大气污染（粉尘、硫化物、氮氧化物、臭氧等），再到土地污染（重金属、化肥、农药），最后发展到当前的水、气、土并重的局面；环境保护的手段也从硬件投入，例如兴建污水厂、安装脱硫脱硝设备转为运行管理和监测监控相结合的方式；环境治理的途径，从政府发挥主导作用，转为以企业作为行动主体，再到全社会的参与；环境认识水平从"污染是资本主义的产物，与社会主义无关"到"绿水青山就是金山银山"以及环境是最普惠的民生福祉。这些转变和发展，共同推动污染防治工作不断深入。

一　污染防治工作萌芽阶段（1949—1971 年）

新中国成立之后，国家百废待兴，面临着艰巨的社会、经济发展任务，环境保护主要针对的是人类行为对森林和草原的长期乱砍滥伐导致的植被破坏、水土流失和土壤侵蚀，工作重点主要是对自然资源的保护和防止环境破坏。但随着工业化的发展，在一些主要城市，也逐渐出现了程度不一的工业污染和城市污染问题。新中国成立之初，尽管没有设立专门的环保机构，也没有出台针对性的环保法规，但政府在借鉴苏联经验的基础上，从环境卫生的角度出发，在一些其他相关法律、法规中包含了控制污染的要求。例如，在1956 年，国家卫生部、建委联合颁布了《工业企业设计暂行卫生标准》，要求工业企业设计中必须考虑减轻生产性毒害对居民影响的措施，在建和扩建的工业企业污染排放到公共水域时必须符合卫生规定要求；同年国务院颁布的《工厂安全卫生规程》，也对工厂生产中产生的废料和废水的处置有了要求，提出要妥善处置，以免危害工人和附近居民的健康和安全。1957 年，国务院还发出了《关于注意处理工矿企业排出有毒废水、废气问题的通知》，要求地方政府和主管部门督促和检查企业对于有毒废水、废气的安全处置。国家还针对集中建设的 156 个大中型工矿企业产生的污染采取了某些工程技术措施，例如，对污水进行处理、安装消烟除尘装置等。但这些污染处理设施大部分都比较简陋，污染治理效果普遍较差。

在"大跃进"时期（1958—1965 年），通过人民公社化运动，全国"大炼钢铁"、大办工厂，导致"小钢铁"遍地开花，没有相应的机构和机制对产生的工业"三废"进行控制，工业污染迅速蔓延。尽管 20 世纪 60 年代初，国家采取了"调整、巩固、提高"的方针，对污染型工业进行合理布局，一定程度上缓解了污染状况，[①]但对于经济发展过程中产生的污染问题并没有形成系统性的解决方案。

在这一阶段，我国还没有形成具体的污染防治的概念，环境保护工作主要是以水资源治理以及水土保持为主，针对部分工业化进程中产生的污染进行治理，兼顾对于污染产生源的控制。但在此期间，由于工业化发展水平不高，污染的影响和规模也基本在可控范围内。

二 污染防治意识觉醒阶段（1972—1978 年）

中国在 1972 年 6 月参加了于瑞典斯德哥尔摩召开的联合国人类环境会议，随后在 1973 年 8 月 5—20 日，国务院召开第一次全国环境保护会议。这一重要的标志性事件揭开了中国当代环境保护事业的序幕。[②] 在第一次全国环境保护会议上通过了《关于保护和改善环境的若干规定》，确定了"全面规划、合理布局、综合利用、化害为利、依靠群众、大家动手、保护环境、造福人民"的 32 字方针，这

---

① 闫杰：《环境污染规制中的激励理论与政策研究》，博士学位论文，中国海洋大学，2008 年。

② 张焕波等：《第一章 中国实施绿色发展的历程和严峻挑战》，载中国国际经济交流中心课题组编《中国实施绿色发展的公共政策研究》，中国经济出版社 2013 年版。

是我国第一个关于环境保护的战略方针，成为中国环境保护事业的重要奠基。①《关于保护和改善环境的若干规定》还提出了 10 个方面的环境问题，并提出了相应的政策和主要措施，这个规定起到了临时环境保护法的作用。

在这一阶段，工业的盲目发展和混乱的城市布局，导致我国生态环境开始步入恶化轨道。在 20 世纪 60 年代末 70 年代初，"三废"污染已经开始形成恶果，并滋生了个别影响巨大的环保事件，其中较有代表性的就是官厅水库污染事件。这起事件掀起了社会主义国家是否存在"环境污染"的争议，但针对该事件调查形成的《关于官厅水库目前污染情况的调查报告》，确定了工业废水无序排放是形成污染问题的根源。为了妥善解决该问题，国务院成立官厅水库水源保护领导小组，积极开展污染治理；并由此以国发〔1972〕46 号文批转《关于官厅水库污染情况和解决意见的报告》，批示指出，随着中国工业的发展，对于防治污染必须更加重视，特别是对于关系到人民身体健康的水源和城市空气污染问题，各地应尽快组织力量，进行检查，作出规划，认真治理。这也成为我国污染防治工作启动的标志性事件。从 1972 年开始，国家和有关部委投入专款开展治污攻关行动，对官厅水库上游的重点污染企业和项目进行针对性治理，并根据这些企业的规模、性质制定相应的污染治理方案。到 1976 年，针对官厅水库的污染治理工作基本落下帷幕，污染情况逐年好转，污染治理取得了良好的效果。这也是新中国历史上在国家层面开展的第一项成功的水污染治理行动，为未来的污染防治工作积累了宝贵的经验。

环保事业的启动和污染防治意识的觉醒推动相关部门开展了大量针对性的工作，例如，1973 年 11 月国家计委、建委、卫生部联合

---

①　张倩芸：《新中国成立以来我国生态文明制度建设研究》，硕士学位论文，扬州大学，2016 年。

颁布中国第一个环境标准——《工业"三废"排放试行标准》；[①]
1974 年中国成立了第一个环境保护机构——国务院环境保护领导小
组办公室，随后各省份也相继成立环境保护办公室。[②] 但在这一阶段
并没有明确提出污染控制或防治，相关的环境保护法律、法规也较
为零散；对不同领域的污染问题的重视程度也存在差异，例如污染
防治更加侧重于工业领域的污染治理，一些城市生活造成的污染和
污染综合防治工作尚未受到重视；从具体领域来看，污染防治工作
主要集中于水污染治理，大气和土壤污染问题相对并不突出。

三　污染防治重要性凸显阶段（1979—1991 年）

改革开放之后，随着经济的快速发展，资源利用和环境保护面
临的压力不断凸显，环境污染问题也愈加频繁地爆发。在此期间，
主要污染物排放总量不断增长，环境质量也总体处于恶化趋势。为
了更加有效地控制各领域的环境污染和实现环境保护目标，1978 年
修改的《中华人民共和国宪法》规定"国家保护环境和自然资源，
防治污染和其他公害"，将国家对污染防治的职责上升到宪法地位。
1979 年 9 月，第五届全国人民代表大会常务委员会第 11 次会议通过
《中华人民共和国环境保护法（试行）》，确定了我国环境保护的基
本方针以及针对各类环境污染问题明确了"谁污染，谁治理"的原
则。1983 年底召开的第二次全国环境保护会议，将环境保护确定为
一项基本国策。1984 年，国务院制定出台了《关于环境保护工作的
决定》，对防治污染、资金投入等一系列重大问题做出了明确规定。
1989 年的第三次全国环境保护会议，确立了"预防为主、防治结
合，谁污染谁治理，强化环境管理"三大政策和"三同时"、排污

---

① 冯贵霞：《中国大气污染防治政策变迁的逻辑》，博士学位论文，山东大学，
2016 年。

② 王玉庆：《中国环境保护政策的历史变迁——4 月 27 日在生态环境部环境与经
济政策研究中心第五期"中国环境战略与政策大讲堂"上的演讲》，《环境与可持续发
展》2018 年第 4 期。

收费、环境影响评价、目标责任制、城市环境综合整治定量考核、排污许可证、污染集中控制、限期治理八大制度。①

1982 年，由国家城市建设总局、国家建筑工程总局、国家测绘总局和国家基本建设委员会的部分机构，与国务院环境保护领导小组办公室合并，成立城乡建设环境保护部，当时的职能相对比较单一，主要针对工业企业的"三废"排放产生的污染问题进行管理。第二次全国环境保护会议之后，国家开始系统性地解决环境污染问题，各项针对污染治理的专门性政策也集中发布。1983 年发布的《关于综合技术改造防治工业污染的几项规定》，针对解决工业污染的技术手段和规定进行了说明。1984 年全国人民代表大会常务委员会通过了第一版《水污染防治法》。1987 年又通过了《大气污染防治法》。针对水污染防治，1988 年和 1989 年，国家环境保护局和国务院还分别发布了《水污染物排放许可证管理暂行办法》和《中华人民共和国水污染防治法实施细则》②，对水污染的监督管理机制以及其他相关规定进行了明确界定。在这一阶段，大气污染范围以局地为主，大气污染防治控制的主要对象是工业点源和悬浮颗粒物；而针对水污染防治，主要的手段还是强制性的"关、停、并、转"，但关于清洁生产、循环经济、从源头削减污染的理念已经开始形成。

尽管关于大气和水污染防治的立法工作已经开始启动，但是关于其他环境污染领域的防治工作和政策体系仍然较为零散和碎片化。关于污染防治工作的具体要求更多体现在其他的发展规划中。例如，在 1982 年，环境保护成为"六五"计划的独立篇章；在《中共中央关于制定国民经济和社会发展第七个五年计划的建议》中进一步提出，要把改善生活环境作为提高城乡人民生活水平和生活质量的一

① 周宏春：《中国生态文明建设发展进程》，2018 年 11 月 12 日，http：//www.rmzxb.com.cn/c/2018－11－12/2214833.shtml。

② 2000 年新版《中华人民共和国水污染防治法实施细则》出台，1989 年版已废止。

项重要内容，加强对空气、水域、土壤污染和噪声等公害的监测和防治，明确指出了关于污染防治工作的要求，并提出了空气、水域、土壤和噪声污染四大防治重点领域。"七五"计划时期环境保护的基本任务：基本控制工业污染的发展和减缓生态环境恶化的趋势，部分水域和区域的环境质量有所改善。部分重点城市和旅游区的环境得到较明显的改善。建立比较健全的环境保护体系，为实现 2000 年环境目标创造条件。1989 年发布的《国家环境保护"八五"计划》，进一步提出环境保护的总体目标：努力控制环境污染的发展，力争有更多的重点城市和部分地区的环境质量有所改善，努力抑制自然生态环境恶化的趋势，争取局部地区有所好转，为实现 2000 年的环境目标打下牢固的基础。"七五"计划、"八五"计划都将污染控制摆在环境保护目标的优先位置，体现了污染控制工作的重要性。

四　污染防治工作落实阶段（1992—2006 年）

步入 20 世纪 90 年代以后，随着工业化、城镇化不断推进，环境污染的恶果开始逐步显现，重大污染事件也经常被报道，引起了更为广泛的关注。而全球对于环境问题的重视程度提高也是推动我国环保事业发展的外部动力。1992 年联合国环境与发展会议（UNCED）在巴西里约热内卢召开后不久，党中央、国务院批准了《中国环境与发展十大对策》，总结了我国环境保护工作 20 年的实际经验，明确了"实施可持续发展战略"，并在 1994 年 3 月批准发布了《中国 21 世纪议程——中国 21 世纪人口、环境与发展白皮书》（以下简称《中国 21 世纪议程》），逐步形成了环境与经济同步、协调的可持续发展战略，确定了污染治理的重点，也加大了针对环境污染问题的执法力度。[①] 1996 年 7 月，国务院召开第四次全国环境保护会议，提出保护环境是实施可持续发展战略的关键，保护环境

---

① 肖爱萍：《新中国成立以来中央农村环境保护政策的演进与思考》，硕士学位论文，湖南师范大学，2010 年。

就是保护生产力。① 国务院做出了《关于加强环境保护若干问题的决定》，明确了跨世纪环境保护工作的目标、任务和措施。江泽民同志发表重要讲话，指出"保护环境的实质是保护生产力"。这次会议确定了坚持污染防治和生态保护并重的方针，实施《污染物排放总量控制计划》和《跨世纪绿色工程规划》两大举措。全国展开了大规模的重点城市、流域、区域、海域的污染防治及生态建设和保护工程。② 1996 年 8 月，国务院发布《关于环境保护若干问题的决定》，要求到 2000 年，全国所有工业污染源排放污染物要达到国家或地方规定的标准；各省、自治区、直辖市要把主要污染物排放总量控制在国家规定指标内；直辖市、省会城市等重点城市的大气、水环境质量要达到国家规定的标准；重点流域的水质应有明显改善。③ 自此开始，我国污染防治工作的重点逐渐从零散化的制度设计转为全面的落实阶段。

随后国家还颁布了《国家环境保护"九五"计划》《全国主要污染物排放总量控制计划》《中国跨世纪绿色工程计划》《国家环境保护"十五"计划》等污染控制和环境保护计划，在《国家环境保护"十五"计划》中提出的污染治理目标是到 2005 年使我国环境污染状况有所减轻。2002 年 1 月 8 日，国务院召开第五次全国环境保护会议，提出环境保护是政府的一项重要职能，要按照社会主义市场经济的要求，动员全社会的力量做好这项工作。④ 2005 年 12 月，

①　闫杰：《环境污染规制中的激励理论与政策研究》，博士学位论文，中国海洋大学，2008 年。

②　王立新等：《第一章　中国工业环境管理的发展》，载《中国工业环境管理》，中国环境科学出版社 2006 年版。

③　张焕波等：《第一章　中国实施绿色发展的历程和严峻挑战》，载中国国际交流中心课题组编《中国实施绿色发展的公共政策研究》，中国经济出版社 2013 年版。

④　《全面落实科学发展观　加快建设环境友好型社会　第六次全国环境保护大会隆重召开　中共中央政治局常委、国务院总理温家宝出席大会并发表重要讲话　中共中央政治局委员、国务院副总理曾培炎主持会议并作大会总结》，《环境保护》2006 年第 8 期。

《国务院关于落实科学发展观加强环境保护的决定》发布，提出以科学发展观指导环境保护工作。2005 年 8 月，时任浙江省委书记习近平在浙江湖州安吉考察时提出"绿水青山就是金山银山"的观点，生态文明思想体系也初露雏形。2006 年 4 月，第六次全国环境保护大会在北京召开，大会提出要加强针对水污染、大气污染、土壤污染的防治工作。

除了进一步明确污染防治工作重点、完善污染防治政策体系，我国在这一阶段也启动了大量污染防治实际行动。

我国在 20 世纪 90 年代以后陆续开展了"三河"（淮河、海河、辽河）、"三湖"（太湖、滇池、巢湖）水污染防治，"两控区"（酸雨污染控制区和二氧化硫污染控制区）大气污染防治、"一市"（北京市）、"一海"（渤海）的污染防治工作。1998 年 1 月 1 日，国家有关部门实施太湖污染治理"零点行动"，即以一年为期，到 1999 年 1 月 1 日零点前将对限期没有完成治理的污染企业进行统一关停。在行动期间，淮河流域四个省——河南、安徽、江苏（主要是苏北）、山东——日排废水 100 吨以上的 1562 家重点企业中，完成治理工程的有 1240 家，停产治理企业有 114 家，关停并转企业有 208 家。在零点行动达到阶段性治理目标后不久，进入 21 世纪之后，太湖水污染问题并未得到根治，反而呈现持续恶化态势。在这一阶段，空气污染范围开始逐渐从局地污染转为区域污染，大气污染主要表现为煤烟尘、酸雨，主要污染物为二氧化硫和悬浮颗粒物。针对这些特点，1995 年修订的《大气污染防治法》，纳入了控制酸雨和二氧化硫污染，针对"两控区"提出明确的酸雨和二氧化硫污染控制目标。除了大气和水污染，土壤污染的危害性也逐步浮现，环保部门也从 2004 年起开始启动首次全国土壤污染状况调查，为后续针对性的立法和实施污染治理措施奠定了事实基础。

五　污染防治工作的系统化和攻坚阶段（2007 年至今）

2007 年党的十七大报告在全面建设小康社会奋斗目标的新要求

中，第一次明确提出了建设生态文明目标。党的十八大以来，以习近平同志为核心的党中央高度重视生态文明建设，提出了一系列关于环境保护、污染防治的新理念、新思想、新战略，推动我国生态环境保护和污染防治事业发生了历史性、转折性、全局性的变化。生态文明建设是一场涉及生产方式、生活方式、思维方式和价值观念的革命性、全局性变革，而对各种环境污染的控制是建设生态文明的应有之义和根本性要求。

2007 年印发《国家环境保护"十一五"规划》，从重经济增长轻环境保护转变为环境保护与经济增长并重，把加强环境保护作为调整经济结构、转变经济增长方式的重要手段，在环境保护中求发展；从环境保护滞后于经济发展转变为环境保护和经济发展同步，做到不欠新账，多还旧账，改变先污染后治理、边治理边破坏的状况。在对污染的控制上从主要用行政办法保护环境转变为综合运用法律、经济、技术和必要的行政办法，自觉遵循经济规律和自然规律，提高污染防治水平。[①] 随后在 2011 年印发的《国家环境保护"十二五"规划》中，要求推进主要污染物减排，切实解决突出环境问题。2011 年 12 月 20 日，第七次全国环境保护大会召开，会议提出，要为人民群众提供水清天蓝地干净的宜居安康环境。2015 年 1 月，修订后的新《环境保护法》开始施行。新《环境保护法》进一步明确了政府对环境保护的监督管理职责，完善了生态保护红线等基本制度，强化了企业污染防治责任，加大了对环境违法行为的法律制裁。同年 5 月，中共中央、国务院发布《关于加快推进生态文明建设的意见》，将污染防治也纳入生态文明建设任务体系，使其成为生态文明建设的重要目标之一。

2017 年 10 月 18 日，习近平总书记在党的十九大报告中明确提出，污染防治攻坚战将作为全面建成小康社会的三大攻坚战之一。

---

① 周生贤：《携手合作，共同保护好全球海洋环境》，《环境保护》2006 年第 20 期。

污染防治攻坚战将以改善生态环境质量为核心,以解决人民群众反映强烈的突出生态环境问题为重点,围绕污染物总量减排、生态环境质量提高、生态环境风险管控三类目标,突出大气、水、土壤污染防治三大领域。[①] 2018 年,以打赢蓝天保卫战,及打好柴油货车污染治理、城市黑臭水体治理、渤海综合治理、长江保护修复、水源地保护、农业农村污染治理六场标志性战役为主要内容的污染防治攻坚战全面展开,也为当前我国污染防治工作绘制出清晰的重点领域与路线图。

我国污染防治工作,在经过长期探索与攻坚之后,已经取得了一定的进展:大气污染治理效果初步显现,环境空气质量形势总体向好,达标城市数和优良天数有所增加;通过强化源头控制,水陆统筹、河海兼顾,对江河湖海实施分流域、分区域、分阶段科学治理,推进水污染防治、水生态保护和水资源管理;地表水优良水质断面比例逐年不断提升,劣 V 类水质断面比例持续下降,大江大河干流水质稳步改善;土壤污染防治也已完成立法工作,针对土壤污染的管理体系基本建立,同时完成了基础性的全国土壤污染状况调查工作,土壤污染加重的趋势已经基本得到逆转。[②]

第三节　污染防治取得的成就与面临的挑战

新中国成立 70 周年以来,我国的污染防治意识从萌芽到觉醒并随时间推移不断增强。针对不同领域的污染防治,逐渐形成完善的

---

① 《坚决打好污染防治攻坚战——访生态环境部党组书记、部长李干杰》,2019 年 3 月 27 日,http://theory.people.com.cn/n1/2019/0327/c40531 - 30997156.html。

② 周宏春:《中国生态文明建设发展进程》,2018 年 11 月 12 日,http://www.rmzxb.com.cn/c/2018 - 11 - 12/2214833.shtml。

政策和措施体系；国家投入大量资金和人力、物力，在多个领域开展污染防治工作，已经进入攻坚阶段。党的十八大以来，我国污染防治工作已经走上了正确的路径，重点领域的污染控制已经出现稳中向好的趋势，但是成效并不稳固，大气、水、土壤等污染问题仍然存在，还需要进一步克服挑战，巩固成果，推进污染防治取得更大成效。

一 取得的成就

（一）与时俱进的法律法规体系为污染防治工作保驾护航

以 1979 年 9 月通过的《中华人民共和国环境保护法（试行）》为起点，到 2019 年 6 月通过的《中华人民共和国固体废物污染环境防治法（修订草案）》，我国针对污染防治工作的立法体系不断健全，对涉及大气、水、土壤、噪声、固体废物、化学品、重金属等领域的污染防治做出了原则性的规定。各类通用及专项法律，全面规定了不同领域污染治理的管理机制和基本制度。

针对经济、社会的发展，国家还不断启动针对各项立法的修订工作，根据实际情况与时俱进地对立法理念和制度构建进行调整，保证了各领域污染防治工作的针对性。明确了政府责任、违法界限；确定了总量控制、排污许可证管理的具体措施，通过加大处罚力度、追究民事和刑事责任，来保障污染防治工作的实施和落实。这些法律体系为各项污染防治工作提供了法律依据，发挥了保驾护航的作用。

（二）顺应时代要求的管理机制改革推动污染防治水平稳步提升

新中国成立 70 年以来，我国坚持依靠制度保护生态环境，先后召开八次全国生态环境保护大会（会议），实施一系列重大举措。20 世纪 80 年代初，将环境保护确定为基本国策。90 年代初，制定环境与发展十大对策。进 21 世纪以后，把主要污染物减排作为经济社会发展的约束性指标。特别是党的十八大以来,加快推进生态文明顶层设计和制度体系建设,出台大量涉及生态文明建设和环境保护的改革方案,"四梁八柱"性质的制度体系基本形成,生态环境治理水平有效提升。

针对污染防治的体制机制改革也在不断深化,生态环境治理能力明显增强。新中国成立70年,国家环境保护行政机构历经五次重大改革和挑战。从1984年在城乡建设环境保护部设立环境保护局,到1988年成立国务院直属的国家环境保护局,再到1998年升格为国家环境保护总局,一直到2008年成立环境保护部,环境保护职能不断加强。2018年,国务院组建新的生态环境部,统一行使生态和城乡各类污染排放监管与行政执法职责。特别是党的十八大以来,全国生态环境保护机构队伍建设持续加强,省以下环保机构监测监察执法垂直管理等改革举措加快推进,有力支撑了污染防治能力建设,防治水平稳步提升。

(三)污染防治力度不断加大,生态环境质量近年来持续改善

新中国成立以来,我国针对不同领域的污染防治经历了从末端治理向源头和全过程控制转变,从浓度控制向总量和浓度控制相结合转变,从点源治理向流域和区域综合治理转变的过程,针对性地解决了一批同民生密切相关、影响突出的污染问题。将污染防治与生态保护结合起来,通过实施退耕还林还草等一系列生态保护重大工程,促进污染防治工作。特别是党的十八大以来,发布实施大气、水、土壤污染防治三大行动计划,坚决向污染宣战。我国也成为第一个大规模开展细颗粒物(PM2.5)治理的发展中大国,并形成全世界最强的污水处理能力。2013—2019年,全国重点地区PM2.5平均浓度下降30%以上;全国地表水优良水质断面比例不断提高,劣V类比重也在稳定下降。人民群众环境满意度不断提升。

（四）污染防治工作积累了大量宝贵的经验，为践行生态文明建设贡献中国智慧

新中国成立70年以来，我国在探索污染防治的历史实践中，还积累了一些宝贵的经验，一些可以复制、可以推广的经验，将为全球生态文明建设，特别是其他发展中国家在解决发展过程中必然伴随的污染问题，提供了中国智慧和中国方案。

对污染进行防治，保护和改善生态环境，实现人与自然的和谐共生，是建设生态文明的必要保障。西方发达国家在污染防治的技术研发、政策、法制等领域取得了一系列进展，但却从未将环境保护和污染防治工作上升为生态文明建设的国家战略。我国明确提出，必须"树立和践行绿水青山就是金山银山的理念"，这是中国共产党不断总结国内外历史经验教训形成的中国智慧，对承担环境保护和污染防治责任、解决生态环境问题表明的鲜明态度。

中国针对污染控制工作的理念、行动、措施和取得的成效，赢得了国际环保人士的尊重和认可。联合国副秘书长索尔海姆说：终于，全世界看到了一种可操作的可持续发展路径——中国正在建设与环境和谐共存的可持续经济，这是在生态文明旗帜下的中国转型。

二　面临的挑战

（一）各项环境污染治理任务依旧十分艰巨

尽管近年来，我国污染防治工作取得了显著进展，但由于沉疴难除，各领域污染状况和治理任务依旧十分严峻。随着污染防治措施深入推进，一些问题解决的难度在加大，各领域污染防治进入攻坚的深水区。特别是在推动产业结构、能源结构、交通运输结构和农业投入结构调整方面，部分地区仍对传统产业存在路径依赖，结构性污染问题依然突出，要打赢污染防治攻坚战依旧任重而道远。

（二）各地污染防治工作进展不平衡

尽管全国整体形势向好，但一些地区由于产业结构偏重、能源

结构偏重、产业分布不合理，环境资源承载能力下降。针对这些地区的污染防治问题，需要长效解决。在一些中西部地区，经济和技术发展落后，环境保护基础设施建设滞后，环境污染治理和生态修复的历史欠债多，生态文明建设的内生动力不足，难以适应产业转型升级和布局优化的要求。一些地区传统的粗放式发展没有根本改变，绿色发展能力差，接受发达地区污染型产业的转移，污染治理基础薄弱，工作难度较大。

（三）污染防治攻坚意志不坚定

当前，全球经济形势不容乐观，各地面临严峻的经济下行压力，"保经济"与"降污染"之间的矛盾开始凸显。部分地方对生态环境保护和污染防治重要性的认识出现了弱化，污染防治攻坚的劲头发生了松动，将经济下行压力简单归结于环境监管过严的模糊认识有所抬头，放松环境监管的风险有所增加。

（四）污染防治攻坚工作能力有待增强

随着我国对生态环境保护与污染防治问题的重视程度不断增强，污染防治也对相关工作人员的工作能力提出了更高的要求。污染防治是一个强调科学性的系统工程，但从工作能力上看，当前我国环境保护与污染防治队伍相对薄弱，尤其是基层专业人员严重缺乏。从工作方式上看，重行政手段轻经济手段、重监管轻服务的问题依然存在，管理的科学化、精细化、信息化水平亟待提高。从工作作风上看，形式主义、官僚主义问题依然存在，这都成为影响污染防治攻坚的不确定性因素。

第四节　进一步推进污染防治的路径与建议

良好的生态环境是社会、经济持续发展的基础，也是增进人民健康福祉的基本条件，打好污染防治攻坚战，是为了保障社会发展、保障人民健康，为人民群众带来更多的幸福感和获得感。污染防涉及公众的切身利益，因此公众对污染防治工作的认识和参与意愿不断增强。大气、水、土壤污染是现阶段污染防治的核心工作，应针对这三大领域继续推进切实有效的政策措施，巩固现有的污染治理成果，以坚定的信心促进打赢污染防治攻坚战。

一　进一步完善顶层设计，精准施策，有效防治各类污染

针对大气、水和土壤三大领域的污染防治工作，制定分阶段、具体的生态环境改善目标、污染物总量减排目标和环境风险管控目标，根据实际情况，与时俱进地制订分阶段的大气污染、水污染和土壤污染防治行动计划，打赢蓝天、碧水和净土保卫战。要坚持预防为主、综合治理的方式，以解决损害群众健康突出环境问题为重点，强化重点领域的污染防治，减少污染物排放，防范环境风险。

要从国家宏观战略层面对不同领域的环境污染防治进行科学的顶层设计，注重改革创新，激励和约束并举，特别要着力构建政府、市场、企业以及公众联动的治理机制。要彻底改变以牺牲环境、破坏资源为代价的粗放型增长模式，不以牺牲环境为代价去换取一时的经济增长，着力加强环境监管，健全生态环境保护责任追究制度和环境损害赔偿制度，严格实施主要污染物排放总量控制，强化污染物治理，全面推行清洁生产，推动环境质量不断改善，让山更绿、水更清、天更蓝、空气更清新。

二　继续建立和健全污染防治法律体系，保障污染防治执法工作落实

当前结构性污染问题依旧较为突出，部分配套法规和标准制定工作滞后，污染监督管理制度落实不到位，重点领域污染防治措施执行不够有力，执法监管和司法保障仍有待加强。因此，仍需继续建立健全污染防治的法律法规，构建相应的法律体系，建立针对重点领域污染防治的长效机制，制定和修改相关技术规范，并保障其法律效力。

加快针对各项不适合当前情况的环境污染防治法等法律的修改工作，进一步完善大气、水、土壤、噪声、固体废物等污染防治法律制度，建立健全覆盖水、气、声、渣、光等各种环境污染要素的法律规范，构建科学严密、系统完善的污染防治法律制度体系，严密防控重点区域、流域生态环境风险，用最严格的法律制度坚决打赢蓝天保卫战、着力打好碧水保卫战、扎实推进净土保卫战。对不符合、不衔接、不适应宪法规定、中央精神、时代要求的法律法规，应及时进行废止或修改。加快制定、修改与污染防治法律配套的行政法规、部门规章，及时出台并不断完善污染防治标准。

制度的生命在于执行，法律的权威在于实施。各级国家机关都要严格执行与污染防治有关的法律制度，确保有权必有责、有责必担当、失责必追究，让法律成为控制污染行为的刚性约束和不可触碰的高压线。

三 加大资金投入与人才保障，提高污染防治工作效率

进一步加大政府资金投入力度，强化科技支撑，加强生态环境保护队伍特别是基层队伍的能力建设。要健全和完善有关财政税收和金融等方面的经济政策，加强各类污染防治资金管理使用，提高财政资金使用效率。面对污染治理资金需求和投入强度之间的资金缺口，应创新相关的投融资机制，通过政府引导社会资金投向与污染治理有关领域，拓宽形成多元化的治污资金格局，建立目标绩效考核制度，因地制宜探索通过政府购买服务、第三方治理、政府和社会资本合作、事后补贴等形式，吸引社会资本主动投资参与污染治理和生态修复工作。

要大力投入与污染治理相关的技术研发领域，为污染防治提供精准的技术支撑，进一步加强针对污染防治工作的技术力量和人才队伍培养，形成规范化、标准化、专业化的污染防治人才储备。

四　鼓励污染防治市场机制创新，助力治污攻坚取得胜利成果

污染防治攻坚还应充分发挥市场机制的作用，重视和运用市场机制促进污染治理，鼓励机制创新，严格市场主体在污染防治中的责任与权益。企业要把环境资源成本纳入成本体系。进一步完善与污染防治相关的排放税制探索，促进企业的环保行为更加全面。创新绿色金融机制，通过绿色信贷、绿色债券等多种形式鼓励污染防治活动。探索与污染治理相关的生态补偿机制，让环境受益者为防治污染行为付费，使绿水青山的守护者得到更多获得感。

五　形成全民参与的污染防治新局面，勠力同心打赢污染防治攻坚战

污染防治不仅是党和国家的大事，更离不开每一个人的努力。打赢污染防治攻坚战的根本目的就是让人民群众有更多的获得感，因此应通过各种措施，鼓励全民参与到污染防治工作中来。通过加强信息公开，强化公众污染问题的知情权，建立公开、透明的公众监督污染情况和反映问题的渠道。

加大针对污染防治的宣传工作，提升全民参与意识，鼓励人民群众改变生活方式，倡导更加健康、绿色的生活方式，减少生活污染的产生。全民动员参与到污染防治工作中来，共建绿色家园。

新中国的生态环境建设经历了成立之初生产力低下的农耕文明、改革开放后的工业文明、新时代迈向生态文明的三大阶段，同时也经历了从物资短缺、匮乏到解放生产力，再到对自然大肆开发、利用，物资相对富足但环境问题日渐突出的演变。作为一个发展中国家，发展的不均衡性不仅体现在城市和农村，也同样体现在资源禀赋和自然条件有着明显区别的几大区域，面临的生态环境问题和解决方法也各具特征。本篇按照国家统计信息中常用的分类标准，将我国所有省份分为东部、中部、西部及东北四个区域。每一个区域，都从生态保护、资源利用、污染控制视角系统梳理新中国成立70年来该区域面临的生态环境建设的问题、实施的政策法规以及未来的发展规划和展望，以系统、全景的方式展现区域和地方层面在生态环境建设进程中开展的行动、取得的绩效和未来的工作方向。

第 五 章

东部地区生态文明建设

第一节　概述

中国东部地区包括北京市、天津市、河北省、山东省、江苏省、上海市、浙江省、福建省、广东省、海南省、台湾省、香港特别行政区和澳门特别行政区，包括 3 大直辖市，8 个省，两个特别行政区。北京、天津、上海、南京、广州、深圳等大都会都位于中国东部，全国 15 个副省级城市，东部地区占了 8 个。本章分析的中国东部地区仅包括北京市、天津市、河北省、山东省、江苏省、上海市、浙江省、福建省、广东省、海南省 10 个省市。

中国东部地区面积为 93.3 万平方千米，占全国面积的 9.7%，除首都北京外，东部地区 9 省市均为沿海省份，分别临近我国渤海、黄海、东海、南海四大海域，地貌类型分属华北平原、长江中下游平原、南方丘陵区等。2018 年，东部地区 10 省市经济总量为480995.8 亿元，占全国总量的 53.43%，是中国社会经济最发达的区域，人口为 53750 万人，占全国总量的 38.52%。

新中国成立以来，东部地区占全国人口比重在 33%—39%（见图 5—1），经济总量占全国经济比重在 35%—61%（见图 5—2），这种变化体现了东部地区的经济快速发展势头和集聚效应，并且将会以其优越的区位条件、广阔的发展腹地、良好的经济基础和快速的城市化进程，在国际、国内处于愈加突出的地位，也预示着东部地区在新时代的巨大发展潜力。同时，东部地区水土资源丰富，自然区位条件优越。但是，随着经济的快速发展，产生了一系列资源与环境问题，中国环境监测总站曾对1952—2010年的全国近700件环境污染的事件进行分析，研究环境污染事件发生表现出来的规律，环境污染事件案例中，排在前三位的省份分别为江苏、山东、广东，而江苏、山东、广东三省多年来国内生产总值（GDP）排名位居全国前三，表现出了污染事件的多发省份主要分布在经济相对较为发达地区的特征，生态环境问题频发严重威胁着这一地区的可持续发展，其中如何积极建设生态文明，切实保护环境资源，有效地解决能源矿产资源问题已迫在眉睫。

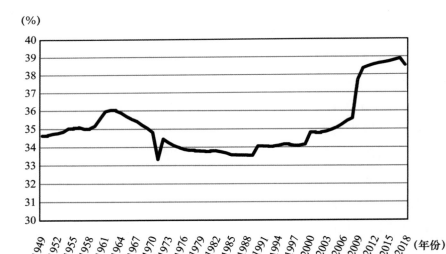

图5—1　中国东部地区人口总量占全国比重变化趋势（1949—2018年）

资料来源：国家统计局国民经济综合统计司编：《新中国六十年统计资料汇编》；国家统计局编：《中国统计年鉴》（历年）。

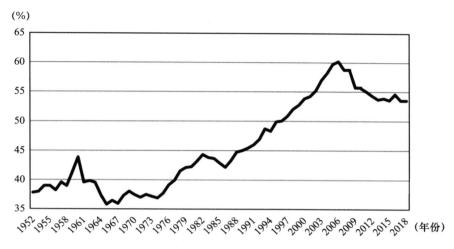

图5—2　中国东部地区经济总量占全国比重变化趋势（1952—2018年）

资料来源：国家统计局国民经济综合统计司编：《新中国六十年统计资料汇编》；国家统计局编：《中国统计年鉴》（历年）。

为了保持我国经济持续快速发展的势头，为了建设富强、民主、文明、和谐、美丽的社会主义现代化强国的战略目标，提高国际竞争力、缩小我国同世界上发达国家和发达地区的经济差距，需要继续发挥东部地区的优势，创新引领，率先实现东部地区优化发展，在新时代，占中国经济超过半壁江山的东部地区需要进一步发挥经济先发优势，牢固树立社会主义生态文明观，坚定不移率先贯彻创新、协调、绿色、开放、共享的发展理念，走生产发展、生活富裕、生态良好的文明发展道路，促进生态文明转型发展与体制机制创新，引领全国的生态文明建设，率先建成生态文明社会。

第二节　生态保护的行动与绩效

东部地区是我国经济发达地区，历史悠久，人口密集，其生态环境状况对实现我国的可持续发展战略具有重要意义。然而，强烈的人类社会经济活动对东部地区的生态环境产生了深刻的影响。

一　森林资源保护与建设

（一）森林面积显著提高

新中国成立以来，我国进行了大规模植树造林活动，森林覆盖率显著提高。1962 年，农林部组织各省（区、市）开展第一次全国森林资源整理统计工作，对 1950—1962 年所开展的各种森林资源调查资料进行整理、统计和全国汇总。这是中国有史以来第一次通过大面积森林资源调查成果进行的统计汇总，基本反映了当时全国森林资源概貌。第一次全国森林资源清查（1973—1976 年）显示，全国森林面积为 1. 22 亿公顷，森林覆盖率为 12. 7%。[1] 第八次全国森林资源清查（2009—2013 年）显示，全国森林面积为 2. 08 亿公顷，森林覆盖率为 21. 63%，比 1949 年增加 13 个百分点。活立木总蓄积为 164. 33 亿立方米，森林蓄积为 151. 37 亿立方米。天然林面积为 1. 22 亿公顷，蓄积为 122. 96 亿立方米；人工林面积为 0. 69 亿公顷，蓄积为 24. 83 亿立方米。森林面积和森林蓄积分别位居世界第五和第六，人工林面积仍居世界首位。清查结果表明，我国森林资源呈现出数量持续增加、质量稳步提升、效能不断增强的良好态势。[2]

森林资源存在的主要问题是，我国仍然是一个缺林少绿、生态脆弱的国家，森林覆盖率远低于全球 31% 的平均水平，人均森林面积仅为世界人均水平的 1/4，人均森林蓄积只有世界人均水平的 1/7，森林资源总量相对不足、质量不高、分布不均的状况仍未得到根本改变，林业发展还面临着巨大的压力和挑战。2017 年，东部地区福

---

[1]　《全国森林资源清查的八个"第一"》，2009 年 11 月 18 日，http：//www. forestry. gov. cn/portal/main/s/72/content – 200722. html。

[2]　《第八次全国森林资源清查主要结果（2009—2013 年）》，2014 年 2 月 25 日，http：//www. forestry. gov. cn/main/65/20140225/659670. html。

建、浙江、广东、海南四省的森林覆盖率在50%以上，其中福建省的森林覆盖率为65.95%，居全国首位。东部地区人工林建设成效显著，人工林面积占全国的28.95%（见表5—1）。

表5—1　　　　　　东部地区森林资源情况统计（2017年）

单位:%、万公顷、万立方米

地区	森林覆盖率		林地面积	活立木总蓄积	森林面积	森林蓄积	人工林面积	人工林面积蓄积
全国	21.63	—	31259.00	1643281.00	20768.73	1513730.00	6933.38	248324.90
北京	35.84	(16)	101.35	1828.04	58.81	1425.33	37.15	785.65
天津	9.87	(29)	15.62	453.98	11.16	374.03	10.56	354.89
河北	23.41	(19)	718.08	13082.23	439.33	10774.95	220.90	5683.81
上海	10.74	(28)	7.73	380.25	6.81	186.35	6.81	186.35
江苏	15.80	(24)	178.70	8461.42	162.10	6470.00	156.82	6320.85
浙江	59.07	(3)	660.74	24224.93	601.36	21679.75	258.53	6831.76
福建	65.95	(1)	926.82	66674.62	801.27	60796.15	377.69	24853.23
山东	16.73	(23)	331.26	12360.74	254.60	8919.79	244.52	8709.27
广东	51.26	(6)	1076.44	37774.59	906.13	35682.71	557.89	15467.69
海南	55.38	(5)	214.49	9774.49	187.77	8903.83	136.20	2313.16
东部地区合计	—	—	4231.23	175015.30	3429.34	155212.90	2007.07	71506.66
东部地区占全国比重	—	—	13.54	10.65	16.51	10.25	28.95	28.80

注：括号内为排序。

资料来源：国家林业局编：《中国林业统计年鉴（2017）》。

（二）重大生态工程取得明显成效

1. 京津风沙源治理工程

京津风沙源治理一期工程自2000年启动实施以来，取得显著的生态、经济和社会效益。京津地区沙尘天气呈减少趋势，空气质量改善。工程区沙化土地减少，植被增加，物种丰富度和植被稳定性提高。河北、山西、内蒙古三省（区）的重点治理地区农牧民生产生活条件得到改善，经济社会可持续发展能力增强。

为进一步减少京津地区沙尘危害，不断提高工程区经济社会可持续发展能力，构建我国北方绿色生态屏障，2012 年 9 月 19 日国务院常务会议，汇报了退耕还林工作情况，讨论通过了《京津风沙源治理二期工程规划（2013—2022 年)》，决定在巩固一期工程建设成果基础上，实施京津风沙源治理二期工程。工程区范围由北京、天津、河北、山西、内蒙古 5 个省（区、市）的 75 个县（旗、市、区）扩大至包括陕西在内 6 个省（区、市）的 138 个县（旗、市、区）。会议强调，实施京津风沙源治理二期工程，要遵循自然规律，坚持生物措施、农艺措施和工程措施相结合，努力促进农牧业结构调整和生产方式转变，注重体制机制创新，提高综合效益。京津风沙源治理二期工程规划包含七大任务，包括加强林草植被保护和建设、提高现有植被质量和覆盖率、加强重点区域沙化土地治理、遏制局部区域流沙侵蚀、稳步推进易地搬迁 37.04 万人、降低区域生态压力等，建设目标是到 2022 年，一期工程建设成果得到有效巩固，工程区内可治理的沙化土地得到基本治理，总体上遏制沙化土地扩展趋势，生态环境明显改善，生态系统稳定性进一步增强，基本建成京津及华北北部地区的绿色生态屏障，京津地区沙尘天气明显减少，风沙危害进一步减轻。整个工程区经济结构继续优化，可持续发展能力稳步提高，林草资源得到合理有效利用，全面实现草畜平衡，草原畜牧业和特色优势产业向质量效益型转变取得重大进展；工程区农牧民收入稳定在全国农牧民平均水平以上，生产生活条件全面改善，走上生产发展、生活富裕、生态良好的发展道路。

2. 沿海防护林体系工程

东部地区是我国经济最为发达的区域，也是遭遇台风、海啸、风暴潮等自然灾害最为频繁的区域。沿海防护林是我国重要的沿海绿色生态屏障，更是我国"两屏三带"战略的重要组成部分，也是十大生态屏障和重大生态修复工程之一。加强沿海防护林体系工程建设，对于改善沿海地区生态状况、提升防灾减灾能力、保障人民群众生命财产安全和促进沿海地区经济社会可持续发展具有十分重要的意义。

1989 年《全国沿海防护林体系建设总体规划》开始工程试点建设，1991—2000 年，林业部把全国沿海防护林体系建设工程列入林业重点工程，在全国沿海 11 个省（区、市）的 195 个县（市、区）全面实施了沿海防护林体系建设工程。2001 年，在全面总结一期工程建设经验基础上，国家林业局组织编制并实施了《全国沿海防护林体系建设二期工程规划（2001—2010 年）》（林计发〔2004〕171号）。为汲取 2004 年底印度洋海啸的教训，根据中央领导指示精神，2005—2006 年，国家林业局对二期工程规划进行了修编，将建设期限延长至 2015 年，进一步扩大了工程建设范围，丰富了工程建设内容。2007 年 12 月经国务院批复，2008 年 1 月，国家发展改革委、国家林业局联合印发了《全国沿海防护林体系建设工程规划（2006—2015 年）》（发改农经〔2008〕29 号）。

为贯彻落实党中央关于"大力推进生态文明，建设美丽中国，实施重大生态修复工程"的决策部署，实施国家区域发展总体战略，全面推进"一带一路"建设，坚持"绿色发展"理念，筑牢生态安全屏障，积极应对全球气候变化，在总结前期工程建设经验基础上，针对工程建设过程中存在的主要问题及新趋势、新要求，开始实施《全国沿海防护林体系建设工程规划（2016—2025 年）》，规划目标是：通过继续保护和恢复以红树林为主的一级基干林带，不断完善和拓展二、三级基干林带，持续开展纵深防护林建设，初步形成结构稳定、功能完备、多层次的综合防护林体系，使工程区内森林质量显著提升，防灾减灾能力明显提高，经济社会发展得到有效保障，城乡人居环境进一步改善。计划到 2025 年，森林覆盖率达到40.8%，林木覆盖率达到 43.5%，红树林面积恢复率达到 95.0%，基干林带达标率达到 90.0%，老化基干林带更新率达到 95.0%，农田林网控制率达到 95.0%，村镇绿化率达到 28.5%。

二　湿地保护与建设

湿地在涵养水源、净化水质、蓄洪抗旱、调节气候和维护生物多样性等方面发挥着重要功能，是重要的自然生态系统，也是自然生态空间的重要组成部分。湿地保护是生态文明建设的重要内容，事关国家生态安全，事关经济社会可持续发展，事关中华民族子孙后代的生存福祉。长期以来，我国湿地遭到了大面积开发与破坏，但近年来人们对湿地的保护意识明显增强，湿地面积有所恢复。《湿地保护修复制度方案》目标任务提出，实行湿地面积总量管控，到 2020 年，全国湿地面积不低于 8 亿亩，其中，自然湿地面积不低于 7 亿亩，新增湿地面积 300 万亩，湿地保护率提高到 50% 以上。严格湿地用途监管，确保湿地面积不减少，增强湿地生态功能，维护湿地生物多样性，全面提升湿地保护与修复水平。

1998 年长江洪灾之后，党中央、国务院提出了"封山育林、退田还林、退田还湖、平垸行洪、以工代赈、移民建镇、加固干堤、疏浚河道"32 字方针，将水患防治与生态保护及可持续发展联系起来，改变了过去单一的工程防洪思想，是我国防洪方略上的重大突破，为彻底解决洪涝灾害提供了新的理念。

自退田还湖工程实施以来，中央及地方各级政府加大了对各大重点江河湖泊的治理及恢复的投入，取得了显著的成效。河流、湖泊面积缩小的趋势已得到初步遏制，部分地区的河流、湖泊面积有所增加。遥感调查显示，河北、广东、山东等省的湖泊及水域面积均有不同程度的增加。2017 年东部地区湿地在全国占有重要地位，其中近海与海岸湿地面积为 482.37 万公顷，占全国的 83.23%；人工湿地面积为 307.97 万公顷，占全国的 45.65%（见表 5—2）。

表5—2　　　　　东部地区湿地资源情况统计（2017年）　　　单位：%、万公顷

地区	湿地总面积	按类型分				
		近海与海岸湿地	河流湿地	湖泊湿地	沼泽湿地	人工湿地
全国	5360.26	579.59	1055.21	859.38	2173.29	674.59
北京	4.81	—	2.27	0.02	0.13	2.39
天津	29.56	10.43	3.23	0.36	1.09	14.45
河北	94.19	23.19	21.25	2.66	22.36	24.73
上海	46.46	38.66	0.73	0.58	0.93	5.56
江苏	282.28	108.75	29.66	53.67	2.80	87.40
浙江	111.01	69.25	14.12	0.89	0.07	26.68
福建	87.10	57.56	13.51	0.03	0.02	15.98
山东	173.75	72.85	25.78	6.26	5.41	63.45
广东	175.34	81.51	33.79	0.15	0.36	59.53
海南	32.00	20.17	3.97	0.06	—	7.80
东部地区合计	1036.50	482.37	148.31	64.68	33.17	307.97
东部地区占全国比重	19.34	83.23	14.06	7.53	1.53	45.65

资料来源：国家林业局编：《中国林业统计年鉴（2017）》。

三　自然保护区建设与生物多样性保护

截至2017年底，东部地区已建成不同级别、不同类型的自然保护区550处，占全国自然保护区总数（2249处）的24.46%以上，面积达364.92万公顷（见表5—3）。同时，各省和直辖市编制了大量自然保护区规划，并逐步纳入了地区社会经济发展计划和国土规划。自然保护区建设在保护自然资源和珍稀濒危物种方面发挥了重要作用，使一大批具有重要科学、经济和文化价值的物种及其生境得到保护。在国家公布的重点保护野生动物名录和重点保护野生植物名录中，90%的物种都在保护区内得到有效保护。

表5—3　　　东部地区自然保护区工程建设情况统计（2017 年）

单位:%、个、百公顷

地区	年末实有自然保护区个数		年末实有自然保护区面积		国际重要湿地	
	合计	国家级	合计	国家级	个数	面积
全国	2249	375	1261299	819827	49	41124
北京	17	2	1314	280	—	—
天津	5	1	536	10	—	—
河北	32	9	6081	2171	—	—
上海	1	1	242	242	2	364
江苏	15	1	1503	27	2	5310
浙江	23	8	1177	799	1	3
福建	89	15	4228	2164	1	24
山东	48	4	6067	1751	1	960
广东	290	8	13017	1627	4	679
海南	30	7	2327	1371	1	54
东部地区合计	550	56	36492	10442	12	7394
东部地区占全国比重	24.46	14.93	2.89	1.27	24.49	17.98

资料来源：国家林业局编：《中国林业统计年鉴（2017）》。

第三节　资源节约的行动与绩效

随着经济社会的不断发展，资源环境问题成为中国全面建成小康社会和现代化建设进程中的瓶颈约束，我国一直倡导资源节约型的发展模式，2006 年党的十六届五中全会正式将建设资源节约型和环境友好型社会确定为国民经济与社会发展中长期规划的一项战略任务。

一　资源节约型社会建设

资源节约型社会是指在生产、流通、消费等领域，通过采取法律、经济和行政等综合性措施，提高资源利用效率，以最少的资源消耗获得最大的经济和社会收益，保障经济社会可持续发展的社会。具体包括三个方面：第一，确立节约资源的重要战略地位，将节约资源提升到基本国策的高度，将"控制人口，节约资源，保护环境"作为我国新时期的基本国策。第二，尽快扭转高消耗、高污染的粗放型经济增长方式，逐步建立资源节约型国民经济体系。通过技术进步改造传统产业和推动结构升级，尽快淘汰高能耗、高物耗、高污染的落后生产工艺。逐步形成有利于资源可持续利用和环境保护的、合理的国际产业分工格局。推动高新技术产业和第三产业的发展和升级。第三，倡导资源节约型的消费方式，以资源节约型的产品满足人民群众的需要。在满足群众物质文化需求的同时，倡导适度、节俭、公平和绿色的可持续消费模式，尽可能减少对资源的依赖和生态的破坏。

上海市在20世纪80年代初期就在全国率先开展节能服务工作，从1981年起，上海市燃料公司即出版《燃料经济信息》，为有关单位提供燃料经济的新情况、新经验、新问题，介绍新工艺、新技术。在贯彻执行节能法规方面，1982年，江苏省开展了全国省一级第一部有关能源的行政立法，制定了《工矿企业燃料使用管理标准和奖惩办法》，其主要内容包括燃料使用管理标准、锅炉房管理标准、用汽管理标准、奖惩条例、加价收费的支付和使用范围6部分，该办法公布后，由于贯彻得力，半年多的时间里，7个省辖市的80%的企业都达到了规定的要求，7个地区的68个县有50%的工矿企业达到了规定标准。

二　资源型城市可持续发展

东部地区矿产等自然资源相对匮乏，仅石油、铁矿、铅矿、菱镁矿、硫铁矿、高岭土等矿产占全国的比重超出 10%，其余矿种均占比重较低，资源分布和经济发展错位（见表 5—4 和表 5—5）。全国 262 个资源型城市，东部地区有 49 个（见表 5—6 和表 5—7），占全国的 18.7%，需要有序提高东部地区重要资源生产能力。重点加强石油、铁、高岭土等资源开采力度，根据资源供需形势和开发利用条件，加快推进成长型和成熟型城市资源开发基地建设，鼓励与资源储量规模相适应的规模化经营，提升机械化开采水平。深入挖掘衰退型城市资源潜力，加大稳产改造力度，延缓大中型危机矿山产量递减速度，促进新老矿山有序接替。

东部地区利用现有资源优势，重点开展了重要资源供应和后备基地建设，包括石油后备基地（唐山市）、稀土矿后备基地（韶关市等）。在重点培育的接续替代产业集群方面，重点打造资源深加工产业集群，包括枣庄市煤炭深加工产业集群等；先进制造业产业集群，包括枣庄市机床产业集群、韶关市轻型装备制造产业集群等；文化创意产业集群，包括徐州市文化创意产业集群、济宁市曲阜文化创意产业集群、枣庄市台儿庄文化创意产业集群等。

矿山地质环境重点治理工程包括：塌陷区重点治理工程，如邢台市东兴煤矿区、邯郸市峰峰煤矿区、枣庄市枣陶煤田闭坑矿区、淄博市淄博煤田闭坑矿区；大型矿坑重点治理工程，如铜陵市铜官山铜矿区等；滑坡泥石流重点治理工程，如三明市大田县银顶格—川石多金属矿区、韶关市乐昌五山镇萤石矿区等。污染物防治重点治理工程包括：重金属污染重点治理试点工程，如韶关市仁化凡口铅锌矿区等；矸石山污染综合治理试点工程，如唐山市古冶区煤矿区、淮北市烈山煤矿区、新泰市华源煤矿区等。

三　"无废城市"建设

2019 年 1 月，国务院办公厅印发"无废城市"建设试点工作方案，提出"无废城市"是以创新、协调、绿色、开放、共享的新发展理念为引领，通过推动形成绿色发展方式和生活方式，持续推进固体废物源头减量和资源化利用，最大限度减少填埋量，将固体废物环境影响降至最低的城市发展模式。"无废城市"并不是没有固体废物产生，也不意味着固体废物能完全资源化利用，而是一种先进的城市管理理念，旨在最终实现整个城市固体废物产生量最小、资源化利用充分、处置安全的目标，需要长期探索与实践。现阶段通过"无废城市"建设试点，统筹经济社会发展中的固体废物管理，大力推进源头减量、资源化利用和无害化处置，坚决遏制非法转移倾倒，探索建立量化指标体系，系统总结试点经验，形成可复制、可推广的建设模式。

　　开展"无废城市"建设试点是深入落实党中央、国务院决策部署的具体行动，是从城市整体层面深化固体废物综合管理改革和推动"无废社会"建设的有力抓手，是提升生态文明、建设美丽中国的重要举措。2019 年 4 月 29 日，生态环境部公布了 11 个"无废城市"建设试点，5 个试点城市位于东部地区：广东省深圳市、山东省威海市、浙江省绍兴市、海南省三亚市和江苏省徐州市。

表5—4　　东部地区主要能源、黑色金属矿产基础储量（2016 年）

地区	石油（万吨）	天然气（亿立方米）	煤炭（亿吨）	铁矿（矿石，亿吨）	锰矿（矿石，万吨）	铬矿（矿石，万吨）	钒矿（万吨）	原生钛铁矿（万吨）
全国	350120.30	54365.46	2492.26	201.20	31033.58	407.18	951.77	23065.10
北京	—	—	2.66	1.45	—	—	—	—
天津	3349.90	274.91	2.97	—	—	—	—	—
河北	26576.40	338.03	43.27	26.59	7.05	4.64	6.66	212.94
江苏	2729.50	23.31	10.39	1.62	—	—	4.13	—
浙江	—	—	0.43	0.59	—	—	3.76	—
福建	—	—	3.98	3.07	111.78	—	—	—
山东	29412.20	334.93	75.67	9.60	—	—	—	899.82

地区	石油 （万吨）	天然气 （亿立 方米）	煤炭 （亿吨）	铁矿 （矿石， 亿吨）	锰矿 （矿石， 万吨）	铬矿 （矿石， 万吨）	钒矿 （万吨）	原生 钛铁矿 （万吨）
广东	16.40	0.59	0.23	0.92	76.25	—	—	—
海南	452.30	24.35	1.19	0.84	—	—	—	—
东部 地区 合计	62536.70	996.12	140.79	44.68	195.08	4.64	14.55	1112.76
东部 地区 占全 国比 重 （%）	17.86	1.83	5.65	22.21	0.63	1.14	1.53	4.82

资料来源：国家统计局编：《中国统计年鉴（2017）》。

表5—5　　东部地区主要有色金属、非金属矿产基础储量（2016年）

地区	铜矿 （铜， 万吨）	铅矿 （铅， 万吨）	锌矿 （锌， 万吨）	铝土矿 （矿石， 万吨）	菱镁矿 （矿石， 万吨）	硫铁矿 （矿石， 万吨）	磷矿 （矿石， 亿吨）	高岭土 （矿石， 万吨）
全国	2620.99	1808.62	4439.11	100955.33	100772.52	127809.00	32.41	69285.05
北京	0.02	—	—	—	—	—	—	—
河北	13.41	21.75	79.66	28.01	838.83	1083.61	1.85	58.30
江苏	4.02	22.56	38.10	—	—	508.77	0.13	234.59
浙江	5.17	8.68	61.16	—	—	405.08	—	819.41

续表

地区	铜矿（铜，万吨）	铅矿（铅，万吨）	锌矿（锌，万吨）	铝土矿（矿石，万吨）	菱镁矿（矿石，万吨）	硫铁矿（矿石，万吨）	磷矿（矿石，亿吨）	高岭土（矿石，万吨）
福建	62.35	27.41	59.57	—	—	1018.67	—	5262.70
山东	6.49	0.63	0.75	158.90	14793.49	3.18	—	314.08
广东	17.59	103.09	186.26	—	—	14819.44	—	5295.26
海南	3.52	6.68	16.99	—	—	—	—	2814.74
东部地区合计	112.57	190.80	442.49	186.91	15632.32	17838.75	1.98	14799.08
东部地区占全国比重（%）	4.29	10.55	9.97	0.19	15.51	13.96	6.11	21.36

资料来源：国家统计局编：《中国统计年鉴（2017）》。

表5—6　　　　　东部地区资源型城市名单（2013年）

所在省（区、市）	地级行政区	县级市	县（自治县、林区）	市辖区（开发区、管理区）
河北（14）	张家口市、承德市、唐山市、邢台市、邯郸市	鹿泉市、任丘市	青龙满族自治县、易县、涞源县、曲阳县	井陉矿区、下花园区、鹰手营子矿区
江苏（3）	徐州市、宿迁市	—	—	贾汪区

续表

所在省 （区、市）	地级行政区	县级市	县（自治县、 林区）	市辖区（开发区、 管理区）
浙江（3）	湖州市	—	武义县、青田县	—
福建（6）	南平市、三明市、龙岩市	龙海市	平潭县、东山县	—
山东（14）	东营市、淄博市、临沂市、枣庄市、济宁市、泰安市、莱芜市	龙口市、莱州市、招远市、平度市、新泰市	昌乐县	淄川区
广东（4）	韶关市、云浮市	高要市	连平县	—
海南（5）	—	东方市	昌江黎族自治县、琼中黎族苗族自治县*、陵水黎族自治县*、乐东黎族自治县*	—

注：1. 带*的城市表示森工城市。

　　2. 资源型城市名单将结合资源储量条件、开发利用情况等进行动态评估调整。

资料来源：《全国资源型城市可持续发展规划（2013—2020年）》。

表5—7　　　　　　东部地区资源型城市综合分类（2013年）

成长型城市（2个）
县2个：东山县、昌乐县

成熟型城市（31个）
地级行政区13个：张家口市、承德市、邢台市、邯郸市、湖州市、南平市、三明市、龙岩市、东营市、济宁市、泰安市、莱芜市、云浮市
县级市7个：鹿泉市、任丘市、龙海市、招远市、平度市、高要市、东方市
县（自治县、林区）11个：青龙满族自治县、易县、涞源县、曲阳县、武义县、青田县、平潭县、连平县、琼中黎族苗族自治县、陵水黎族自治县、乐东黎族自治县

衰退型城市（9个）
地级行政区2个：枣庄市、韶关市
县级市1个：新泰市
县（自治县）1个：昌江黎族自治县
市辖区（开发区、管理区）5个：井陉矿区、下花园区、鹰手营子矿区、贾汪区、淄川区

再生型城市（7个）
地级行政区5个：唐山市、徐州市、宿迁市、淄博市、临沂市
县级市2个：龙口市、莱州市

资料来源：《全国资源型城市可持续发展规划（2013—2020年）》。

第四节　污染防治的行动与绩效

新中国成立以来，随着经济发展，东部地区环境污染问题日益突出。比较重大的污染事件包括2007年太湖蓝藻污染事件、2010年福建紫金矿业溃坝事件、2013年以来京津冀大气污染事件。太湖蓝藻污染事件发生于2007年五六月间，中国江苏的太湖爆发严重的蓝藻污染，造成无锡全城自来水污染，生活用水和饮用水严重短缺，超市、商店里的桶装水被抢购一空。该事件主要是由于水源地附近蓝藻大量堆积，厌氧分解过程中产生了大量的 NH_3、硫醇、硫醚以及硫化氢等异味物质。2010 年 7 月 3 日和 7 月 16 日，紫金矿业集团股份有限公司紫金山金铜矿湿法厂先后两次发生含铜酸性溶液渗漏，造成汀江重大水污染事故，直接经济损失达 3187.71 万元。

一　环境污染治理投资

2015 年 11 月，中国清洁空气联盟秘书处发布了首份《大气污染防治行动计划（2013—2017）实施的投融资需求及影响》研究报告，分析表明全国《大气污染防治行动计划（2013—2017）》实施的直接投资共需 1.84 万亿元，优化能源结构、移动源污染防治、工业企业污染治理、面源污染治理四个任务的投资需求分别为 2844.00亿元、14067.66 亿元、915.44 亿元和 615.72 亿元。其中移动源污染防治的资金需求最大，比其他三部分之和的三倍还多。东部地区的京津冀、长三角、珠三角三大重点区域的大气污染防治行动计划实施的直接投资分别需要 2490.29 亿元、2384.69 亿元与 903.58 亿元。其中，京津冀所需投资最大的部分是工业企业污染治理，长三角和珠三角所需投资最大的部分是移动源污染防治。工业企业污染治理主要包括火电、钢铁、水泥、石化等重污染行业的脱硫、脱硝和除尘改造；移动污染源防治包括发展新能源汽车、淘汰黄标车、油品升级；能源结构优化包括改造及关停燃煤锅炉、产业园区集中供热。

二　京津冀及周边区域大气污染防治

2017 年，东部地区对环境治理的投资占全国的比重超过 40%（见表 5—8），也取得了明显成效，城市环境和农村环境治理在全国居于领先地位（见表 5—9）。以京津冀大气污染治理为例，2013—2017 年，是京津冀及周边区域大气污染防治力度最大，措施最丰富，参与度最广泛的五年，根据《2017 年北京市环境状况公报》，2017 年，京津冀及周边地区七省市 70 个城市 PM2.5 年均浓度为 55

微克/立方米，较 2016 年同比下降 11.5%。其中，京津冀三地 PM2.5 年均浓度为 64 微克/立方米，较 2016 年同比下降 9.9%。区域内 70 个城市平均空气重污染天数明显下降，区域空气质量继续呈现整体改善趋势。

表 5—8　　　　东部地区环境污染治理投资情况统计（2017 年）　单位：亿元、%

地区	环境污染治理投资总额	城市环境基础设施建设投资	工业污染源治理投资	当年完成环保验收项目环保投资	环境污染治理投资占GDP比重
全国	9539.00	6085.70	681.50	2771.70	1.15
北京	665.40	640.00	15.70	9.70	2.38
天津	71.20	44.30	7.80	19.00	0.38
河北	605.80	311.90	34.30	259.60	1.68
上海	160.40	97.50	44.80	18.10	0.53
江苏	715.40	363.60	44.80	307.00	0.83
浙江	452.90	284.10	36.90	131.90	0.87
福建	224.40	145.50	14.70	64.10	0.69
山东	948.80	442.50	113.10	393.20	1.31
广东	366.20	146.80	42.00	177.40	0.41
海南	54.10	40.10	3.40	10.50	1.21
东部地区合计	4264.60	2516.30	357.50	1390.50	0.95
东部地区占全国比重	44.71	41.35	52.46	50.17	82.61

资料来源：国家统计局、生态环境部编：《中国环境统计年鉴（2018）》。

表5—9 东部地区城市和农村环境情况统计（2017 年）

单位：万立方米、%、万元

地区	城市污水排放量	城市污水处理率	城市燃气普及率	生活垃圾无害化处理率	卫生厕所普及率	无害化卫生厕所普及率	农村改厕投资
全国	4923895	94.50	96.30	97.70	81.74	62.54	1905091
北京	177677	97.50	100	99.90	98.11	98.11	1306
天津	99719	92.60	100	94.40	93.17	93.17	2533
河北	165919	97.80	98.80	99.80	73.33	51.76	27599
上海	229526	94.50	100	100	99.18	99.07	6385
江苏	427700	95.30	99.70	100	97.89	92.47	23764
浙江	303802	95.00	100	100	98.64	96.65	62103
福建	123006	92.20	97.50	99.40	95.02	93.54	48243
山东	327755	97.00	99.60	100	92.34	78.52	419744
广东	712678	94.50	96.90	98.00	95.36	93.04	72669
海南	31260	86.80	98.30	100	86.27	85.28	37211
东部地区合计	2599042	95.10	98.90	99.30	91.60	83.07	701557
东部地区占全国比重	52.78	—	—	—	—	—	36.83

资料来源：国家统计局、生态环境部编：《中国环境统计年鉴（2018）》。

三 长三角环境治理联防联控

长三角"十三五"期间基本形成常态化、实体化、分层次的环保协商推进机制，取得了显著的环境改善效果。2017 年，长三角区域 25 个城市 PM2.5 平均浓度降至 40 微克/立方米上下，较 2013 年下降了 34.3%。

长三角地区是蓝天保卫战三大重点区域之一。在大气污染联防联控协作方面，上海牵头成立的长三角大气污染防治协作机制，推动秸秆禁烧和综合利用、燃煤电厂超低排放改造、淘汰黄标车以及扬尘治理等工作。同时，扩大高污染燃料禁燃区范围，加快锅炉窑炉清洁能源替代和淘汰。大气污染协同治理的经验同时被复制到水环境领域。跨界水污染联防联控联治方面，皖苏、皖浙开展长江流域跨界断面水质联合监测，建立每月联合监测机制。同时加强治理目标协调，突出重点污染区域、主要传输通道和相互影响的区域，因地制宜实施分区管控。大气与水污染防治协作机制在长三角全面形成，通过了《关于建立长三角区域生态环境保护司法协作机制的意见》，建立了重大环境污染案件提前介入机制，构建了生态环境跨区域联防联控机制。

四　珠三角环境治理联防联控

珠三角位于南海之滨，作为全国改革开放的先行地、全国经济发展的重要引擎、中国参与经济全球化的主体区域，随着经济社会的发展，珠三角自改革开放以来环境污染特征正在发生重要转变，区域性、复合型、压缩型环境问题日益凸显，珠三角部分城市的江段和河涌污染严重，给排水格局缺乏统筹，区域内跨界水体污染问题突出，大气污染物排放量巨大，在城市间输送、转化、耦合，导致出现细粒子浓度高、臭氧浓度高、酸雨频率高、灰霾严重等现象。县、镇、村的生活垃圾普遍没有得到无害化处理，区域土壤重金属污染问题日益突出。城市化和工业化发展侵占大量生态用地，城乡绿色空间破碎化严重，生态系统结构单一，区域生态安全体系亟待维护。地区之间、城乡之间产业准入标准、环保执法力度、污染治理水平存在差异，环境基础设施建设因缺乏统筹规划而难以发挥出最大效益。城市之间环境管理协调不足、缺乏联动，体制机制和政策措施难以适应区域环境保护的新特点和新要求。这些问题单靠各个城市、各个部门自身的力量已经难以有效解决，已成为制约珠三角经济一体化发展的重要因素。

2015年6月，广州、深圳、珠海、佛山、肇庆等珠三角9个城市联合发布《珠三角城市群绿色低碳发展深圳宣言》，提出绿色低碳发展是一项长期任务，只有起点没有终点，永远在路上，我们必须付出长期不懈的努力，坚持在保护中发展，在发展中保护，努力走出一条具有区域特色的低碳发展新路子，为国家绿色低碳发展提供更多鲜活的经验。牢固树立绿色发展观，将绿色低碳作为发展的基本理念，加强顶层设计和统筹规划，把环境损害、生态效益纳入经济社会发展评价体系，将绿色低碳作为率先全面建成小康社会的指标，力争珠三角区域二氧化碳排放量在全国率先达到峰值，为应对全球气候变化做出积极贡献。分解落实绿色低碳发展目标任务，不断交流、推广绿色低碳发展创新经验，开创绿色低碳领域合作的新局面，共同走向绿色低碳发展的新时代。

粤港澳大湾区规划目标是到2022年综合实力显著增强，粤港澳合作更加深入广泛，区域内生发展动力进一步提升，发展活力充沛、创新能力突出、产业结构优化、要素流动顺畅、生态环境优美的国际一流湾区和世界级城市群框架基本形成。在推进生态文明建设方面，坚持节约优先、保护优先、自然恢复为主的方针，以建设美丽湾区为引领，着力提升生态环境质量，形成节约资源和保护环境的空间格局、产业结构、生产方式、生活方式，实现绿色低碳循环发展。

第五节　启示与展望

作为我国经济最发达的地区，大规模现代化建设和发展又使东部地区成为国家工业化和城镇化最为发达和活跃的地区之一。然而，由于地区资源的组合结构存在明显不足，因此，长期的人口增长和经济社会发展已经使东部地区资源环境开发与协调状态进入了一个全面紧张的阶段，生态文明建设任务非常艰巨。

未来发展的分析结果表明，经济和区位优势的继续发挥将使东部地区的人地关系的演进进入一个更为紧张的阶段。导致这种更为紧张局面出现的重要原因，不仅在于人口和经济活动的快速积聚，而且还在于改善当地资源环境脆弱基础的艰难程度。因此，为有效解决当地经济社会与资源环境的协调问题，促进生态文明建设，地区发展政策应做出相应调整。

第一，资源消费方式的转变。是指社会资源消费整体从总量规模的快速增长向质量提高的快速推进转变。国内外区域发展的实践表明，人类社会的资源消费方式转变主要取决于经济结构的演进状态。因此，2018 年，除福建以外，其余 9 省市第三产业在经济中均占主导地位，其中北京、天津、上海、江苏、浙江、广东、海南 7 省市第三产业比重超过 50%，如何将东部地区的经济结构演进到现代化成分的经济结构（第三产业超过 60%）是实现地区资源消费方式转变的一个基本任务。

第二，资源开发和环境保护观念转变。主要是指从传统的规模扩张为主向深度化加工为主的资源开发方式转变。这种转变完成得越是成功，使得当地经济社会与资源环境协调发展，促进生态文明建设便越有可能。显然，能否实现这一目标的关键在于工业部门的结构调整以及相应的资本与智力投入。

第三，环境治理和资源利用方式转变。主要是指从传统的一次性利用向多次性和重复性利用的方式转变。为成功实现这种转变，应将所有"废弃"资源的再开发纳入资源开发部门未来发展的程序中，例如城市生活污水的回收处理和再利用。从这个意义上讲，资源开发部门能否完成从传统的一次性开发向二次和多次开发的转变是至关重要的。

第四，资源供给方式的转变。是指本地资源开发与外来资源输入的有机结合转变过程。显然，逐步增大资源输入水平，扩展资源供给能力是东部地区经济社会持续发展的一条必由之路。东部地区生态文明建设的关键还在于当地资源供应的稳定性和合理开发程度。

　　第五，生态文明体制机制创新。根据国家生态文明体制改革的总体思路，东部地区应率先构建起由自然资源资产产权制度、国土空间开发保护制度、空间规划体系、资源总量管理和全面节约制度、资源有偿使用和生态补偿制度、环境治理体系、环境治理和生态保护市场体系、生态文明绩效评价考核和责任追究制度八项制度构成的生态文明制度体系，在全国各区域引领新时代社会主义生态文明建设步伐，率先推进生态文明领域国家治理体系和治理能力现代化。

第 六 章

中部地区生态文明建设

　　中部地区，东接沿海，西接内陆，按自北向南，自西向东排序包括山西、河南、安徽、湖北、江西、湖南六个省份。从新中国成立初期至改革开放前，按照新中国确立的全国均衡布局的发展战略，中部地区成为全国的重点建设地区。"一五"和"二五"期间，为建立新中国独立完整的工业体系和国民经济体系，把重工业放在优先发展的位置。此时，苏联援建我国的 156 个项目中，有相当一部分建设在中部地区。中部地区凭借其资源和劳动力优势形成了初步的重工业基础，在全国的经济地位十分重要。但是，中部地区在经济发展的过程中，出现了与西方发达国家工业化进程中类似的问题，即伴随着工业化进程的快速发展，出现了生态破坏和环境污染，并且在中部经济建设的起步阶段就凸显出来。改革开放后，随着中部地区工业化和城镇化的快速发展，经济发展进一步遇到生态和资源的制约，中部地区亟须寻找一条经济快速发展及环境相容的可持续发展道路。因此，在中部地区推进生态文明建设具有十分重要的意义。

第一节 概述

中部地区历史厚重、资源丰富、交通便利，这与中部所处的地理位置有关，中部地区处于中国地理的第一阶梯和第二阶梯，地貌类型丰富多样，从北到南依次是黄土高原、华北平原、长江中下游平原，长江和黄河两条主要河流贯穿中部。长江流域分布着中国五大淡水湖中的三个：洞庭湖、鄱阳湖和巢湖，三大淡水湖发挥着重要的长江干流蓄洪调洪能力。丰富的地貌类型和连接南北的区域位置决定了中部地区在我国经济发展和生态保护中的重要地位。

新中国建立初期，中部六省经济相对落后，农业占国民经济的主要地位，第二产业所占比重很小，第三产业基本上由传统行业构成。1952 年三次产业的比例关系为 64.3：15.7：20.0。"大跃进"时期，在大炼钢铁的风潮下，中部地区技术落后、污染密集的小企业数量迅速增加，在缺乏对污染进行有效控制的情况下，工业的废水、废气和固体废物肆意排放，导致环境污染迅速加剧。而中部的农村在"以粮为纲"政策指导下，出现了毁林、弃牧、填湖开荒种粮的现象，生态环境遭到了严重破坏，最为突出的就是水土流失日益严重。中部六省的产业结构从 1953 年开始进入优先发展重工业阶段。20 世纪 60 年代，中部地区按照中央政府的指示针对出现的环境问题，采取了一些补救措施来防治工业污染，"三废"治理利用办公室等环保机构在一些工业集中的大城市率先成立，开始推行"综合利用工业废物""制止乱砍滥伐"等环境保护策略。

改革开放后，中部地区在快速城镇化的过程中[①]，工业、农业均

---

① 1990—2017 年，中部地区城镇化率由 20.04% 提高到 53.41%，城镇人口达到 1.96 亿人。2017 年湖北城镇化率已经达到了 59.30%，超过全国的平均水平 58.52%，山西、湖南、江西、安徽、河南的城镇化率也均超过了 50.16%。

获得稳定而快速的发展。中部六省的粮食、棉花、油料、水产、蔬果生产等均处于全国领先地位，已经形成了一批特色优势农业和农产品生产基地。1990—2017 年，中部地区粮食产量由 13514.5 万吨提高到 18458.2 万吨，占全国粮食总产量比重维持在 30% 上下，为全国的粮食安全和农产品供给提供了重要保障。与东部和西部相比，中部地区的经济发展和生态保护具有特殊性。一方面，中部地区的生态环境的基础条件虽然好于西部，但是由于地貌特征和气候条件都处于过渡地带，环境不稳定因素较多，整体环境承载力不如东部，但是中部的人口密度却和东部地区接近，均处于"胡焕庸线"以东。在人口密度较高和生态环境较脆弱的双重压力下，中部地区人地关系紧张，生态环境保护难度较大；另一方面，改革开放之后，相比东部沿海开放、西部大开发发展战略和振兴东北老工业基地等一系列政策的出台，中部地区并未获得明显经济发展的政策优势，而随着中部承接东部地区高耗能、高污染产业，中部部分地区的环境污染和生态破坏较为严重。

　　2005 年，中部地区获得了新的发展机遇，中央"'十一五'规划建议"中明确提出了促进中部地区崛起。2006 年，中部崛起战略正式实施，要把中部建成全国重要的粮食生产基地、能源原材料基地、现代装备制造及高技术产业基地以及综合交通运输枢纽。① 随着 2007 年党的十七大将建设生态文明写入党的报告，在全国全面推进生态文明建设的进程中，中部地区也积极开始了全面的生态文明建设的实践与探索。2016 年，国务院印发《促进中部地区崛起规划（2016—2025）》，明确将全国生态文明示范区作为中部地区重要战略定位之一，中部地区生态文明建设的成效对全国具有重要的意义。

　　2017 年，中部地区约 102.86 万平方千米，总人口约 3.69 亿人，经济总量约 17.65 万亿元，涵盖了全国约 10.7% 的土地，承载了全国约 26.55% 的人口，全国约 21.5% 的生产总值。1990—2017 年，

---

① 国务院：《关于促进中部崛起的若干意见》，2006 年 4 月。

中部地区一直保持着快速的经济增长，年均增长率为 15.47%，高于全国平均水平。其中 2003—2013 年，中部地区的经济增长率一直在 10% 以上，占全国经济总量的比重平均为 20.44%；固定资产投资由 1990 年的 9748.19 亿元提高到 2017 年的 163769.63 亿元，增长了 15.8 倍；一般公共预算收入由 1990 年的 376.77 亿元增长到 2017 年的 18136.39 亿元，增长了 47.1 倍。[①] 中部地区的发展为中国经济的飞速发展做出了突出贡献。

自中部崛起战略实施以来，中部地区发展势头日益强劲。2015 年，中部地区实现地区生产总值 14.7 万亿元，经济总量占全国的比重由 18.8% 提高到 20.3%，居东部、中部、西部、东北地区四大板块第二位。[②] 其中，2017 年河南的地区生产总值为 44988.16 亿元，居全国第五位，湖北和湖南地区生产总值分别为 36522.95 亿元和 34590.56 亿元，居全国第七位和第九位。中部地区的地区生产总值增速从 2008 年超过东部地区之后，始终保持高速发展。2017 年六省的地区生产总值增速全部高于全国 6.9% 的平均增速。中部地区的比较优势日益明显，凭借其丰富的资源和良好的经济发展态势，成为拉动我国经济上行的"新引擎"。

近年来，中部地区的新一代信息技术、新能源汽车、先进轨道交通、航空航天、新材料、现代生物医药、现代种业等新兴产业在全国已经具有较强竞争力，富士康、京东方等一些大型电子信息企业在中部地区完成产业布局，武汉、南昌、长沙、株洲、郑州等中心城市拥有多个国家级高新区，涌现了万瓦级光纤激光器、"超速超大超长"光传输、首台常温常压储氢·氢能汽车等一批国际领先的科技成果和多项自主创制的国际标准与国家标准。[③] 中部地区正在改

---

① 根据《中国统计年鉴（2019）》计算。

② 《中部六省经济社会发展成绩斐然》，2016 年 12 月 9 日，http://www.gov.cn/xinwen/2016－12/09/content_5145672.htm。

③ 张占仓等：《中国中部地区发展报告（2018）》，社会科学文献出版社 2018 年版。

变过去主要承接东部产业转移的局面，在一些高精尖领域异军突起，以新产业、新业态、新商业模式为代表的新经济势头强劲，成为引领经济发展的新动能。与此同时，传统产业也搭上了新经济的快车，通过不断应用智能制造和互联网技术进行转型升级。

实现经济和生态环境的协调发展是生态文明建设的内在要求，中部地区经济高质量发展的良好态势正在逐步形成。新中国成立70年以来，中部地区在生态保护、资源节约和污染防治方面都取得了显著成效。党中央、国务院对生态文明建设和环境保护作出了一系列重大安排部署，先后发布《关于加快推进生态文明建设的意见》和《生态文明体制改革总体方案》等纲领性文件，中部六省也通过发布相应的政策法规以及行动方案进行政策响应。

第二节　生态保护的行动与绩效

近年来，中部地区大力推进生态文明建设，生态环境质量获得总体改善，森林覆盖率显著提高，矿山地质环境治理和生态修复成效显著，长江、黄河、洞庭湖和鄱阳湖等大江大湖生态治理取得积极进展，生态脆弱区水土保持效果明显，生态补偿体制机制创新迈出新步伐，对全国其他地区起到了良好的示范作用。

一　因地制宜修复矿山地质环境

中部地区的矿产极为丰富，其中山西的煤炭储备位居全国之最。湖北、湖南、河南、江西、安徽五省矿产种类齐全，矿产资源储量大。中部六省矿产的特色资源也十分丰富，如山西的煤炭，湖北的磷矿，湖南的有色金属，河南的钼、蓝石棉、天然碱、珍珠岩等。矿产资源的开发在给中部带来经济效益的同时，也引发了严重的生态环境问题，对矿产资源的不合理开采不仅破坏了土地资源和植被，还造成了严重的水土流失，形成生态破坏。中部地区在进行生态保护时，将矿山地质环境治理和生态修复作为一项重点内容。自新中国成立以来，投入了大量人力物力，取得了显著成效。

中部六省中，山西拥有众多的煤炭资源型城市，是我国最重要的煤炭开采和加工基地，煤炭资源的开采引发了一系列缓变性地质问题，如地面沉降、土壤荒漠化、水环境恶化等。改革开放以来，山西十分重视矿山地质环境治理和生态修复，坚持"自然修复为主，人工修复为辅"，大力发展自然修复技术，如封育技术、种子库技术、动物技术和微生物技术等；大力研发推广矿井水水质处理和利用技术，破解缺水难题；打造矿区生态系统产业链，通过种植柠条、沙棘、玫瑰、黄芪、甘草、麻黄等，形成循环共生且互补的生态产业模式。截至2018年，山西全省已完成地质环境治理的矿山达59座；历史遗留矿山环境综合治理率达到35%；对40个重点土地复垦区进行复垦，累计完成310平方千米的土地复垦任务①，使采煤沉陷治理区成为矿区人民群众生活美、生态美、家园美、田园美、宜居宜业的幸福新家园。

湖南享有"有色金属之乡"的美誉，新中国成立以来，逐渐形成了以煤炭、黑色金属、有色金属、贵金属等生产加工为主，盐化工、磷化工等同步发展的矿业格局，有色金属业成为湖南的支柱产业之一的同时，也存在资源配置效率低、环境污染严重的问题。改革开放后，湖南逐步加大了实施矿山地质环境保护和恢复治理的力度。2007年，湖南省国土资源厅就要求申请开采矿产资源的单位和个人，应提交保护矿山工作环境、防治矿山地质灾害、认真做好矿山环境保护和恢复治理的书面承诺。2018年，湖南省六部门联合印发了《湖南省绿色矿山建设工作方案》，编制绿色矿山建设工作方案、制定绿色矿山建设标准、制定绿色勘查行业标准、建立绿色矿山建设工作机制，并从用地政策、财政税收、金融扶持政策等方面

---

① 《山西：用3年时间对59座煤矿进行矿山地质环境治理》，2016年9月15日，http://sx.people.com.cn/n2/2016/0915/c189130 - 29008021.html。

提出了明确要求。

湖北以建材和冶金辅助原料等非金属矿为主，矿山环境问题主要表现为土地、植被资源占用与破坏、地貌景观破坏以及矿山次生地质灾害等。武汉市制定了《矿山环境保护与治理规划（2007—2020年)》，提出了到2010年，武汉市初步建立与生产规模相配套的尾矿库、废矿堆拦石坝等矿山生态环境保护基础设施，矿山"三废"处理率和综合利用率显著提高，全市废气、废水基本达标排放。到2015年，矿山环境保护基础设施进一步完善，矿山闭坑后复垦还绿率达到60%以上；计划到2020年，矿山闭坑后复垦还绿率达到80%，矿山生态环境全面好转。可见，中部六省虽然所面临的矿山地质修复的问题有所差异，但因地制宜采取了不同的环境保护举措。

二　山江湖共治保护流域生态

中部地区是我国地理第一阶梯和第二阶梯的过渡地区，长江和黄河的中游穿过中部地区。长江中游蕴藏着巨大的水能资源。同时，长江中游的水利工程和生态保护工程对长江中下游的安全与水资源供给发挥了重要作用。由于中部地区位于长江、黄河的中游，还有洞庭湖、鄱阳湖等几个大的淡水湖泊，中部地区的大江大湖治理具有特殊性。大江大湖治理一直是中部地区生态环境保护与防灾减灾的重要措施，对中部地区的生态保护具有十分重要的战略意义。

中部地区有着当今世界最大的水力发电工程——三峡水利工程。三峡水电站装机总容量为1820万千瓦，年均发电量847亿千瓦时[1]，产生了巨大的经济效益。水电作为一种清洁廉价的可再生资源替代火电后，产生了巨大的环境效益，每年可少排放二氧化碳1.3亿吨、二氧化硫约300万吨和一氧化碳1.5万吨。除了电力效益和环境效益外，三峡工程还发挥了巨大的生态效益。三峡水库的防洪库容为

---

[1]　周大仁、蒋陆萍：《从荆江分洪到高峡出平湖——湖北水利建设的辉煌成就》，《学习月刊》2011年8月8日。

221.5 亿立方米，可削减洪峰流量达 27000—33000 立方米/秒。[①] 不仅如此，三峡工程可根据水旱形势，调节蓄水和放水，有效缓解下游旱情。三峡工程还可增加长江中下游枯水期流量，改善中下游通航和用水条件。

洞庭湖位于湖南北部，是中国传统农业发祥地，著名的鱼米之乡，是湖南也是全国最重要的商品粮油和水产养殖基地。新中国成立以后，从 20 世纪 50 年代，按照我国提出的"蓄泄兼筹，以泄为主""江湖两利"治理方针，洞庭湖经过治理，蓄洪能力得到保证，曾使长江无数次的洪患化险为夷，江汉平原和武汉三镇得以安全度汛。20 世纪六七十年代，洞庭湖治理得力于群众运动，进行堵支并垸、整治洪道、加固堤防、兴建涵闸等工程建设以及电排建设、田园化建设，逐步完善渠系配套建设等。重点进行防洪蓄洪工程，通过治理尤其在 1996 年、1998 年、1999 年洞庭湖经受住了特大洪水的考验。1998 年特大洪水之后，长江防护林工程、退耕还林工程和洞庭湖水系的水土保护工程相继启动。山、江、湖同步治理，标本兼治，彼此互为协调，成为洞庭湖的治理之道。

鄱阳湖成为长江流域的调节器，水量和水质直接关系到长江中下游地区和全国的生态安全、粮食安全和用水安全。[②] 从 20 世纪 80 年代起，"治湖必治江、治江必治山、治山必治贫"一直是鄱阳湖生态修复的全新发展模式；通过实施"灭荒造林""山上再造"和"跨世纪绿色工程"三大战役，森林覆盖率增长近 1 倍，水土流失面积下降近 2/3，鄱阳湖湖体面积增加百分之四十多。[③] 2009 年 12 月，国务院正式批复《鄱阳湖生态经济区规划》，这标志着鄱阳湖生态经济区建设上升为国家战略。鄱阳湖生态经济区区位优势明显，依托

---

①　https：//baike.baidu.com/item/宜昌三峡大坝/2760491？fr＝aladdin。

②　国务院：《鄱阳湖生态经济区规划》，2009 年 12 月。

③　于少康、袁芳：《鄱阳湖生态经济区土地管理机制探讨》，《资源与产业》2012年第 5 期。

长江，上连湘楚、下通皖江，同时毗邻长江三角洲、珠江三角洲和海峡西岸经济区，向东与沿海经济发达前沿地区相连，向西又可以辐射中西部腹地，是中部地区崛起的重要支点。鄱阳湖生态经济区建设是统筹经济社会发展与生态环境保护的重要战略。

三　系统综合治理生态脆弱区

牢固树立生态文明观念，保护生态脆弱区，有利于维护生态系统的功能性和完整性，是贯彻落实科学发展观，建设美丽中国的必然要求。我国的生态脆弱区主要分布在 21 个省份[1]，中部六省中除河南之外的五省全部处于生态脆弱区。山西是全国水土流失最为严重、生态环境最为脆弱的省份之一。由于山西地处黄土高原，地理条件特殊，水土流失面积约占总土地面积的 70%。脆弱的生态环境和贫瘠的土地严重制约了当地农业经济的发展。同时，水土流失导致大量泥沙沉积，河床逐年抬高，威胁防洪安全。

21 世纪初，山西按照"因地制宜、科学规划、突出重点、有序推进"的原则，大力实施水土保持工程。"十二五"期间，重点对晋北风沙区、吕梁山区和汾河流域等水土流失严重区集中开展水保工程与生态建设，并将水土保持与山区农村持续发展相结合。"十二五"期间，水土流失治理度[2]由 24.2% 提高到 74.5%，植被覆盖率由 22.1% 提高到 34.5%。通过大面积造林种草建果园，广大山区的林草覆盖率大为增加，生态面貌和人居环境得到整体改善。2017

---

[1]　我国生态脆弱区主要分布在北方干旱半干旱区、南方丘陵区、西南山地区、青藏高原区及东部沿海水陆交接地区，行政区域涉及黑龙江、内蒙古、吉林、辽宁、河北、山西、陕西、宁夏、甘肃、青海、新疆、西藏、四川、云南、贵州、广西、重庆、湖北、湖南、江西、安徽 21 个省（自治区、直辖市）。数据来源：中国环境保护部《全国生态脆弱区保护规划纲要》，2018 年，http://www.mee.gov.cn/gkml//hbb/bwj/200910/W020081009352582312090.pdf。

[2]　水土流失治理度：项目建设区内水土流失治理达标面积占水土流失总面积的百分比。

年，山西共完成水土流失治理面积553.31万亩。① 2018年初，山西省政府批复《山西省水土保持规划（2016—2030年）》，该规划要求"牢固树立人与自然和谐共生的理念，尊重自然、顺应自然、保护自然，通过山水林田湖草的系统综合治理，切实改善水土流失地区生产生活条件，加快建设美丽山西"②。通过该规划的实施，在未来10年内，水土流失综合治理区域和生态功能维护提升区域将大幅增加。

湖北土壤侵蚀类型以水力侵蚀为主，水土流失造成江河湖泊淤积，加剧洪涝灾害、旱灾、泥石流等灾害的发生，有些地区造成地表石漠化。2010年以来，湖北实施了丹江口库区及上游水土保持重点防治工程、长江上中游水土保持重点防治工程等国家水土保持重点治理项目。多年来，湖北开展了石漠化治理、农业综合开发、退耕还林、低丘岗地改造、生产建设项目恢复治理等水土保持治理工作，成效显著。③

第三节　资源节约的行动与绩效

中部地区虽然资源丰富、种类多样，但是人口密集，产业开发对资源的需求大，资源型城市众多，导致能源、水资源、土地资源等供需矛盾紧张。近年来，中部地区大力推动资源节约，成效显著，尤其是在能源节约、水资源利用及资源综合利用等方面探索出了中部的特有路径。

---

① 《加强领导　强化措施　推动水土保持工作取得新发展》，2018年4月9日，http：//www. swcc. org. cn/ztbd/qgstc/smjl/28918. html。

② 《山西省水土保持规划（2016—2030年）》，2018年1月20日，http：//www. shanxi. gov. cn/yw/sxyw/201801/t20180120_ 392014. shtml。

③ 《湖北省水土保持公报（2010）》，2011年6月29日，http：//www. hubei. gov. cn。

一　节能减排成效显著

在能源消耗方面，中部六省的单位 GDP 能耗持续下降，如图 6—1 所示。

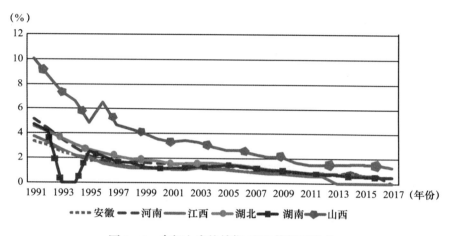

图 6—1　中部六省的单位 GDP 能耗下降率

资料来源：根据各省统计年鉴统计。

其中，湖南加快升级和淘汰落后产能，工业用能节能取得较大成效。"十二五"期间，湖南省单位规模工业增加值能耗累计降低 46.2%，超额完成五年累计下降 18% 的节能目标任务。2015 年，湖南省规模工业增加值能耗同比下降 12.7%，下降率居全国第五位，中部六省第一位。[①]

新中国成立以后，山西基于资源禀赋优势被确立为国家重要的煤炭生产基地，累计为国家贡献了超过百亿吨的原煤，在我国以煤为主的能源结构中起到十分重要的作用，但是由于煤炭资源的大规模、高强度开发与利用，山西的能源生产结构十分单一，经济发展

[①]　《湖南工业超额完成节能任务　能耗下降率居中部第一》，2016 年 6 月 5 日，http：//hn. people. com. cn/n2/2016/0605/c195194－28458147. html。

陷入困境。"十一五"和"十二五"期间,山西积极践行节能减排和生态文明建设,大力推动煤炭等传统产业安全、高效、清洁、低碳发展,煤层气等新兴产业快速发展,全省能源生产结构逐渐多元化。在一次能源生产构成中,2017 年,原煤占比较 1978 年下降1.93 个百分点,煤层气占比较 1980 年提高 0.79 个百分点,一次电力及其他能源占比提高 1.06 个百分点。"十二五"以来,山西风电、光电等清洁能源快速发展,占比不断提高,电源结构持续优化。全省发电装机容量中火电占比由 1978 年的 92% 下降为 2017 年的78.86%。2017 年,山西每万元 GDP 能耗较 2005 年累计下降44.67%,年均下降 4.32%,年均节能 1200 万吨标煤。[①]

二　水资源利用效率不断提升

我国人均淡水资源仅为世界人均量的 1/4,居世界第 109 位。中国已被列入全世界人均水资源匮乏的 13 个国家之一。中部地区的水资源分布南北差异显著和城乡差异大,北部的山西降水季节性分布不均匀,加上水土流失问题严重,地表涵养水源能力差,季节性缺水问题严重;南部的湖南和湖北,主要表现为城乡水资源差异和水污染造成的结构性缺水及大城市供水问题突出。

在水资源消耗方面,中部六省的万元工业增加值水耗持续下降。中部六省中,河南多年平均水资源量是 413.4 亿立方米(包括地下水和地表水),人均水资源量 420 立方米左右,相当于全国平均水平的 1/5 和 1/6[②],属于严重缺水省份,存在地下水超采严重、水资源利用效率低和水污染严重等水资源问题。新中国成立以来,河南陆续建成了一批防洪、防涝、灌溉和城镇供水工程,取得了显著的经

---

① 山西省统计局:《改革开放 40 年山西经济社会发展成就系列报告》,2018 年 10月 25 日。

② 《水资源》,http://www.hnsl.gov.cn/sitegroup/root/html/ff808081479f82780147af573262337d/bfc256f4accd4f13b45fe86f1ff9055d.html。

济效益和生态效益。南水北调中线工程流经河南境内，河南省淅川县九重镇为南水北调中线工程起点，在水资源流向我国华北主要水资源紧张地区的同时，河南的南阳、平顶山、许昌、郑州、焦作、新乡、鹤壁、安阳等地也同样为受水地区。2014 年，南水北调中线工程正式通水，缓解了河南的水资源紧张问题。

2013 年，湖北确立水资源开发利用控制红线、用水效率控制红线和水功能区限制纳污红线。计划到 2030 年，全省用水总量控制在368.91 亿立方米以内，万元工业增加值用水量和农田灌溉水有效利用系数达到国家规定要求。①

三　资源综合利用技术不断创新

中部地区矿产资源丰富，对矿产伴生资源的综合利用是中部地区崛起的重要环节。国务院《关于大力实施促进中部地区崛起战略的若干意见》也曾提出，"推进资源节约型和环境友好型社会建设试点。深入实施武汉城市圈、长株潭城市群资源节约型和环境友好型社会建设综合配套改革试验总体方案。大力支持山西资源型经济转型综合配套改革试验区建设"②。此外，尾矿、煤矸石、粉煤灰、冶炼渣、工业副产石膏等大宗工业固废的综合利用也曾是困扰中部地区的难题。近年来，我国加强了工业固废综合利用技术的开发与应用，以山西朔州粉煤灰综合利用为例，粉煤灰提取氧化铝技术，粉煤灰制造氮氧化物耐火材料、碳金家具、地板砖及各种装饰材料技术，粉煤灰制造蒸压砖和砌块技术等的技术路径都比较成熟，在大宗粉煤灰综合利用地区具有较大的推广价值和示范效应。

---

① 《湖北省人民政府关于实行最严格水资源管理制度的意见》，2013 年 8 月 9 日，http：//www.hubei.gov.cn/govfile/ezf/201308/t20130809_ 1032618.shtml。

② 国务院：《关于大力实施促进中部地区崛起战略的若干意见》，2012 年 8 月。

第四节 污染防治的行动与绩效

中部地区分布着众多大型城市群，也承接了东部地区的许多重化工产业的转移，也是我国重要的粮食主产区。中部的重工业发展和人口密集的城市群，曾经是中部地区大气污染、水污染和土壤污染的主要污染源，造成了比较严重的污染问题。改革开放以来，中部地区开展源头治理、多措并举，生态环境治理与经济发展并重，在污染的防治方面取得了显著成效。

一 城市群大气污染防治成效显著

加强大气污染防治、改善环境空气质量也成为中部的重要问题。中部地区分布着以中原城市群、武汉城市圈、环长株潭城市群、环鄱阳湖城市群为主体形成的特大型城市群。这些大型城市群虽然是地区经济的重要增长极，但是也造成了严重的大气污染。近年来，大气污染的日益严重，对大气污染防治的投入也日益增大。

中部地区各省积极实施国务院发布的《大气污染防治行动计划》，开展空气质量改善专项行动，推进区域间大气污染联防联控，大气污染防治效果较为明显，大气环境质量稳中趋好。2016年山西、安徽、江西、河南、湖北、湖南空气质量优良天数比例均值分别为67.9%、74.3%、86.1%、53.6%、73.4%和81.3%，除了河南空气质量相对较差，其他省份空气质量都比较好。①

近年来，在大力推进大气污染治理措施的背景下，河南作为大气污染较为严重的省份，大气环境质量改善明显。为深入推进大气污染防治攻坚战，确保河南环境空气质量持续改善。2019年初，河南生态环境厅印发了《河南省2019年非电行业提标治理方案》等六

---

① 资料来源于各省环境状况公报。

个专项方案，明确了 2019 年河南工业大气污染治理重点任务。该方案要求河南符合条件的钢铁、焦化、水泥、碳素（含石墨）、平板玻璃（含电子玻璃）、电解铝六大行业企业，要在 2019 年底前，完成提标治理，达到规定限值范围，持续减少污染物排放总量。

二　源头治理重点流域水污染

中部地区水污染问题严重，存在受污染河段长、污水处理利用率低、污染程度严重等问题。

近年来，我国十分重视中部地区的水污染治理。污水处理和垃圾处理是水污染治理的两大重点问题。在长江、黄河、淮河、湘江、鄱阳湖、洞庭湖、巢湖等中部地区的重点区域，水污染问题得到了有效解决。山西狠抓工业污水防治，提效改造废水治理设施，强化城镇生活污水治理和农业农村污水治理，汾河、桑干河流域全面消除黑臭水体。河南加强南水北调中线工程河南段的水质监测和风险防控，落实日常巡查、工程监管、污染联防、应急处置等管理制度，保障"一渠清水永续北送"。湖南一直认真实施《湘江流域水污染防治实施方案》，推进区域污染治理，特别是株洲清水塘、湘潭竹埠港、衡阳水口山、郴州东江湖库区等重点区域的环境综合整治。经过多年努力，水污染治理成效显著。据监测资料，2017 年，湖南地表水水质总体为优，345 个省控监测断面 Ⅰ—Ⅲ 类水质比例为 93.6%。[①]

三　多措并举开展土壤污染治理与修复

除山西外，河南、安徽、湖南、湖北和江西均为我国粮食主产区，为我国粮食安全做出了重要贡献。但是，21 世纪以来，随着工业化进程的不断加快，土壤污染也日益严重，主要原因包括矿产资

---

① 《2017 年湖南省环境质量状况》，2018 年 3 月 6 日，http：//sthjt. hunan. gov. cn/xxgk/zdly/hjjc/hjzl/hjzlgb/201803/t20180306_ 4967260. html。

源的不合理开采、污水灌溉、大气沉降、化肥和农药的施用等。中部地区的土壤污染直接影响中部粮食主产区的产量及我国粮食安全，为此，中部地区在土壤污染治理与修复方面做出了积极的探索与努力。

我国中部地区土壤污染防治采取了科学污水灌溉、合理使用农药和化肥、适当施用化学改良剂等措施。湖南作为"有色金属之乡"，也同时面临重金属污染的问题。2011 年，国务院批复《湘江流域重金属污染治理实施方案》，通过化工企业停产搬迁、废水处理、废渣处理、土壤修复及建筑垃圾处理等措施，投资建设重金属污染土壤修复处理中心和建筑垃圾再利用中心等项目，完成大量污染土壤修复，湘江流域重金属污染已见成效。

第五节　启示与展望

一　中部生态文明建设的启示

（一）产业结构偏重，绿色转型的成本增加

中部六省中，工业特别是对资源、能源消耗高的六大高耗能产业占比较高，而这些高耗能产业大多是国民经济的支柱产业。近年来，过快的能源结构和产业结构调整对经济产生了显著冲击，也引发就业安置、居民收入、地方财政收入等一系列社会经济问题，中部地区承受经济转型阵痛。一方面淘汰落后产能、压减过剩产能、环境污染治理致使企业关停限产，流失税收收入；另一方面需要增加财政支出鼓励企业淘汰落后产能，加大清洁能源补贴，补偿社会损失，财政承受一加一减两方面的压力。财政收入减少，政府可动用资金用于补偿损失、鼓励产业转型的能力就受到影响，形成相互削减的循环作用。

（二）实现生态转型发展的资金支持不足

财政依靠高能耗、资源型产业与环境保护以及实现绿色、低碳

发展资金不足的矛盾日益凸显。中部地区一方面迫切需要引进高技术产业和现代服务业，为此制定了许多优惠政策，需要财政支持；另一方面财政收入又来自高耗能企业的税收，要实现清洁绿色低碳发展，这些企业就要关停或转产，增加财政投入与财政收入减少的矛盾突出。

（三）政绩考核制约生态文明建设的相关制度，有待完善

应彻底改变唯 GDP 考核的体制，建立生态文明建设目标评价考核和干部问责追责制度，这既是生态文明制度体系的重要组成部分，也是生态文明建设的重大举措和制度创新，对于推动生态文明建设具有重要意义。

二　中部生态文明建设的展望

和中国东部发达省份相比，生态良好是中部地区较大的优势。未来应结合中部地区的资源禀赋、自然环境特点及环境容量，调整产业结构，选择发展绿色低碳产业。同时，优化产业布局，严格按照国家主体功能区划要求，按流域或区域编制中部地区产业发展规划，严格限制有损于生态环境的产业扩张，研究并探索经济发展与生态保护双赢的绿色发展模式。对于中部地区重工业偏重的现状，应着力打造绿色产业体系，加快构建以先进制造业、高新技术产业和现代服务业为主导的现代生态产业体系，实现信息化和工业化深度融合。中部地区作为农业大省的集中区，应进一步全面打造农业清洁生产，发展循环农业，大力发展生态养殖、生态旅游等农业附加值高的产业，同时还应加快实施绿色产业工程。江西着重加强对鄱阳湖、"五河"流域等重点水系的保护力度，加快开展鄱阳湖流域湿地生态修复等重点工程；安徽要大力建设长江防护林工程，构建皖江城市带和合肥经济圈绿色生态屏障，构建皖西大别山水资源保护绿色生态屏障和皖南山区绿色生态屏障。山西继续推进退耕还林、天然林保护建设、"三北"防护林建设、防沙治沙及低质低效公益林和灌木林改造等生态工程建设；河南着重加大南水北调中线保

护力度；湖北要重点落实长江大保护要求，构建沿江生态廊道；湖南统筹推进山水林田湖草生态环境保护与修复工程，加大对洞庭湖流域的保护力度，构建以湘江、资江、沅江、澧水四条河流为脉络的"一湖三山四水"生态安全屏障。

第 七 章

西部地区生态文明建设

西部地区是我国重要的生态屏障，拥有多元的生态环境。由于改革开放前的粗放开发和缓慢发展，西部地区的生态环境遭受了和中国其他地区相似但程度不同的环境破坏和污染，生态环境压力亟须得到释放和疏导。这类环境压力主要来自经济发展、人口增长与环境的长期不协调。在中国特色社会主义理论体系指导下，西部进入新兴的发展状态。为缓解东西部差距，国务院于2001年确立了西部大开发战略。环境问题来源于发展问题，生态环境是一项重要的生产力，保护生态环境就是保护生产力，改善生态环境就是发展生产力。① 所以《西部开发重点专项规划》明确要求西部地区的生态环境要在5—10年内取得突破性进展。② 在国家确立西部大开发战略这一指导西部发展的方针之后，西部地区开始重视对环境的保护和修复。③

---

① 《习近平：建设美丽中国，改善生态环境就是发展生产力》，2016年12月1日，http://cpc.people.com.cn/xuexi/n1/2016/1201/c385476-28916113.html。

② 《西部开发重点专项规划》，2019年6月17日，http://www.gov.cn/gongbao/content/2001/content_60854.html。

③ 由于政策重视以及一些政策工作开展的年份集中在20世纪90年代以后（例如1998年的天保工程），此阶段以后的生态环境相关数据丰富起来。

第一节   概述

从新中国成立初期到现在，西部地区行政范围由于生产和发展的需求产生了数次变化。1986 年首次提出东部、中部、西部的划分。此时西部地区包括四川、贵州、云南、西藏、陕西、甘肃、青海、宁夏和新疆 9 省（区）。1997 年设重庆市为直辖市并划入西部地区。2000 年 10 月，由于内蒙古和广西人均国内生产总值与西部 10 省（市、区）平均水平相当，考虑到两者的经济发展需要，国家将其纳入西部行政区划，享受国家西部大开发的优惠政策。西部地区由此形成了 "6 +6" 模式（省、市及区）。

一   西部行政区划

西部地区是国家从经济发展目标以及地理区域等特征划定的一个区划概念，共包含四川、云南、贵州、西藏、重庆、陕西、甘肃、青海、新疆、宁夏、广西、内蒙古 12 个省、市、区。其中四川、云南、贵州、西藏、重庆以及广西在地理位置上连绵一片，称为西南地区；陕西、甘肃、青海、新疆、宁夏、内蒙古毗邻，称为西北地区。西部地区总面积达 687. 16 万平方千米①，占全国国土面积的 71. 58%。

西南地区是我国贫困人口相对集中的区域，同时又是长江经济带的重要生态屏障，保持这一地区良好的生态环境和经济可持续发展，不仅对西部大开发有着重要的战略意义，而且还间接地影响到华中地区和华东地区生态环境和经济的良性发展。相比于西南地区，西北地区常被称为经济后发区。西北地区拥有辽阔的土地和丰富的自然资源，战略地位极为重要，也是我国的重要生态屏障。

---

① 西部地区土地面积数据来源于中国经济社会大数据研究平台以及各省份年鉴。

二　自然地理与气候条件

西北地区面积为426.73万平方千米，约占全国面积的42.35%。西北六省区地域毗连，均处于我国内陆和亚欧大陆腹地，由于深居内陆和高原、山地的阻挡，暖湿气流难以进入致使本区降水稀少。除个别地区外（如陕西南部和关中平原），多属温带大陆性干旱和半干旱气候，其中宁夏历年降水量为西北各省平均最低，内蒙古最高。西北地区多是黄土高原、戈壁沙滩、荒漠草原等地理地貌，生态环境极其脆弱。西北地区拥有丰富的矿藏资源（煤、石油和天然气储量大）和广袤的草原植被，宁夏吴忠一带黄河灌区被称为"塞上江南"。青海雄踞世界屋脊青藏高原的东北部，三江源更是拥有"中华水塔"之称，在生态环境发展中受到了格外的重视和保护。

西南地区面积为260.44万平方千米，占全国面积的27.13%。六省区在我国阶梯状地势中位于二、三级阶梯，西藏和云南拥有丰富的水系，西藏更是被称为亚洲水塔，孕育了丰富的水资源。其中西藏年降水量最高，其次是四川和云南，二者降水量较为接近，西南地区总体呈现出雨水丰润的特点。

三　经济发展情况

（一）西北地区的经济结构以资源型工业和传统农牧业为主

工业则以煤炭开采、石油开采和有色金属冶炼为主；农牧业则以灌溉农业、绿洲农业和畜牧业为主。新中国成立之初，西部地区承担了为国民经济提供自然资源和原材料的重要任务，生态脆弱性和环境保护在发展经济、"三线"建设的时代背景下受到忽视。改革开放40多年以来，西部地区的社会经济获得了长足发展。西北地区一些省份的经济发展速度明显提升，例如，就GDP总量来看，陕西和内蒙古2003年之后在西北地区处于领先地位，陕西2016年的

GDP 超过了 2 万亿元，而甘肃人均 GDP 位于西北地区最低位置。就人均 GDP 来看，2003 年之后，内蒙古超过陕西，在西北地区人均 GDP 中最高（见图 7—1）。

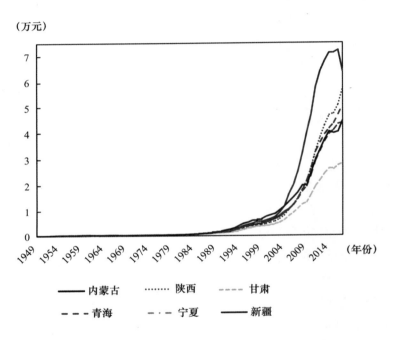

图 7—1　1949—2017 年西北地区人均 GDP

资料来源：EPS（Economy Prediction System）数据平台。

（二）西南地区经济发展的省际差距大[①]

2016 年，四川 GDP 为 32680.5 亿元，西藏 GDP 为 1150 亿元，重庆 GDP 为 17558.76 亿元，云南 GDP 为 14869.95 亿元，贵州 GDP 为 11734.43 亿元。就总体经济发展趋势来看，四川的经济发展表现较为突出。2017 年四川的 GDP 超过了 3.5 万亿元，贵州、西藏常年为最后。

---

① 周萌萌：《西南地区经济发展水平的测度与省际差异分析》，硕士学位论文，贵州大学，2015 年。

2003 年以后，重庆人均 GDP 超过四川，为最高（见图 7—2）。

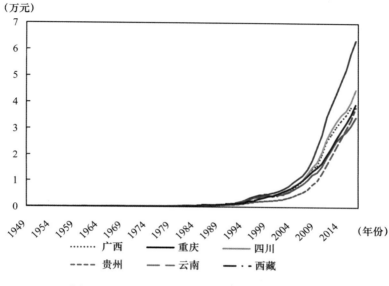

图7—2　1949—2017 年西南地区人均 GDP

资料来源：EPS（Economy Prediction System）数据平台。

第二节　生态保护的行动与绩效

　　生态保护是生态文明建设工作的重点领域。通过生态保护进一步促进了人与自然的和谐，推动生态文明建设。由于东部重化工等产业向西部的转移，西部生态环境压力不可避免地增加。追求经济效益并且较少关注生态效益的落后发展方式与理念，导致西部地区生态环境恶化，自然资源浪费严重，可持续发展能力低下。为了修复和维持生态生产力，地方政府先后开展了一系列针对西部生态退化的治理与决策、大规模的生态保护和恢复行动。

一　重大生态建设工程——以天保工程为例

新中国成立以来，历数西部地区的重点生态建设工程，其中有
1998 年开展的天然林资源保护工程（天保工程）、1999 年启动的退
耕（牧）还草还林工程、京津冀防沙治理工程和划定自然保护区等
一系列工程。天然林资源保护工程从 1998 年开始在长江上游、黄河
中上游、东北、内蒙古等地区试点，2000 年 10 月正式启动，工程建
设范围涵盖黄土高原地区的 18 个省份。1999—2017 年西北地区天保
工程累计造林面积为 6180 亿公顷，各省份投资额如图 7—3 所示。

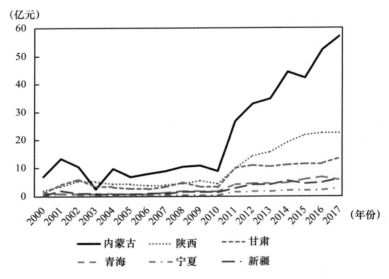

图 7—3　2000—2017 年西北地区天保工程投资额

资料来源：EPS（Economy Prediction System）数据平台。

由于气候条件限制，西北地区林木绿化率低于西南地区。地区
发展对良好生态环境的需求提升，西北地区各省份天然林种植面积
总数远多于西南地区。其天保工程累计造林面积为 3313.34 亿公顷，
内蒙古多年来总数保持第一。西北地区各省份的林木种植趋势相近，

受国家政策影响表现出一致性。各省份林木种植在 2001 年迅速抬升又迅速下落，2005 年后保持小范围内的波动。内蒙古的波动剧烈，其他省份则较为稳定。西北地区各省份的天保工程资金投入也形成了明显的差距。内蒙古成为最大投入地区，其次是陕西。2017 年，西北地区投入总额为 107.33 亿元。

　　1999—2017 年西南地区的天然林种植面积累计为 2866.68 亿公顷。相比于西北地区，西南地区天保工程的种植面积较小，这是由西南地区雨水条件丰厚、植被茂密的特点决定的。2017 年，西南地区天保工程资金投入达 83.35 亿元（缺失广西数据，见图 7—4）。

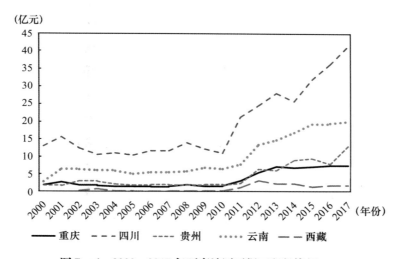

图 7—4　2000—2017 年西南地区天保工程投资额

资料来源：EPS（Economy Prediction System）数据平台。

案例　退耕还林还草与农民生计

　　实行退耕还草还林改善生态环境是西部大开发战略的切入点，关系重大，其功用也决定了工程的长期性，更需要遵守发展规律和自然规律。

　　世界粮农组织援助项目——宁夏西吉退耕还林工程，投资 9600

万元，1985 年成果颇丰，但没有结合农民的生计问题，导致 2000 年时，80% 的林草地又被开垦为坡耕地，造成水土流失。

宁夏西吉案例的失败，表明种草种树并不直接等于生态文明建设，林草建设不能孤军奋战，还需要通过政策、经济、地理环境、文化以及历史背景等多方面的共同作用，系统地改善环境、利用好改善后的环境来促进经济发展，才能化解生态环境和经济发展的矛盾，经济与环境的良性发展才能实现生态文明。

（资料来源：延军平：《中国西北生态环境建设与制度创新》，中国社会科学出版社 2004 年版）

二 生态示范区建设成果

2001 年 11 月 26 日，《全国生态环境保护纲要》首次提出"维护国家生态安全"。2003 年开始，为了配合可持续发展战略的要求，我国形成了建设生态示范区、生态省（市、县）、生态文明建设试点的思路，并进一步缩小行政单元尺度，形成了生态省、生态市、生态县、生态乡镇和生态村的生态建设层次。截至 2016 年 10 月，环境保护部授予"全国生态市"的地区已达 110 余个。生态市的核心是发展循环经济和生态产业，西部地区仅四川、陕西和新疆有生态市（区、县）。2011 年 8 月 12 日，国家发展改革委、财政部及国家林业局发布《关于开展西部地区生态文明示范工程试点的实施意见》，生态文明示范工程试点优先在西部限制开发区域中人口、资源、环境条件较好，产业结构比较合理，转变经济发展方式和优化消费模式具备一定基础的市、县实施。[1] 此项试点按照市级 300 万元、县级 200 万元的标准进行工作经费补助。

总体上西南地区的生态条件优于西北地区，西南地区的生态示范

---

[1] 国家发展改革委、财政部、国家林业局：《关于开展西部地区生态文明示范工程试点意见通知》，2011 年 8 月 22 日，http://www.mof.gov.cn/zhengwuxinxi/zhengcefabu/201108/t20110822_587854.htm。

区试点数目也多于西北地区（见图7—5）。我国1996—2004年，每年都进行生态示范区试点的选拔和建设，共建成了九批生态示范区试点。西部地区中四川以38个示范区领先其他省份，云南、陕西以及内蒙古均超过15个。四川的生态环境在西部地区处于领先地位。

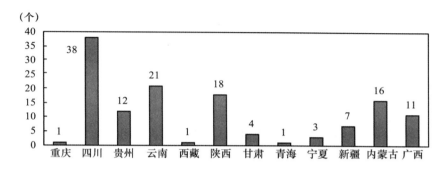

图7—5　西部地区生态示范区试点数目

从全国占比来看，西部地区的全部生态示范区个数占全国的25.5%，随着生态文明建设工作深入推进，西部地区作为国家生态战略的地位和意义凸显，需要国家给予一定的政策倾斜，以支持西部生态环境建设工作。

三　生态功能区划、生态保护红线等重要政策

进入21世纪，我国生态保护工作得到了迅速发展。2007年11月22日，《国家环境保护"十一五"规划》把自然保护区、重要生态功能区和生态脆弱区保护列为保护生态环境、提高生态安全保障水平的核心任务。2009年，相关会议形成了《关于加强中国西部地区生态文明建设的若干建议》，提出坚持从战略高度重视西部生态文明建设。① 2011年国务院印发《全国主体功能区规划》。

① 生态环境部：《西部生态文明建设暨绿色陕西高峰论坛举办推动经济发展走向低碳化》，2009年12月18日，http：//www.mee.gov.cn/xxgk/hjyw/200912/t20091218_183152.shtml。

《全国生态功能区划》（2010 年）提出了 50 个国家重要生态功能区，西部地区有 21 个生态功能区，占总数的将近一半。2015 年 10 月，党的第十八届中央委员会第五次全体会议同样提出"牢筑生态安全屏障，坚持保护优先、自然恢复为主"的生态建设目标。

西部生态文明建设规章制度包括划定生态保护红线、环境保护管理制度、生态保护补偿机制等内容。2013 年党的十八届三中全会通过的《中共中央关于全面深化改革若干重大问题的决定》中，将划定生态保护红线作为加快生态文明制度建设的重点内容。会议明确要求全国各省份划定生态保护红线。2015 年 5 月，四川环保厅发布《关于划定生态保护红线的指导意见》。重点生态功能区保护红线、生态环境敏感区和脆弱区保护红线、生物多样性保护红线。宁夏第十二届人民代表大会常务委员会审议通过《宁夏回族自治区生态保护红线管理条例》，自 2019 年 1 月 1 日起，在生态保护红线内从事违规开发活动或破坏、侵占生态保护红线的，将最高处以 50 万元罚款。生态红线相关的法规也在各省份铺开。

党中央、国务院先后发布《关于加快推进生态文明建设的意见》和《生态文明体制改革总体方案》，对生态文明建设和环境保护做出一系列重大安排部署，要求加快补齐生态环境短板，将生态环境质量总体改善作为全面建成小康社会目标。西部地区各省份通过相应的立法以及行动进行政策响应（见表 7—1）。

表 7—1　　　　　　　　西部地区各省份生态规划纲要

区划	地区	规划纲要名称	发布时间
西南	重　庆	《关于加快推进生态文明建设的意见》	2014 年
	四　川	《四川省生态建设规划纲要》	2006 年
	贵　州	《贵州省生态文明建设促进条例》	2014 年
	云　南	《七彩云南生态文明建设规划纲要（2009—2020年）》	2009 年

区划	地区	规划纲要名称	发布时间
西南	西藏	《西藏生态安全屏障保护与建设规划（2008—2030年）》	2009年
	广西	《生态广西建设规划纲要》	2007年
西北	陕西	《"十三五"生态环境保护规划》	2017年
	甘肃	《甘肃省加快转型发展建设国家生态安全屏障综合试验区总体方案》	2014年
		《中共甘肃省委关于贯彻落实〈中共中央关于全面深化改革若干重大问题的决定〉的意见》	2014年
		《甘肃省生态保护与建设规划（2014—2020年）》	2015年
		《甘肃省加快推进生态文明建设实施方案》	2016年
	青海	《青海省创建全国生态文明先行区行动方案》	2013年
		《青海省生态文明制度建设总体方案》	2014年
		《生态文明建设促进条例》	2015年
		《贯彻落实〈中共中央国务院关于加快推进生态文明建设的意见〉的实施意见》	2015年
	内蒙古	《金融支持内蒙古生态文明建设指导意见》	2014年
		《关于加快推进生态文明建设的实施意见》	2015年
	新疆	《新疆环境保护规划（2018—2022年）》	2018年
	宁夏	《宁夏生态保护与建设"十三五"规划（修订本）》	2018年

资料来源：根据中国社会科学院生态文明研究智库编《中国生态文明建设年鉴（2016）》和地方政府网站资料整理。

四　山水林田湖草生态保护修复试点

山水林田湖草生命共同体是生态文明理论体系的核心内容。2017年10月党的十九大报告首次提出经济建设、政治建设、文化建设、社会建设、生态文明建设"五位一体"总体布局。习近平总书记强调"建设生态文明是中华民族永续发展的千年大计","统筹山水林田湖草系统治理……坚定走生产发展、生活富裕、生态良好的文明发展道路"。伴随着顶层设计理念的提出，地方试点工作也跟进展开。2016—2018年，财政部、国土资源部、环境保护部发布了试点城市，指出"加快山水林田湖生态保护修复，实现格局优化、系统稳定、功能提升，关系生态文明建设和美丽中国建设进程，关系国家生态安全和中华民族永续发展"。

《关于推进山水林田湖生态保护修复工作的通知》要求按照山水林田湖是一个生命共同体的理念，对山上山下、地上地下、陆地海洋以及流域上下游进行整体保护、系统修复、综合治理，真正改变治山、治水、护田各自为政的工作格局。其中提到山水林田湖生态保护修复一般应统筹五个重点内容，即矿山环境治理恢复、土地整治与污染修复、生物多样性保护、流域水环境保护治理和全方位系统综合治理修复。试点政策明确了整合财政和政策资金，主要支持影响国家生态安全格局的核心区域、关系中华民族永续发展的重点区域和生态系统受损严重、开展治理修复最迫切的关键区域开展生态环境保护及修复工作。试点资金来自专项转移支付中的"国土海洋气象支出"，每个项目获得至少20亿元的中央财政补助。① 2016—2018年，共有23项地方项目被列入国家试点，其中西部省份有9个，占到了39%（见表7—2）。通过试点，许多西部地区的脆弱生态区得到了国家政策资金的支持和地方政府的重视。

表7—2　　　　西部地区三批山水林田湖草生态保护修复试点项目

年份	全部试点数目	西部地区的试点省份	项目内容
2016	6个	陕西 甘肃	黄土高原 祁连山

① 财政部：《关于推进山水林田湖生态保护修复工作的通知》，2016年9月30日，http://jjs.mof.gov.cn/zhengwuxinxi/zhengcefagui/201610/t20161008_2432147.html。

续表

年份	全部试点数目	西部地区的试点省份	项目内容
2017	7 个	云南 广西 四川 青海	抚仙湖流域 左右江流域 广安华蓥山区 祁连山区
2018	10 个	内蒙古 新疆 重庆	乌梁素海流域 额尔齐斯河流域 长江上游生态屏障（重庆段）

资料来源：根据中央人民政府网站（http：//www. gov. cn）相关资料整理。

五　西部生态文明与气候变化

基于中国国情，适应气候变化，是中国生态文明建设和经济社会发展规划的基本要求。党的十八大报告明确提出应对全球气候变化，构建科学合理的城市化格局、农业发展格局、生态安全格局。中国经济发展的"四大板块"（东部、中部、西部和东北地区）和"三个支撑带"（一带一路、长江经济带、京津冀）战略组合，为适应规划的宏观布局提供了战略指南。2013 年 11 月发布的《国家适应气候变化战略》将全国重点区域划分为城市化、农业发展和生态安全三类适应区，要求尽快推进适应规划工作。[1]

西部地区作为国家重要的生态战略区，生态环境具有多样性和脆弱性，受到长期气候变化的影响较为显著。研究表明，相比东部地区，西部地区的气候敏感性更高，适应能力更低，因而气候变化脆弱性最高的省份也大多集中在西部地区，例如宁夏、甘肃、贵州等省份。气候敏感性主要体现在农林等基础部门的比重大、气候灾

---

[1]　《国家适应气候变化战略》，2013 年 11 月，http：//www. mof. gov. cn/zhengwuxinxi/zhengcefabu/201312/P020131209533290709659. pdf。

害影响人口多、经济损失大等方面。适应能力包括人力资本素质，以及与适应相关的农林水利、气象、医疗、环保等基础设施投资比重。由于西部地区生态环境敏感，发展基础薄弱，地方政府面临着发展赤字和适应赤字的双重挑战，亟须加强科技、教育、健康、防灾减灾、扶贫、生态保护等发展型适应投入，同时应当关注气候变化对资源环境和人口承载力的制约作用，在生态文明建设中积极趋利避害，提升适应气候变化的能力和意识。①

　　生态文明代表了我国对协调整体发展和生态环境关系的更高层面的认识。由于生态环境受到气候变化的直接影响，《国家适应气候变化战略》针对西部适应气候变化给出了建议：限制缺水城市的无序扩张和高耗水产业发展，保护并合理开发利用水资源，采用透水铺砖，建设下沉式集雨绿地，补充地下水，促进节水型城市建设；合理考虑城市建设和人口布局，宜建则建，宜迁则迁；加强西北地区城市周边防风固沙生态屏障建设等。

　　2017年2月，"气候适应型城市试点工作"启动，西部地区的一些城市积极申报了气候适应型城市试点项目，分别是内蒙古自治区呼和浩特市，广西壮族自治区百色市，四川省广元市，贵州省六盘水市、毕节市（赫章县），陕西省商洛市、西咸新区，甘肃省白银市、庆阳市（西峰区），青海省西宁市（湟中县），新疆维吾尔自治区库尔勒市、阿克苏市（拜城县），新疆生产建设兵团石河子市，一共13个，占到全部试点的一半。为了支持城市试点工作，中国社会科学院城市发展与环境研究所与国家气候中心联合开展研究，选择全国290多个地级及以上城市，以暴雨作为致灾危险度，对我国城市应对暴雨的韧性能力进行了评价，并区分了韧性城市、低风险城市、脆弱型城市、高风险城市四类。其中，气候适应型试点中的脆弱型城市、高风险城市两个类别占到全部城市的90%以上，亟须通

---

① 郑艳、潘家华、谢欣露、周亚敏、刘昌义：《基于气候变化脆弱性的适应规划：一个福利经济学分析》，《经济研究》2016年第2期。

过试点项目加强政策扶植以便"雪中送炭"。①

第三节　资源节约的行动与绩效

　　资源节约是我国"十一五"时期提出的两型社会——资源节约型和环境友好型社会的部分工作内容，也是探索建设生态文明环保新道路的具体措施。节能减排就是节约能源、降低能源消耗、减少污染排放。2011 年，我国将主要污染物减排作为约束性指标纳入《中华人民共和国国民经济和社会发展"十二五"规划纲要》。随后相继出台了《"十二五"节能减排综合性工作方案》《节能减排"十二五"规划》，明确了节能减排的目标要求、主要任务、重点工程以及保障措施等。西部各省份编制本省份的"十二五"节能减排综合性工作方案及相关规划和实施意见（见表7—3）。进入"十三五"规划阶段，不少省份出台了新的节能减排规划纲要和工作方案。重庆、贵州、云南、甘肃、宁夏、新疆等地均出台了相关文件，通过对资源的硬性约束取得了一定的节能减排成效。例如，2016 年甘肃单位 GDP 用水量和单位工业增加值用水量年均分别下降 2.67 个和1.74 个百分点等。

表7—3　　　　　　　　　　各省份节能减排相关规章

区划	地区	节能减排相关规章文件
西南	重　庆	《重庆市"十二五"节能减排综合性工作方案》《重庆市公共机构节约能源资源"十三五"规划》

---

　　①　郑艳、翟建青、武占云、李莹、史巍娜：《基于适应性周期的韧性城市分类评价——以我国海绵城市与气候适应型城市试点为例》，《中国人口·资源与环境》2018年第 3 期。

续表

区划	地区	节能减排相关规章文件
西南	四　川	《四川省"十二五"节能减排综合性工作方案》《四川省节能减排综合工作方案（2017—2020 年）》
	贵　州	《贵阳市蓝天保护计划（2014—2017 年）》《贵阳市碧水保护计划（2014—2017 年）》《贵阳市绿地保护计划（2014—2017 年）》
	云　南	《云南省"十二五"低碳节能减排综合性工作方案》《"十二五"主要污染物总量减排考核实施办法》《云南省"十三五"节能减排综合工作方案》
	西　藏	《西藏自治区"十二五"节能减排综合性工作实施方案》《西藏自治区"十三五"节能减排规划暨实施方案》
	广　西	《广西"十二五"节能减排综合方案》《广西节能减排降碳和能源消费总量控制"十三五"规划》①
西北	陕　西	《陕西省"十二五"节能减排综合性工作方案》《陕西省"十三五"节能减排综合工作方案》
	甘　肃	《甘肃省"十三五"节能减排综合工作方案》
	青　海	《青海省"十三五"节能减排综合工作方案》
	宁　夏	《宁夏回族自治区"十三五"节能减排综合工作方案》
	新　疆	《关于印发新疆维吾尔自治区"十三五"节能减排工作的实施意见》
	内蒙古	《内蒙古自治区节能减排"十三五"规划》《内蒙古自治区交通运输厅落实国务院"十二五"节能减排综合性工作方案的实施意见》

资料来源：根据中国社会科学院生态文明智库编《中国生态文明建设年鉴（2016）》整理。

---

① 《广西节能减排降碳和能源消费总量控制"十三五"规划》，2017 年 7 月 11 日，http://www.hbzhan.com/news/detail/dy118475_p10.html。

一　水资源节约情况

21世纪以后，短短十几年，全国进入一个高速发展时期，生态文明建设也进入高涨阶段，各地区狠抓节水节能工作。西北地区除陕西外，其余各省份节水量均控制在了1.5亿立方米以内，陕西在2015年和2016年的节水量达到最高，西北地区各省份的工业用水重复利用率较为接近（见图7—6），各省份之间的节水能力差距不大，内蒙古在节水利用上的表现较为突出。

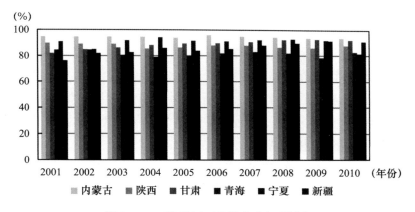

图7—6　西北地区工业用水重复利用率

资料来源：EPS（economy prediction system）数据平台。

西南地区的四川节水量最高，与西北地区的陕西相近，约4.5亿立方米。除贵州在2004年有比较大的节水量之外，其他各省份的节水量也相对平稳。通过对比可以看出，西部地区的用水都比较吃紧，节水空间相对有限。西南地区各省份工业用水重复利用率差异大（见图7—7），但重复利用率都在逐年增长。其中重复利用率最高的是贵州，超过90%；西藏重复利用率最低。整体对比，西南、西北地区节水效率差距较大。

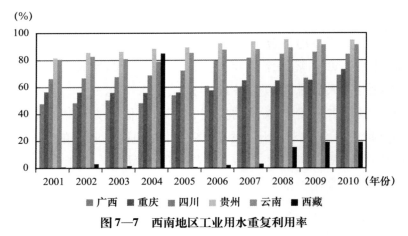

图7—7   西南地区工业用水重复利用率

资料来源：EPS（economy prediction system）数据平台。

二 能源节约情况

能源消耗强度是指万元GDP所耗用的能源数量，揭示对能源利用的社会经济效益。能源消耗强度越低代表单位能源的GDP产出越高，能源利用效率也越高。

对比西部地区近20年的能源消耗强度，可以发现西部地区之间有明显差异。随着发展中生产技术的提高和设备性能的提升，西部地区的能源消耗强度明显减弱。西北地区以陕西为最小能耗省份，基本各省份都呈现逐年减小的趋势。

西南地区中，贵州有迅速下降趋势，其他省份的能源消耗强度则较为接近并且减小的趋势比较缓慢。但与西北地区相比，西南地区各省份的能源消耗强度更小，2016年集中在0.5吨标准煤/万元，而西北地区除陕西外没有其他省份下降到1吨标准煤/万元以内。这意味着西北地区的技术和效率与西南地区还是有一定的差距。

第四节　污染防治的行动与绩效

污染防治是生态文明建设中极为重要的一环。20世纪90年代的云南沘江重金属污染等一些危害严重的污染事件，敲响了生态文明建设要避免生产生活过程对生态环境的污染和毒害的警钟。我国西部地区，乡镇企业的发展相对滞后，且以利用本地资源发展采矿、冶金等行业为主，存在显著污染。在这些地区，由于工艺技术落后、缺乏规划、急于脱贫致富等原因，乡镇企业对矿产资源胡乱开采缺乏规划，导致资源过度开采和不当开采，进而导致植被破坏、草场退化、土地沙化、河道淤积等问题出现，生态破坏日趋严重。因此，必须从升级生产技术并同时进行污染治理以及防控着手，避免出现"别人加油我刹车"的发展局面，才能促使西部地区步入稳定的发展状态。

一 污染防治政策与行动

在污染防治实践中，我国就大气、水、土壤、海洋等提出了各项污染防治计划，积极开展防污治污行动。我国早于 1984 年就颁布了《水污染防治法》。2008 年 2 月 28 日《水污染防治法》进行了修订。2013 年 9 月 10 日，国务院印发《大气污染防治行动计划》；2015 年 4 月 16 日，发布《水污染防治行动计划》；2016 年 5 月 28 日，国务院印发《土壤污染防治行动计划》。西部各省份针对这些污染防治法规也提出了自己的条例。

西南地区位于长江水系上游和中部重要位置，国家高度重视长江流域生态环境保护工作。习近平总书记在 2016 年 1 月召开的长江经济带发展座谈会上强调，当前和今后相当长一个时期，要把修复长江生态环境摆在压倒性位置，共抓大保护，不搞大开发，要用改革创新的办法抓长江生态保护，为今后长江经济带绿色发展与共保共治定下了总基调。20 世纪 90 年代以来，为加强区域流域水污染防治工作，国务院批准建立了由环境保护部牵头的全国环境保护部际联席会议制度，以及三峡库区及其上游水污染防治部际联席会议等重点流域协调机制，促进了部门、地方之间的协作。国家针对长江流域还专门出台了《三峡库区及其上游水污染防治规划（2001—2010）》

等政策文件。

　　长江经济带多个相邻省份积极合作，开展生态环境共保共治工作，取得了一定的进展。一是开展长江流域上下游水污染联防联控，如重庆各级环保部门分别与四川、贵州、湖北、湖南等地域相邻、流域相同的省、市、区、县签订了《共同预防和处置突发环境事件框架协议》《长江三峡库区及其上游流域跨省界水质预警及应急联动川渝合作协议》《共同加强嘉陵江流域水污染防治及应对突发环境事件框架协议》等十几项协议。二是积极推动跨界水体水质联合监测工作，如为落实环境保护部印发的《跨界（省界、市界）水体水质联合监测实施方案》（环办监测〔2016〕28号）要求，四川与云南、西藏、重庆、甘肃、陕西、贵州六省份于2016年5月在四川省成都市召开跨省水质监测断面联合监测协商会，共同确定跨省界水体水质监测断面具体位置，约定从2016年6月起每月在相同时间共同采样、分样，采用统一分析方法进行联合监测。2017年，西部地区各省份的污水处理厂及污水处理率情况如图7—8所示。

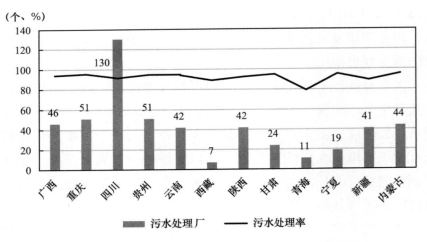

图7—8　2017年西部地区污水处理厂以及污水处理率情况

　　西北地区一些经济发展较快的省份也积极加强水污染治理工作。

例如，陕西先后制（修）订《陕西省渭河流域管理条例》《陕西省大气污染防治条例》《陕西省放射性污染防治条例》《陕西省固体废物污染防治条例》《陕西省森林公园条例》《陕西省水土保持条例》《陕西省秦岭生态环境保护条例》等地方性法规，积极树立污染防控的硬标杆。2017 年印发的《陕西省"十三五"生态环境保护规划》，对生态环境保护提出更具体的要求和目标。以"一河两江"为重点的水污染防治初显成效。[①]

二 污染治理投资

治污行动针对主要的四大污染物以及各省份现有的环境污染问题。治污需要政府的直接投入，是一项重要的政府支出。治污投入的大小直接表明政府的治污决心和对环境污染问题紧迫程度的认识。我国环境污染治理投资占国内生产总值（GDP）的比例，已从 20 世纪 80 年代初的 0.51%，增长到 2008 年的 1.49%[②]，2017 年为 1.25%[③]。《全国城市生态保护与建设规划（2015—2020 年）》表明，到 2020 年，我国环保投资占 GDP 的比例将不低于 3.5%。[④]

西北地区各省份在环境污染治理投资上表现出明显的差异。2009 年为投入增长的显著节点。宁夏、新疆和内蒙古的污染治理投入占 GDP 比重位居西北地区前列。陕西、甘肃和青海的治污投资较为稳定。以煤炭消费和产出、资源开采为主的内蒙古，其治污投资总额接近 600 亿元。

西南地区各省份治污投入变化相对平稳。除了四川、重庆和贵

---

① 陕西省人民政府：《陕西省人民政府关于印发"十三五"生态环境保护规划的通知》，2017 年 10 月 10 日，http：//www. shaanxi. gov. cn/zfgb/97497. htm。

② 《我国环境污染治理投资已占 GDP1.49%》，《节能与环保》2009 年第 11 期。

③ 《中国环境统计年鉴（2018）》。

④ 《住房城乡建设部环境保护部关于印发全国城市生态保护与建设规划（2015—2020 年）的通知》，2016 年 12 月 6 日，http：//www. mohurd. gov. cn/wjfb/201612/t20161222_230 049. html。

州 2016 年投资数额再次上升，其他各省份都是下降的趋势。西南地区各省份到 2017 年治污投入比重相近，相对于其他省份，西藏 2011 年和 2013 年有高于往年的治污投入，因而治污投入比重高。

第五节   启示与展望

观察西部地区各省份的生态保护、污染防控和资源节约的具体行动和实施成效，可以发现以下特征。

一是西部生态文明建设在生态保护上对国家的政策支持有着较大的依赖，主要依靠自上而下的行政手段实施生态保护和污染治理等行动。生态文明建设作为国家一项基本的发展内容，将继续指导西部各省份实践可持续发展。各省份需要针对自身需求制定政策并评估生态文明建设政策效果，发挥试点具有的优先性。

二是在西部的生态文明建设实践中，各省份从被动治理逐渐转变为积极应对、主动适应。从各省份的环境治理投入和政策规划纲要的发布和实施情况来看，西部地区积极借助生态文明建设的各项试点项目，例如生态示范区、山水林田湖草生态保护和修复、气候适应型城市建设等试点项目，突破了传统生态保护就是植树造林的有限认识，在生态保护工作中加强了多要素、多部门的系统治理，并将生态保护作为发展生态经济、建设生态文明的重要路径。

展望西部地区的生态文明建设，一是力求西部地区的经济和环境之间的关系步入正轨。地区的发展和人口增长有着自身运行的规律，不能盲目追求大投资和高增长率而对生态环境置之不顾。二是善借政策东风助力西部生态建设。对于西部地区而言，在生态文明建设背景下抓住发展绿色产业的机遇至关重要。脱离经济的生态仍然是生态，而脱离生态的经济会破坏生态。只有明确自身生态环境和发展的实际需求，有针对性地溯源生态压力问题，就发展与环境的关键问题进行决策，才能促进西部各省份形成一个良性的适应循环。三是建立西部地区生态保护的长效机制。生态文明建设并非短期的需求，而是在中国特色社会主义理论体系指导下的长期行动，通过建立长效机制支持有效政策合理运行，满足西部发展建设的管理需求，保障未来生态文明建设。

第 八 章

东北地区生态文明建设

新中国成立初期，党中央就将东北地区作为工业建设的中心，提出率先在东北地区发展工业，进而由东北地区带动全国工业建设。

改革开放之后，国内市场化程度不断提高，但东北地区未能及时转变其长期依赖国有企业发展的经济模式，因而在全国的经济地位不断下降。为扭转这一局面，2003 年我国开始实施东北老工业基地振兴战略。在 2003 年 10 月出台的《关于实施东北地区等老工业基地振兴战略的若干意见》中，明确提出要"切实保护好生态环境，大力发展绿色经济"。随着我国对生态文明建设重视程度的不断提高，2007 年党的十七大明确提出了建设生态文明的要求，生态文明建设也随之成为东北地区发展的重要内容。

第一节 概述

我国东北地区包括辽宁、吉林、黑龙江三省，以大兴安岭林区、小兴安岭林区、长白山林区等为代表的国家重点林区，有着极为丰富的木材资源和野生动植物资源，如东北虎、紫貂、貂熊等国家一级保护动物，以及东北红豆杉、长白松等国家重点保护野生植物，被誉为"林业资源宝库"。1953—1957 年，苏联向我国提供了 156 项工业项目援助，其中有 58 项设在东北地区，此举极大地刺激了东北地区的工业发展，也奠定了东北地区在全国工业建设中的重要地位。然而，东北地区长期以来高投入、高能耗、高排放的产业结构对东北地区生态环境造成了严重破坏。加之过度开垦、超载过牧等不合理的农业发展模式，东北地区自然资源迅速缩减，其中最为严重的就是三江平原地区湿地面积严重萎缩，从新中国成立初期的 500 万公顷，减少到 2015 年的 85.3 万公顷，减少了 80% 以上。

新中国成立以来，东北地区人口占全国户籍人口比重相对稳定，始终保持在 7%—9%，1960—1990 年人口占比相对较高，维持在 9.0% 上下，随后逐渐降低。[1] 2018 年，辽宁、吉林、黑龙江三省户籍人口分别为 4359 万人、2704 万人和 3773 万人，合计占全国总人口的 7.76%。[2]

新中国成立初期，东北地区工业产值在其国内生产总值中的占比相对较高。1965 年，东北地区国内生产总值共计 224.93 亿元，其中第一产业、第二产业、第三产业的占比分别为 23.56%、54.85% 和 21.59%。1978 年，东北地区国内生产总值共计 485.98 亿元，相较 1965 年增长了一倍以上，其中第一产业占比较 1965 年降低了 3.52 个百分点，第二产业占比较 1965 年提高了 9.44 个百分点，第三产业占比较 1965 年降低了 5.92 个百分点。随着改革开放的不断深化，东北地区第一产业占比逐渐下降，第三产业占比不断上升。1985 年，东北地区第三产业在国内生产总值中的占比达到 21.97%，首次超过第一产业占比（19.34%）。2015 年，东北地区生产总值达 58101.2 亿元，第一产业占 11.48%，第二产业占 43.92%，第三产业占 44.70%，东北地区产业结构首次呈现"三二一"格局。

---

① 国家统计局国民经济综合统计司编：《新中国六十年统计资料汇编》，中国统计出版社 2010 年版。

② 国家统计局：《中国统计年鉴（2018）》，中国统计出版社 2019 年版。

第二节 生态保护的行动与绩效

1949—1978 年，东北地区始终是全国当之无愧的商品粮基地和重工业基地，也是全国最大的木材供应基地。在此期间，东北地区的生态环境虽然也存在一些问题，但并未出现大规模生态失衡现象。然而自 1978 年改革开放以来，随着东北地区社会经济的高速发展，湿地生态环境恶化、旱涝灾害频繁发生等生态失衡问题也日渐凸显，对此，国家及各地政府也给予了高度重视，并就东北地区生态环境保护方面开展了一系列工作。

一 合理运用土地资源，"北大荒"变"北大仓"

所谓"北大荒"即指黑龙江农垦区域，包括黑龙江北部的三江平原、沿河平原及嫩江流域，东至乌苏里江，北至黑龙江，西与内蒙古相连，南与吉林相接，总面积约 5.54 万平方千米，是世界三大黑土地带之一①，拥有丰富的土地资源、水利资源、矿产资源以及野生动植物资源。

1945 年 12 月毛泽东同志在《建立巩固的东北根据地》一文中就强调了东北地区在支援人民解放战争、巩固后方根据地中的重要地位。1947 年，为保障战后农业顺利发展，黑龙江遵照党的指示，开始建立社会主义国营农场，对"北大荒"的大规模开发就此拉开序幕。"北大荒"开发初期的主要任务就是对荒地进行开垦，此间建立了许多国营农场和军垦农场，如通北农场、萌芽农场、荣军农场、"解放团"农场等。1954 年苏联政府提出愿意帮助中国建设一个播种面积在两万公顷的国营谷物农场，提供建设农场所必需的机器和

---

① 除中国东北部的"北大荒"外，世界三大黑土地带还包括美国密西西比河流域以及苏联开发的第聂伯河畔的乌克兰大平原。

设备，并派遣专家来华对农场建设进行指导。1954 年 12 月国务院常务会议通过了《国务院关于建设"国营友谊农场"的决定》，提出将此大型国营谷物农场设在黑龙江省集贤县三道岗①，国营友谊农场建场第一年，就完成了 2.34 万公顷的荒地开垦。② 在 1958 年通过了《关于发展军垦农场的意见》后，国家农垦部决定组织转业官兵对黑龙江三江平原进行大规模开垦，1959 年，垦区耕地面积增加至 642 万亩。

1947—1959 年，黑龙江垦区粮食作物播种面积年平均增长率达47.24%，粮食单产（斤/亩）累计增长 67%，粮食总产量增长了 79倍，粮食商品率达 38.7%。③ 此期间，粮食增产主要依赖耕地面积或粮食播种面积的扩大，播种面积年增长率达 47.2%，对粮食总产量的贡献率高达 85.9%，而单产提高的贡献率仅为 14.1%。④

然而，受 1959 年秋涝和 1960 年春涝等特大自然灾害和"大跃进"决策失误的影响，黑龙江垦区粮食生产能力迅速下降，粮食总产量由 1959 年的 16.0 亿斤下降至 1960 年的 10.1 亿斤。⑤ 这一问题引起了国家的高度重视，1962 年 11 月，我国成立了东北农垦总局，专门负责东北地区粮食生产等相关问题。时任副总理谭震林在《整顿北大荒国营农场的问题》中提出对"北大荒"国营农场进行改革的建议。1964 年农垦部在全国国营农场会议上制定了十年发展规划，提出要把"北大荒"建成"社会主义大农业的大样板"，中共中央批转农垦部党组《关于党组扩大会议对几个主要问题讨论意见的报告》，对国营农场的经营管理作了五条重要批示，强调改正硬搬

---

① 《国务院关于建设"国营友谊农场"的决定》，1954 年 12 月 7 日。

② 友谊农场史编审委员会：《友谊农场史（1954—1984）》，黑龙江人民出版社1985 年版，第 66 页。

③ 胡鞍钢：《北大荒：创造绿色农业奇迹》，《农场经济管理》2012 年第 6 期。

④ 胡鞍钢：《中国：创新绿色发展》，中国人民大学出版社 2012 年版。

⑤ 胡鞍钢：《回望北大荒》，《中国民营科技与经济》2011 年第 2 期。

苏联单一经营方针，实行一业为主、农牧结合、多种经营。① 这也是中国特色国营农场建设的开端。随后，东北地区粮食生产得以恢复，1965 年粮食产量达 22.9 亿斤，相较于 1960 年粮食产量增加了一倍以上。1966 年，"文化大革命"全面发动，中苏两国在意识形态上的分歧使得垦区从"农垦制"变为"军垦制"②，黑龙江生产建设兵团由此组建。1966 年 3 月黑龙江生产建设兵团首次组建后，并未改变原有的农垦制，而 1968 年 6 月的二次组建则是半军事体制的。1976 年，随着"文化大革命"的结束，黑龙江生产建设兵团随之被撤销，取而代之的是黑龙江国营农场总局，至此，北大荒农垦系统实现了真正的统一。

但由于长期的过度开发，黑龙江垦区林地、湿地、草地等自然资源急剧减少，生态环境在此期间遭到了严重破坏，1978 年，黑龙江垦区森林覆盖率仅为 7.8%。自此至 20 世纪 90 年代，黑龙江农垦区粮食播种面积呈低增长态势，粮食生产总量的提高主要依赖粮食单产的提高，因而粮食产量增长波动较大。

在意识到生态环境破坏所带来的影响后，黑龙江于 1991 年实行禁垦，同时启动了退耕还牧、退耕还草、退耕还林、退耕还湿四大工程，1991—1995 年完成退耕还林 181.5 万亩，垦区森林覆盖率提高了 2.3%。③ 1999 年，黑龙江全面停止开荒，垦区禁止一切湿地、草原垦殖和毁林开荒活动，并开始大规模的退耕还牧、退耕还草、退耕还林、退耕还湿。2010 年，黑龙江 1494 万亩超坡耕地、沙化耕地和低产田全部退耕还林，在宜林的荒山荒地造林 1500 万亩，"北大荒"新增林地 3000 万亩，实现退耕还湿 300 万亩。④ 2010 年，黑龙江垦区被农业部命名为"国家级现代化大农业示范区"。2017 年

---

① 1964 年 9 月，中共中央批转农垦部党组《关于党组扩大会议对几个主要问题讨论意见的报告》。

② 胡鞍钢：《中国：创新绿色发展》，中国人民大学出版社 2012 年版。

③ 同上。

④ 胡鞍钢：《北大荒：创造绿色农业奇迹》，《农场经济管理》2012 年第 6 期。

黑龙江农垦区域拥有耕地 4363 万亩，其中有效灌溉面积 2784 万亩，生态高产标准农田 2616 万亩，实现生产总值 1227.3 亿元，垦区居民人均可支配收入达到 27153 元。[①] 垦区内下辖 9 个管理局、113 个农牧场，983 家国有及国有控股企业，分布在全省 12 个市，总人口167.3 万人，共有林地 1384 万亩，森林覆盖率达 17.2%。[②]

二　大兴安岭林区保护

大兴安岭是我国最北、纬度最高的边境地区，总面积为 8.3 万平方千米，有 1.82 万平方千米的行政管辖权在内蒙古区划界内，边境线长 786 千米。全区林地面积为 703.29 万公顷，活立木总蓄积为5.85 亿立方米，森林覆盖率为 84.21%，湿地面积为 153 万公顷，有 8 个国家级自然保护区，是我国重要的重点生态功能区、碳汇区和木材资源战略储备基地。[③]

自 1964 年开发建设至今，大兴安岭始终实行政企合一的管理体制，地权为黑龙江和内蒙古所有，行署为黑龙江省政府派出机构，林业集团公司是国家林业局直属企业。自 1998 年洪涝灾害后，党中央、国务院针对长期以来我国天然林资源过度消耗而引起的生态环境恶化的现实，做出了实施天然林资源保护工程（天保工程）的重大决策。自天保工程实施以来，大兴安岭地区森林蓄积由 2010 年的5.12 亿立方米提高到 2016 年的 5.65 亿立方米，森林面积由 2010 年的 676.0 万公顷增加到 2016 年的 684.1 万公顷，实现了持续恢复性增长。此外，大兴安岭地区森林覆盖率也逐年递增，从 2010 年的80.95% 提高到 2016 年的 81.91%，增加了 0.96 个百分点。[④] 2015

---

① 北大荒集团简介，http://www.chinabdh.com/qygk/index.jhtml。

② 同上。

③ 大兴安岭地区地方志办公室编：《大兴安岭年鉴（2017）》，黑龙江人民出版社2017 年版。

④ 大兴安岭行署资源局：《"十三五"期间大兴安岭森林资源发展规划》，2016 年。

年，大兴安岭被选为国家首批生态保护与建设示范区，林区发展的定位开始向生态林区转化，林区结构得以调整，林区经济也呈现出恢复性增长。[①]

三　东北黑土地保护

耕地是重要的农业资源和生产要素，作为我国主要粮食基地的东北地区黑土地更是在保障国家粮食安全中扮演着重要角色。

20世纪50—80年代是东北地区耕地大规模开发阶段。1950—1986年，三江平原东北地区耕地面积由19.62万公顷增加到145.85万公顷。[②] 然而，大规模开垦使得东北黑土地的承载力明显下降。黑龙江黑土地质量监测数据显示，2015年，黑龙江全省水土流失耕地面积达460万公顷，占全省耕地的1/3；耕层厚度为19.7厘米，比1982年下降了9.1厘米；耕地土壤有机质平均含量为2.68%，比1982年减少了1.72个百分点；耕层土壤全氮含量平均为1.84克/千克，比1982年下降了0.31克/千克。[③④] 东北黑土区由"生态功能区"逐渐变成了"生态脆弱区"，严重影响了东北地区农业的可持续发展。为此，党中央及国务院就东北黑土地保护问题开展了一系列行动。

农业农村部会同国家发展改革委等部门联合印发了《农业环境突出问题治理总体规划（2014—2018年）》，将东北黑土地保护作为重大项目，并对黑土地保护目标任务、保障措施等进行了部署安排，提出要改进耕作方式、实施保护性耕作技术；建立有机肥厂，增施有机肥；实行测土配方施肥，建智能化肥站；推广水肥一体化，开

---

①　中共中央、国务院：《国有林区改革指导意见》，2015年。

②　于杰、宁静、董芳辰等：《1950—2013年三江平原东北部耕地分布变化特征分析》，《干旱区资源与环境》2017年第12期。

③　袁长焕等：《流失的黑土地　气候变化对黑土地形成与影响》，《中国气象报》2016年3月25日第5版。

④　《黑土层30年"薄"了9厘米　黑龙江省正立法保护黑土地》，2014年12月11日，http://hlj.chinanews.com/hljnews/4590.html。

展精准施肥作业。2015 年起，中央财政每年投资 5 亿元支持东北地区黑土地保护利用试点项目。2016 年农业部印发《农业资源与生态环境保护工程规划（2016—2020 年）》，提出在黑龙江、吉林、辽宁、内蒙古四省区选择 100 个黑土退化典型县，建设 100 个黑土地保护示范区，示范面积为 500 万亩。2018 年农业部会同国家发展改革委、财政部、国土资源部、环境保护部、水利部编制了《东北黑土地保护规划纲要（2017—2030 年）》，从保护东北黑土地面积和质量两方面制定了保护目标：到 2030 年，集中连片、整体推进，实施黑土地保护面积 2.5 亿亩，基本覆盖主要黑土区耕地。东北黑土区耕地质量平均提高 1 个等级（别）以上；土壤有机质含量平均达到 32 克/千克以上，提高 2 克/千克以上。①

　　东北地区各省在保护黑土地方面也做出了大量努力。2015 年水利部松辽水利委员会主持编制了《黑土区 1999—2050 年水土保持生态环境建设规划》《松花江流域中上游水土保持生态环境建设项目建议书》和《辽河流域中上游水土保持生态环境建设项目建议书》。2018 年 7 月首部黑土地保护地方性法规《吉林省黑土地保护条例》正式实行，该条例将吉林黑土地分为重点保护类和治理修复类两种类型，提出对重点保护类黑土地实施农业调控措施，对治理修复类黑土地实施各类污染防治措施，以推进连片治理，提出要结合吉林中、东、西三个区域各自的资源分布、自然生态等差异化特征，明确各区域的保护重点，由此增强黑土地保护的可操作性。自各项行动开展以来，东北黑土地质量有了明显好转。农业农村部编制的《2015—2017 年全国黑土地保护利用试点区耕地质量监测报告》中提到，与 2015 年项目实施前比，2017 年土壤有机质含量稳中回升，耕层厚度明显增加，平均厚度为 28.2 厘米，提高了 36.2%；土壤板结状况在一定程度上得到缓解，肥力指标全面向好，表现出较强的

---

　　①　农业部等：《东北黑土地保护规划纲要（2017—2030 年）》，2017 年 7 月 20 日，http：//www.moa.gov.cn/nybgb/2017/dpp/201801/t20180103_6133926.htm。

养分供给能力；水土流失防治效果较好，土壤健康指标安全可靠，绝大部分耕地可作为绿色和有机农产品生产基地。①

四　自然保护区建设与野生动植物保护

自然保护区是推进生态文明、建设美丽中国的重要载体。自1956年中国第一个自然保护区②建立以来，东北地区也积极响应国家号召，对当地自然资源保护给予了高度重视，并建立了大量自然保护区。

1958年6月14日，东北地区第一个自然保护区——黑龙江丰林国家级自然保护区建成，主要保护对象为以红松为主的北温带针阔叶混交林。1960年4月18日，吉林建立了以森林资源和野生动物为主要保护对象的长白山国家级自然保护区，成为吉林第一个自然保护区。1980年8月6日，辽宁建立了本省第一个自然保护区——蛇岛老铁山国家级自然保护区，主要用于保护蝮蛇、候鸟及蛇岛的特殊生态系统。生态环境部2016年公布的《2015年全国自然保护区名录》显示，东北地区共建自然保护区406个，其中辽宁104个，占地面积275.4万公顷；吉林51个，占地面积252.2万公顷；黑龙江251个，占地面积750.2万公顷。从自然保护区级别来看，辽宁共有国家级自然保护区17个，省级自然保护区30个，市级自然保护区34个，县级自然保护区23个；吉林共有国家级自然保护区20个，省级自然保护区23个，市级自然保护区4个，县级自然保护区74个；黑龙江共有国家级自然保护区36个，省级自然保护区87个，市级自然保护区54个，县级自然保护区74个。③从自然保护区类型来看，辽宁自然保护区以森林生态为主，共计61个，占地面积

---

①　农业农村部：《2015—2017年全国黑土地保护利用试点区耕地质量监测报告》，2018年。

②　经国务院批准，中国科学院华南植物研究所于1956年在肇怯讦湖山建立了中国第一个自然保护区——鼎湖山自然保护区。

③　生态环境部：《2015年全国自然保护区名录》，2016年11月8日。

121.26 万公顷，占辽宁自然保护区总面积的 44.0%；吉林自然保护区以内陆湿地（18 个）和森林生态（18 个）为主，共计 36 个，占地面积 223.31 万公顷，占吉林自然保护区总面积的 89.25%；黑龙江自然保护区以内陆湿地为主，共计 112 个，占地面积 429.46 万公顷，占黑龙江自然保护区面积的 57.25%。①

此外，国家在东北地区野生动物保护方面也开展了大量工作。以东北虎保护为例，1962 年 9 月 14 日，国务院将东北虎列入动物保护名录。1977 年 3 月，林业部将东北虎列为国家一级重点保护野生动物。1989 年 1 月 14 日，林业部和农业部发布施行的《国家重点保护野生动物名录》中将东北虎列为国家一级重点保护野生动物。1993 年 5 月 29 日，国务院印发了《关于禁止犀牛角和虎骨贸易的通知》②，明令禁止一切与虎骨有关的贸易活动。1997 年，国家林业部组织编写了《中国虎保护行动计划》，并与俄联邦环境保护和自然资源部签署了《中俄两国政府关于保护虎议定》。1999 年推出的《全国野生动植物保护及自然保护区建设工程总体规划》将东北虎纳入 15 个重点保护物种，并明确提出要"在黑龙江的饶河、虎林和吉林珲春一带实施东北虎拯救工程"③。1997—2002 年，在国家林业部的资助下，吉林开展了东北虎保护工程项目专项研究。2000 年黑龙江林业厅制订了"东北虎野生种群恢复行动计划"。2016 年 12 月，国家通过了《东北虎豹国家公园体制试点方案》，这标志着东北虎、豹大区域、大廊道、大保护上升到了国家战略。

---

① 根据《2015 年全国自然保护区名录》计算得出。

② 2018 年 10 月 6 日，国务院印发了《关于严格管制犀牛和虎及其制品经营利用活动的通知》，自此通知实施之日起，1993 年 5 月 29 日印发的《国务院关于禁止犀牛角和虎骨贸易的通知》同时废止。

③ 《全国野生动植物保护及自然保护区建设工程总体规划》，1999 年。

第三节　资源节约的行动与绩效

一　清洁取暖

按照中国建筑热工设计分区标准，即以最冷月（1月）和最热月（7月）平均气温为主要指标，以累年平均年温度不大于5℃和不小于25℃的天数为辅助指标，我国可划分为严寒地区、寒冷地区、夏热冬冷地区、夏热冬暖地区和温和地区五个气候分区。以此划分标准，我国东北三省均属严寒地区。因此，为保障东北严寒地区居民冬季室内热舒适度，提高居民冬季生活质量，必须为居民提供集中供暖。但由于各地气温存在差异，不同省份采暖季长短各不相同，以黑龙江为例，其采暖季从10月一直持续到次年4月，长达六个月时间。

长期以来，东北地区冬季采暖主要依靠煤炭等化石燃料，由此引发了严重的大气污染和能源消耗问题，成为制约东北地区绿色发展的一大障碍。然而，直至2013年冬季，全国爆发大规模雾霾现象之后，国家才意识到采暖季空气污染问题的严重性，并着手在北方地区推行清洁取暖模式。2016年中央财经领导小组第十四次会议首次提出要推进北方地区冬季清洁取暖。2017年国家发展改革委、能源局等十部委联合印发《北方地区冬季清洁取暖规划（2017—2021年)》，对北方地区冬季清洁取暖问题做出了规划。

作为我国冬季取暖主要省份，辽宁、吉林、黑龙江三省通过制订相应计划对国家清洁取暖行动做出了积极响应，如：2017年辽宁省人民政府办公厅印发《关于加快推进"电化辽宁"工作方案》《关于加快推进"气化辽宁"工作方案》《关于推进全省煤电企业向清洁取暖转型转产工作方案》和《辽宁省推进清洁取暖三年滚动计划（2018—2020年)》。2017年，吉林省政府办公厅发布《关于推进电能清洁供暖的实施意见》和《关于进一步明确我省清洁供暖价格政策有关问题的通知》。2017 年和 2018 年黑龙江省环保厅发布《黑龙江省 2017—2018 年供暖季大气污染综合治理攻坚行动方案》和《关于推进全省城镇清洁供暖的实施意见》等。

除省级政府制定的行动方案和实施意见外，东北三省各市县也采取了积极行动，如：沈阳市人民政府发布《沈阳市 2018 年散煤治理工作方案》；鞍山市人民政府发布《鞍山市推进清洁取暖实施方案》；本溪市人民政府发布《2018 年本溪市加快推进清洁取暖工作计划》；锦州市人民政府发布《锦州市清洁取暖实施方案（2018—2021 年）》；营口市人民政府发布《关于加快推进"电化营口"工作方案》；长春市制订了《长春市冬季清洁取暖实施方案（2017—2021 年）》和《长春市 2018—2021 年冬季清洁取暖工作计划》；哈尔滨市财政局对《哈尔滨市 2018 年拆并淘汰燃煤锅炉推进清洁能源使用财政补助资金管理办法》公开征求意见等。

清洁采暖案例——市场推动清洁采暖，
清洁电力降低采暖成本

2018 年国网长春供电公司与长春市教育局合作，将原有乡村小学的小火炉全部改造成环流散热器电供暖方式，以吉林省德惠市（长春下属县级市）边岗乡太兴村小学为例，成本从 1 万元降到8000 元左右。此外，吉林省长春工商业企业的采暖成本也有了大幅降低。以长春市国商百货十二坊为例，此前，一个采暖季的采暖成本约 72 万元，在蓄热式电锅炉投运后，商场采暖成本仅为 30 万元。

（摘自《清洁能源供暖长春更相信市场》，2018 年 11 月 24 日，http：//www.cpnn. com. cn/zdyw/201811/t20181124_1106. html）

二　东北老工业基地转型

东北老工业基地是中国第一个五年计划（1953—1957 年）中重点建设的工业基地，此间开展的 156 项国家重点工程中，有约 1/3位于东北地区。

从 1949 年新中国成立到 1978 年改革开放以前，东北地区 GDP 始终位于全国前列。1978 年，东北地区人均 GDP 居全国前列，仅次于上海、北京、天津。① 然而自改革开放以来，随着市场化的不断推进，东北地区产业结构老化、区域市场疲软、资金投资比例失调等问题日渐凸显，东北地区在全国的经济地位不断下降。

在此背景下，2002 年党的十六大提出，要"支持东北地区等老工业基地加快调整和改造，支持以资源开采为主的城市和地区发展接续产业"②。2003 年 9 月，国务院常务会议对实施东北地区等老工业基地振兴战略问题进行了研究，提出了振兴东北地区等老工业基地的指导思想和原则、主要任务及政策措施。2003 年 10 月，中央出台了《关于实施东北地区等老工业基地振兴战略的若干意见》，标志着振兴东北地区等老工业基地已正式上升为战略决策。然而，在长期粗放型发展模式下，东北地区生态环境已遭到严重破坏，而这又进一步阻碍了东北老工业基地的产业调整及转型。为此，党中央在推动东北老工业基地转型的同时，对东北地区生态文明建设给予了高度重视。

2009 年国务院通过了《关于进一步实施东北地区等老工业基地振兴战略的若干意见》，对东北地区生态文明建设、节能减排、环境污染防治等生态建设工作进行了明确部署。③ 2015 年中共中央政治局审议通过了《关于全面振兴东北地区等老工业基地的若干意见》，并于 2016 年 4 月 26 日正式对外发布，标志着东北地区新一轮振兴方案的全面实施。该意见中再次强调了东北老工业基地建设在打造北方生态安全屏障中的重要作用，并提出要支持重点国有林业局和

---

① 林毅夫、刘培林：《振兴东北要遵循比较优势战略》，《南方周末》2003 年 8 月 28 日。

② 江泽民：《全面建设小康社会，开创中国特色社会主义事业新局面》，2002 年 11 月 8 日，http：//cpc. people. com. cn/GB/64162/64168/64569/65444/4429125. html。

③ 国务院：《关于进一步实施东北地区等老工业基地振兴战略的若干意见》，2009 年 9 月 9 日。

森工城市开展生态保护与经济转型试点。①

为进一步促进东北老工业基地经济发展、产业转型等，国家发展改革委还成立了东北等老工业基地振兴司，专门负责东北等老工业基地的振兴事务。辽宁、吉林、黑龙江三省在推动老工业基地转型方面也做出了积极响应。2016 年国家发展改革委、科技部、工业和信息化部、国土资源部、国家开发银行发布了《关于支持老工业城市和资源型城市产业转型升级的实施意见》，为加快老工业城市产业转型升级和城市转型发展提供了指导。

东北老工业基地转型案例

沈阳是全国重要的老工业城市和首批产业转型升级示范区，在全国首批转型升级示范区年度评估中被评为优秀，位居全国营商环境试评价城市第一集团。在产业转型过程中，沈阳主要采取了以下措施：大力实施营商环境专项整治，建立"双随机、一公开"综合执法平台，全面推进创新改革试验；加速布局重大创新平台，加快提升协同创新能力；加快推进重点项目建设，推进制造业转型升级及现代服务业发展，开展国家级旅游业改革先行区建设，大力发展全域旅游；深入实施城市治理，全面推进"治改提创"40 项工作176 项具体任务；深入推进京沈对口合作，广泛开展引资引智活动；持续加强就业和社会保障，开展居家和社区养老服务改革试点。

（摘自国家发展改革委《辽宁省沈阳市：以产业转型升级推动全面振兴全方位振兴》，《中国经贸导刊》2019 年第 11 期）

第四节　污染防治的行动与绩效

污染防治是生态文明建设的重要环节。为加强生态环境保护，

---

① 国务院：《关于全面振兴东北地区等老工业基地的若干意见》，2016 年。

从源头上减少污染，国家提出要打好蓝天、碧水和净土"三大保卫战"①，即从大气、水资源、土壤三方面着手开展污染防治工作。

一　大气污染防治

1949 年新中国成立以来，东北地区都以发展经济为工作重点，对大气污染等环境问题并未给予充分的重视，在大气污染防治方面的积极性也较低。但随着近几年来华北地区雾霾天气的不断出现，大气污染日渐成为大众关注的热点问题。2010 年，全国 281 个地级以上城市中，空气质量好的城市仅占 10.67%，空气质量差的城市占 75.80%，空气质量极差的城市占 13.52%。② 为此，国家就大气污染防治问题出台了多项政策及行动计划，如 2013 年 9 月国务院印发《大气污染防治行动计划》，2014 年 6 月国家发展改革委、环境保护部和能源局印发《能源行业加强大气污染防治工作方案》，2018 年 7 月国务院印发《打赢蓝天保卫战三年行动计划》等。东北三省在大气污染防治方面也采取了一系列行动。

黑龙江从减少大气污染物排放、加强重点行业大气污染治理、推动农业污染源治理、优化产业结构、调整能源结构、强化移动源污染防治、巩固监测预警和应急能力建设七个方面开展了大气污染防治工作。③

为统筹部署"十三五"期间的大气污染防治工作，吉林省人民政府下发了《吉林省清洁空气行动计划（2016—2020 年）》《省市联动"长吉平 + 1"四市共治大气污染专项行动工作方案》等，提出要大力发展清洁能源、淘汰落后和过剩产能，加强对工业、农业、社会生活污染治理，以改善全省环境空气质量，基本消除重污染天

---

① 《中共中央　国务院关于全面加强生态环境保护　坚决打好污染防治攻坚战的意见》，2018 年 6 月 24 日。

② 中国人民大学：《中国城市空气质量管理绩效评估报告》，2013 年 4 月。

③ 《黑龙江省人民政府关于印发黑龙江省大气污染防治行动计划实施细则的通知》，2014 年 1 月 26 日。

气。辽宁对大气污染防治及其监督管理活动进行了规范①，并开展了高效一体化供热工程、气化辽宁工程、清洁能源推广工程等九大工程。②

目前，东北地区大气污染防治工作开展顺利，环境空气质量明显改善。2018 年，吉林地级以上城市空气环境质量优良天数相较于2015 年提高了 16.6 个百分点。③④ 黑龙江空气平均达标天数相较于2015 年提高了 7.6 个百分点。比 2018 年全国 338 个地级及以上城市平均达标天数比例高出 14.2 个百分点。⑤⑥ 辽宁 14 个地级以上城市环境空气质量达标天数相较于 2017 年提高了 5.3 个百分点。⑦

二　水资源污染防治

伴随着城镇化的发展，从 1980—1999 年东北地区的城镇生活用水量增加了 3 倍，工业用水量增加了 2 倍，农业用水量增加了 1.5倍。充足且清洁的水资源是保障人们生产生活的重要条件。然而按照 1993 年国际人口行动在《持续水—人口和可更新水的供给前景》中提出的标准，即人均水资源少于 1700 立方米/人的为用水紧张地区，少于 1000 立方米/人的为缺水地区，少于 500 立方米/人的为严重缺水地区。东北地区为用水紧张地区，而辽宁为严重缺水地区。且随着工业化和城镇化进程的不断推进，东北地区工业废水、生活污水等的排放量逐渐增加，使得东北地区的水质日益恶化。据统计，

---

①　《辽宁省大气污染防治条例》，2017 年 5 月 25 日。

②　辽宁省人民政府办公厅：《关于加强大气污染治理工作的实施意见》，2018 年10 月 11 日。

③　吉林省环境保护厅：《吉林省 2018 年环境状况公报》，2019 年 6 月 5 日。

④　吉林省环境保护厅：《吉林省 2015 年环境状况公报》，2016 年 6 月 5 日。

⑤　黑龙江省生态环境厅：《2018 黑龙江省生态环境状况公报》，2019 年 5 月31 日。

⑥　黑龙江省环境保护厅：《2015 黑龙江省环境状况公报》，2016 年 6 月 1 日。

⑦　辽宁省生态环境厅：《2018 年度辽宁省生态环境状况公报》，2019 年 6 月 5 日。

东北地区 2017 年废水排放量达 49.76 亿吨，相较于 2004 年的 39.65 亿吨增加了 25.50%。[①]

为提高东北地区水污染防治工作效率，中国工程院于 2004 年 4 月启动了"东北地区有关水土资源生态与环境保护和可持续发展的若干战略问题研究"的咨询项目。中央政府自 2007 年起设立了水污染防治专项资金，重点用于改善"三河""三湖"及松花江流域的水环境。东北地区从控制污染物排放、调整产业结构、水资源节约保护等方面采取了一系列水污染防治行动，并取得了显著成效。

2019 年 5 月 29 日生态环境部公布的《2018 年中国环境状况公报》数据显示，2018 年，东北地区三大流域中，松花江流域干流水质为优，主要支流为中度污染，黑龙江水系、图们江水系和乌苏里江水系为轻度污染，绥芬河水质良好。海河流域干流 2 个水质断面，三岔口为Ⅲ类，海河大闸为劣Ⅴ类；主要支流为中度污染，滦河水系水质良好，徒骇马颊河水系和冀东沿海诸河水系为轻度污染。辽河流域干流、主要支流和大辽河水系为中度污染，大凌河水系为轻度污染，鸭绿江水系水质为优。[②]

辽宁 80 个省级及以上工业集聚区中有 75 个建成或依托集中式污水处理设施，对 5 个未完成建设任务的工业集聚区实施了区域限批。在渤海海域综合治理方面，辽宁已完成 68 个入海排污口整治，入海排污口达标排放率由 2013 年的 50.7% 提高到 2018 年的 81.3%。辽宁黄海、渤海海洋生态红线"一张图"整合基本完成，新增海洋生态红线 2568 平方千米。[③]

2018 年，吉林 85 个国控监测断面中，有 70 个达到年度水质控制目标，达标率为 82.4%，全省基本消除黑臭水体 90 个，消除比例

① 国家统计局：《中国统计年鉴 2017》，中国统计出版社 2018 年版。
② 生态环境部：《2018 中国生态环境状况公报》，2019 年 5 月 29 日，http://www.mee.gov.cn/hjzl/zghjzkgb/lnzghjzkgb/。
③ 辽宁省生态环境厅：《2018 年度辽宁省生态环境状况公报》，2019 年 6 月 5 日。

达 90.9%；完成地级饮用水水源地环境问题整治 118 个，完成比例达 100%。① 黑龙江全省河流水质状况总体为轻度污染，107 个国控、省控河流监测断面中有 68 个达到其功能区水质目标要求，达标率为 63.6%。县以上城市共建成污水处理厂 150 座，排水管网 1.42 万千米，日处理规模达到 459 万吨。②

三　土壤污染防治

新中国成立初期，东北地区凭借其丰富的土地资源和肥沃的土壤条件，成为名副其实的"大粮仓"，其土壤质量直接关系到国家的粮食安全。然而，由于"大跃进"和"文化大革命"时期的过度开垦，东北地区出现了严重的荒漠化，这一现象也引起了国家的高度重视。为此，党中央提出要加强东北地区灌溉工程建设、防护林建设等，以防止东北地区水土流失、加快土壤结构恢复。其中成效最为显著的当属 1978 年 11 月 25 日中国政府作出的在"三北"地区建设防护林体系的重大战略决策。据统计，截至 2007 年，东北平原共营造农田防护林 70.022 万公顷，庇护农田 776.16 万公顷，林网程度达到 72.24%。③ 此外，东北三省近年来在土壤污染防治方面也开展了大量工作。

为加强土壤污染防治，黑龙江提出要深入开展土壤污染调查，掌握土壤环境质量状况；建立健全规章制度，强化对土壤环境的监管；加强建设用地准入管理，防范人居环境风险；强化对未污染土壤的保护，严控新增土壤污染；加强污染源监管，做好土壤污染预防工作；开展污染治理与修复，改善区域土壤环境质量等。④ 吉林以

---

① 吉林省环境保护厅：《吉林省 2018 年环境状况公报》，2019 年 6 月 5 日。

② 黑龙江省生态环境厅：《2018 黑龙江省生态环境状况公报》，2019 年 5 月 31 日。

③ 国家林业局：《三北防护林体系建设 30 年发展报告 1978—2008》，中国林业出版社 2008 年版。

④ 黑龙江省人民政府：《黑龙江省土壤污染防治实施方案》，2016 年 12 月 30 日。

"预防为主、保护优先、风险管控、分类管理、综合治土、污染担责"为原则，明确了全省中、西、东部地区土壤保护的主要任务，提出要加强重点区域管控，对土壤污染进行治理与修复。① 2017 年吉林各市（州）政府和所辖县（市、区）政府均制定了土壤污染防治工作方案，建立了吉林环境保护工作联席会议制度，将土壤污染地块环境管理作为联席会议的一项重要职责。吉林各市（州）政府均建立了不同形式的土壤环境保护工作协调机制，重点协调土壤污染地块的环境管理。

辽宁主要从开展土壤污染调查、制定土壤污染防治法规、实施农地分类管理及建设用地准入管理、强化未污染土壤保护、加强污染源监管、开展污染治理与修护、提高科技研发力度等方面开展了土壤污染防治工作。② 此外，为进一步加大土壤环境保护宣传教育力度，确保顺利完成土壤污染防治工作各项任务，2018 年辽宁省人民政府办公厅制定了《辽宁省土壤环境保护宣传教育工作方案（2018—2020 年）》；辽宁省生态环境厅会同省农业农村厅和省自然资源厅有关部门召开了"辽宁省农用地土壤污染状况详查成果集成关键环节技术审查会"，全面、系统、准确地掌握了辽宁农用地土壤环境质量总体状况，确定了土壤环境安全等级，建立了辽宁农用地土壤样品库和数据库，为减轻辽宁农业污染，确保食品安全、生态安全提供了有力的参考和支撑。

第五节　启示与展望

自新中国成立至今，东北地区各省在生态文明建设方面都做出了极大的努力，但生态文明建设是一项长期工作，不能一蹴而就。

---

① 吉林省人民政府：《吉林省清洁土壤行动计划》，2016 年 11 月 28 日。
② 辽宁省人民政府：《辽宁省土壤污染防治工作方案》，2016 年 8 月 24 日。

在对东北地区 70 年生态文明建设行动及成效进行归纳总结后发现，东北地区生态文明建设所面临的最大挑战就是其产业发展与生态环境承载力之间的矛盾。为此，在今后一段时间内，东北地区各省生态文明建设工作可以重点从以下几方面开展。

首先，充分发挥东北地区作为我国商品粮主要生产基地的引领作用，以生态农业体系为指导，探索以传统农业生产体系为基础、以休闲观光为目的的生态农业体系。就传统农业生产方式而言，可以大力推广少耕、免耕等保护性耕作技术，减少化肥农药的施用量；加强农业科技研究及创新，提高农业机械化率，释放更多农业劳动力。就生态农业体系而言，可以充分利用当地自然及人文资源优势，弘扬地方民俗文化，推广民间艺术，在促进生态农业发展的同时做好文化传承。

其次，积极响应党中央有关振兴东北地区老工业基地的号召，调整产业结构，加快东北老工业基地转型。一方面，坚决淘汰高能耗行业；另一方面，利用高科技对传统工业进行改造，加大科技创新力度，将老工业园区改造成新生态工业基地。

最后，推广绿色发展理念，发展生态服务产业。近年来，随着物质生活水平的不断提高，人们对生态服务的需求也日益增长。东北各省可以充分利用其丰富的自然资源、文化遗迹等地区优势，开发以观光、休闲、度假等为主题的旅游产品，加快东北地区生态服务业发展。

中国在国际上参与气候治理谈判已有20多年的实践经验，在国际气候治理中的角色发生了转变，不仅反映中国在国际格局中地位的变化，也反映了中国自身对气候变化、生态文明问题认知的转变。

　　20世纪50年代以来，发达国家工业化进程引致环境污染日益凸显，使国际社会认识到人类未来发展受到严峻的挑战，生存危机不断加剧。在发达国家的动议和推动下，20世纪70年代初，环境问题被纳入国际发展议程。此后经过长期的南北发展权益博弈，在保护环境的共同的利益诉求下，2015年全球达成转型发展的议程，明确了可持续发展的17个目标领域和169个具体目标，寻求一种发展范式的转变和社会文明形态的整体转型，其内容与中国倡导的生态文明建设高度契合。人类社会的发展观从工业文明转向生态文明成为国际共识。可以将20世纪50年代以来全球环境治理和可持续发展进程分为四个阶段：环境议题提出阶段、环境与发展并重阶段、可持续发展议程阶段和生态文明转型阶段。中国作为发展中国家全程参与了各项相关的国际议程，对于环境保护和可持续发展的认识也有一个逐步加深的过程，在国际议程中的贡献和引领作用也随之不断增强。

第九章

参与国际生态环境治理进程

　　国际生态环境治理进程主要还是由发达国家发起并推动的。欧美等国在 20 世纪 70 年代前后完成工业化进程，社会财富累积到一定程度，社会生态环境意识逐渐提升。同时，由于生态环境问题的国际属性，生态环境国际治理也逐渐兴起。20 世纪 70 年代之前，也有个别国家或者一些相邻国家就国内或者区域性的环境问题开展过治理或者双边合作治理，但由于这些环境问题的单一性和局部性，社会认知缺乏理论性和系统性，尚不能被认为是国际生态环境治理进程的起点。不管是主动还是被动，我国是最早参与国际生态环境治理的国家之一。1972 年 6 月联合国人类环境会议在瑞典首都斯德哥尔摩召开，根据周恩来同志的指示，我国组成代表团出席，并在大会上表明了自己的主张，成为中国正式参与国际生态环境治理的开端。1992 年在联合国环境与发展会议上中国签署了《联合国气候变化框架公约》等多项核心环境公约，成为我国全面参与国际环境治理的标志。作为最大的发展中国家，几十年来，中国始终积极与包括联合国在内的全球和区域组织合作共同开展国际生态环境治理，承担并履行了同发展中大国相适应的国际责任和公约义务，已经成为全球生态文明建设的重要参与者、贡献者和引领者。中国是全球可持续发展理念和行动的坚定支持者和积极实践者，党的十八大把生态文明建设提高到前所未有的高度，党中央、国务院高度重视生态环境保护和治理，积极开展多层次国际环境合作并强化履行环境国际公约义务。近年来，我国生态保护与建设取得积极成效，各种污染源得到切实有效控制，生态保护和修复取得重大进展，社会生态文明法治理念和意识不断加强，生态环境质量持续提升，以实际行动和成效履行了对环境国际公约的承诺。2016 年 5 月，联合国环境大会（UNEA）发布的《绿水青山就是金山银山：中国生态文明战略与行动》中指出，中国是全球可持续发展理念和行动的坚定支持者和积极实践者，中国的生态文明建设将为全球可持续发展和2030 年可持续发展议程做出重要贡献。

第一节　广泛参与生态环境全球治理的多项进程

全球环境治理被认为是规范环境保护进程的各种组织、政策工具、融资机制、规则、程序和范式的总和。全球治理的国际机制是指在国际关系特定领域里由行为体愿望汇聚而成的一整套明示或默示的原则、规范、规则和决策程序。在生态环境领域，环境治理国际机制主要由联合国及其专门机构等为代表的国际组织以及区域性组织和其他机构的基本原则、规则、规范和决策程序构成，主要表现为具有全球意义的国际环境公约和议定书以及区域性环境协定。截至 2016 年，我国加入的主要环境国际公约已达五十多项，涉及气候、大气、海洋、危险物质、荒漠化、生物资源和核安全等多个方面。从 20 世纪 70 年代以来，我国不仅积极参与联合国及其专门机构框架下的全球环境治理，还在多项区域性治理机制框架下开展环保领域的合作。同时广泛开展了与包括主要发达国家、发展中国家和周边国家在内的双边合作对象在环境领域的交流合作。中国参与全球生态环境治理的广度和深度不断加强。

一 联合国框架下的环境治理机制参与进程

联合国及其专门机构在国际环境问题治理上始终起着核心作用。整个联合国系统内的机构都在以不同的方式参与环境保护方面的工作。按照 1972 年联合国人类环境会议建议建立的联合国环境规划署（UNEP）是联合国系统内负责环境保护工作的主要机构，其一项重要职责就是促进并推动国际合作和行动，在现有的各项国际公约之间建立协调一致的联系。中国自 1973 年以来一直是联合国环境规划署理事会成员。1976 年，我国在肯尼亚内罗毕设立联合国环境规划署代表处。2006 年，国家环保总局与联合国环境规划署建立了年度工作会议机制。2009 年与联合国环境规划署签署双方合作谅解备忘录。2010 年，我国对联合国环境规划署的资金支持比 2006 年翻了一番。我国与联合国环境规划署长期保持着紧密伙伴关系，协调、推动和协助了联合国环境规划署项目的实施。联合国经济及社会理事会（ECOSOC）、联合国开发计划署（UNDP）等联合国主要机构，国际海事组织（IMO）、国际原子能机构（IAEA）、联合国教科文组织（UNESCO）、联合国粮农组织（FAO）、国际劳工组织（ILO）等联合国专门机构也都在各自职责范围内推动全球环境领域的国际合作。中国积极参加联合国框架下环境领域的合作机制和进程，签署了多项联合国环境治理框架下的核心国际公约，成为全球环境治理机制的重要参与者，在应对全球和区域环境重大问题方面发挥了重要作用。

（一）我国加入的联合国主要环境国际公约

20 世纪 70 年代以来，我国相继加入了包括《保护臭氧层维也纳公约》《联合国气候变化框架公约》《生物多样性公约》《关于持久性有机污染物的斯德哥尔摩公约》等在内的多项核心环境国际公约，并积极参加缔约方会议，履行公约义务。

1. 《濒危野生动植物种国际贸易公约》

《濒危野生动植物种国际贸易公约》（CITES）旨在通过对濒危

野生动植物种及其制品的国际贸易实施控制和管理，促进各国保护和合理利用濒危野生动植物资源，CITES 于 1975 年生效。截至 2014 年 8 月底，共有 180 个缔约方。作为野生动植物资源大国，我国高度重视濒危野生动植物保护，于 1981 年 1 月加入 CITES，同年 4 月 8 日生效。1988 年 7 月和 1997 年 12 月我国又相继通过了 CITES 第 21 条的修正案和第 11 条修正案。为了切实履行 CITES，我国分别成立了中华人民共和国濒危物种科学委员会和中华人民共和国濒危物种进出口管理办公室作为履约的科学机构和管理机构。2006 年 9 月 1 日颁布的《中华人民共和国濒危野生动植物进出口管理条例》作为履约的国家法规。

2.《保护臭氧层维也纳公约》及《关于消耗臭氧层物质的蒙特利尔议定书》

"南极臭氧洞"的发现引起国际社会对臭氧层保护的高度关注。在联合国环境规划署（UNEP）的推动下，《保护臭氧层维也纳公约》于 1985 年 3 月在奥地利首都维也纳通过，并于 1988 年 9 月生效。该公约旨在促进和鼓励各缔约国就保护臭氧层问题在法律、科学和技术方面进行合作研究和资料交换，要求缔约国采取适当的立法和行政措施，对引起臭氧层破坏的活动加以控制、限制、削减或禁止。

为了落实《保护臭氧层维也纳公约》并对消耗臭氧层物质进行有效控制，在联合国环境规划署主持下，国际社会于 1987 年 9 月在加拿大蒙特利尔的各国全权代表会议上通过了《关于消耗臭氧层物质的蒙特利尔议定书》，并于 1989 年 1 月生效。该议定书是国际上第一个明确提出在规定的时间内强制性淘汰、削减和控制义务的环境条约，规定了消耗臭氧层物质（ODS）的种类、控制基准（生产和贸易）、淘汰时间表、贸易、数据报告和运行机制六大规定；体现了发达国家和发展中国家"共同但有区别的责任"原则。[1] 该议定

---

① 环境保护部：《环境保护部牵头的国际环境公约信息及相关背景介绍》，2016 年 5 月 23 日，http://www.mee.gov.cn/home/rdq/gjhz/gjgy/201605/t20160523_343600.shtml。

书后来又经过了四次完善，分别是 1990 年 6 月在伦敦召开的第 2 次缔约方会议上形成的《伦敦修正案》、1992 年 11 月在哥本哈根召开的第 4 次缔约方会议上形成的《哥本哈根修正案》、1997 年 9 月在蒙特利尔召开的第 9 次缔约方会议上形成的《蒙特利尔修正案》和 1999 年 11 月在北京召开的第 11 次缔约方会议上形成的《北京修正案》。

中国政府十分重视保护臭氧层工作，于 1989 年正式加入《保护臭氧层维也纳公约》，1991 年 6 月又加入了《经修正的关于消耗臭氧层物质的蒙特利尔议定书》，2003 年 4 月加入了《哥本哈根修正案》，2010 年 1 月批准加入了《蒙特利尔修正案》和《北京修正案》。这些公约及议定书的实施对中国的臭氧层保护和 ODS 淘汰工作产生了积极的促进作用。

3.《控制危险废物越境转移及其处置巴塞尔公约》

在危险废物的产生和越境转移对人类健康和环境的威胁日益严重的背景下，1989 年 3 月联合国环境规划署在瑞士巴塞尔召开世界环境保护会议，通过了《控制危险废物越境转移及其处置巴塞尔公约》（以下简称《巴塞尔公约》）。《巴塞尔公约》于 1992 年 5 月正式生效，旨在减少危险废物的产生，限制危险废物的越境转移，并为允许越境废物转移的情形设计监管体系。1995 年 9 月，公约第 3 次缔约方大会通过了《〈巴塞尔公约〉修正案》，明确禁止从发达国家向发展中国家转移危险废弃物；1999 年第 5 次缔约方大会通过了《巴塞尔责任与赔偿议定书》。

1990 年 3 月 22 日我国签署《巴塞尔公约》，1991 年 9 月 4 日全国人大批准缔约。1999 年 10 月 31 日全国人大批准了《〈巴塞尔公约〉修正案》。中国作为《巴塞尔公约》的最早缔约方之一，积极参与公约的各种活动，为公约目标的实现做出了积极的贡献。

4.《联合国气候变化框架公约》及其《京都议定书》和《巴黎协定》

以《联合国气候变化框架公约》及其《京都议定书》和《巴黎

协定》为基础的国际合作是全球应对气候变化的主要机制。1992 年 5 月，联合国环境与发展会议召开，达成《联合国气候变化框架公约》。该公约旨在确立应对气候变化的最终目标，确立国际合作应对气候变化的基本原则，承认发展中国家有消除贫困、发展经济的优先需要，明确发达国家应率先减排，并负有向发展中国家提供资金、技术支持的责任义务等。截至 2016 年 6 月底，已有 197 个国家成为该公约的缔约国。我国于 1992 年 11 月 7 日经全国人大批准《联合国气候变化框架公约》，于 1993 年 1 月 5 日将批准书交存联合国秘书长处，该公约于 1994 年 3 月 21 日对我国生效。①

为推动《联合国气候变化框架公约》的实施，公约第 3 次缔约方会议在日本京都通过了具有法律约束力的《京都议定书》。在中国与其他发展中国家的积极努力下，经过一系列艰难谈判，截至 2016 年 6 月底，全世界共有 192 个国家签约。我国于 1998 年 5 月 29 日签署并于 2002 年 8 月 30 日核准了《京都议定书》，从 2005 年 2 月 16 日起对我国生效。2012 年，我国积极与其他发展中国家协力促成《〈京都议定书〉多哈修正案》通过，同时高度重视应对气候变化工作，将其作为生态文明建设的重要内容，实施了大量有助于减缓和适应气候变化的行动。

为对《京都议定书》第二承诺期到期后全球应对气候变化的国际机制做出安排，2015 年 12 月 12 日联合国召开了巴黎气候变化大会，国家主席习近平与全球 150 多个国家的领导人一同出席大会，会上通过了《巴黎协定》。其核心目标是：把全球平均气温升幅控制在工业化前水平以上低于 2°C 之内，并努力将气温升幅限制在工业化前水平以上 1.5°C 之内。② 《巴黎协定》是继《京都议定书》之后，全球应对气候变化的又一个有法律约束力的文件。我国一直积

---

① 《联合国气候变化框架公约》，中华人民共和国条约数据库，http：//treaty. mfa. gov. cn。

② 《巴黎协定》，中华人民共和国条约数据库，http：//treaty. mfa. gov. cn。

极参加并维护气候变化多边进程，致力于通过推动全球合作应对气候变化，并于开放签署首日就签署了该协定。在联合国巴黎气候变化大会前，我国与美国两度联合发表气候声明，并与欧盟以及英法德等国家和地区发布双边声明，中国行动具有显著的示范效应，对《巴黎协定》的通过起到了实质性促进作用。① 在我国及其他国家的积极推动下，多数缔约方加快了批准《巴黎协定》的进程。

5. 《生物多样性公约》及其议定书

1992 年 6 月，在联合国环境规划署发起的政府间谈判委员会第 7 次会议上，国际社会通过了《生物多样性公约》，并于1993 年 12 月 29 日生效。该公约旨在全球范围内保护濒临灭绝的动植物物种，以最大限度地保护地球生物资源多样性。我国于1992 年 6 月 11 日签署该公约。截至 2016 年 6 月，该公约共有196 个缔约方。

《〈生物多样性公约〉的卡塔赫纳生物安全议定书》（以下简称《卡塔赫纳生物安全议定书》）的目标是协助确保在安全转移、处理和使用凭借现代生物技术获得的、可能对生物多样性的保护和可持续使用产生不利影响的改性活生物体领域内采取充分的保护措施，同时顾及对人类健康所构成的风险并特别侧重越境转移问题。② 该议定书于 2000 年 1 月 29 日通过，2003 年 9 月 11 日生效。截至2016 年 6 月底，共有 170 个缔约方。中国政府代表团参与了该议定书谈判的全过程，并于 2000 年 8 月 8 日签署了该议定书。国务院于2005 年 4 月 27 日正式核准加入该议定书，该议定书于 2005 年 9 月 6日对我国开始生效。2016 年 12 月，我国获得了《生物多样性公约》第 15 次缔约方大会主办权。

---

① 《从〈京都议定书〉到〈巴黎协定〉中国逐渐成为国际气候治理引领者》，2018 年 5 月 29 日，http：//www. ccchina. org. cn/Detail. aspx? newsId =70469&TId =61。

② 联合国：《〈生物多样性公约〉的卡塔赫纳生物安全议定书》，2019 年 3 月 24日，https：//www. un. org/zh/documents/treaty/files/cartagenaprotocol. shtml。

《关于获取遗传资源和公正公平分享其利用所产生惠益的名古屋议定书》的目标是公正、公平地分享利用生物遗传资源所产生的惠益，包括通过适当获取遗传资源和适当转让相关技术，同时亦顾及对于这些资源和技术的所有权利，并提供适当的资金，从而对保护生物多样性和可持续地利用其组成部分做出贡献。① 该议定书于2010年10月29日通过，2014年10月12日生效。截至2016年6月底，该议定书共有73个缔约方。中国于2016年6月8日加入该议定书，并从2016年9月6日起生效。②

作为《生物多样性公约》缔约方，我国积极参与《生物多样性公约》及其议定书的谈判，认真履行公约义务，与联合国环境规划署和联合国开发计划署等机构实施了一大批生物多样性保护项目。同时，我国还积极推动国际多边机制建设，为《生物多样性公约》在国际层面的推进做出了贡献。

6.《联合国防治荒漠化公约》

《联合国防治荒漠化公约》是1992年联合国环境与发展会议《21世纪议程》框架下的三大重要环境公约之一。该公约于1994年6月在法国巴黎外交大会上通过，并于1996年12月26日开始生效。截至2014年8月，共有194个缔约方。该公约的目标是在发生严重干旱和/或荒漠化的国家，特别是在非洲防治荒漠化和缓解干旱影响，为此要在所有各级采取有效措施，辅之以在符合《21世纪议程——我们的行动计划》（以下简称《21世纪议程》）的综合办法框架内建立的国际合作和伙伴关系安排，以期协助受影响地区实现可持续发展。③ 中国政府高度重视防治荒漠化工作，于1994年10月14

---

① 徐靖、银森录、李俊生：《〈粮食和农业植物遗传资源国际条约〉与〈名古屋议定书〉比较研究》，《植物遗传资源学报》2013年第6期。

② 外交部：《〈生物多样性公约〉及其〈卡塔赫纳生物安全议定书〉、〈关于获取遗传资源和公正公平分享其利用所产生惠益的名古屋议定书〉》，2016年7月11日，www.fmprc.gov.cn。

③ 《我国加入的主要国际环境公约简介》，《环境保护》2006年第14期。

日签署了该公约，1997 年 5 月 9 日该公约开始对我国生效。我国积极开展防治荒漠化履约和国际合作，由我国创办的库布其国际沙漠论坛，作为实现《联合国防治荒漠化公约》战略目标的重要手段和平台，被写入了《联合国防治荒漠化公约》第 11 次缔约方大会报告。

7. 《关于持久性有机污染物的斯德哥尔摩公约》

持久性有机污染物（POPs）对人类健康和环境构成了严重威胁。联合国环境规划署于 2001 年 5 月在瑞典斯德哥尔摩召开外交全权代表大会，会议通过了《关于持久性有机污染物的斯德哥尔摩公约》。该公约旨在保护人类健康和环境免受持久性有机污染物的危害。2004 年 5 月，该公约正式生效。2009 年 5 月，该公约缔约方大会第 4 次会议通过了《〈关于持久性有机污染物的斯德哥尔摩公约〉新增列九种持久性有机污染物修正案》，将全氟辛基磺酸及其盐类和全氟辛基磺酰氟（PFOS/PFOSF）等九种持久性有机污染物列入受控名单。2011 年 4 月，该公约缔约方大会第 5 次会议通过了《〈关于持久性有机污染物的斯德哥尔摩公约〉新增列硫丹修正案》，将硫丹增列入该公约附件 A 的受控名单。我国自 1998 年以来一直参与该公约的谈判，并于 2001 年 5 月 23 日签署该公约，2004 年 6 月 25 日第十届全国人大第十次会议批准加入，该公约于 2004 年 11 月 11 日正式对我国生效。2012 年 8 月 30 日，《〈关于持久性有机污染物的斯德哥尔摩公约〉新增列九种持久性有机污染物修正案》和《〈关于持久性有机污染物的斯德哥尔摩公约〉新增列硫丹修正案》由第十二届全国人民代表大会常务委员会第四次会议批准通过。我国作为化学品生产和使用大国，积极参与了该公约的相关进程，为该公约的发展做出了积极贡献。

8. 《鹿特丹公约》

1998 年 9 月 10 日，在荷兰鹿特丹举行的外交全权代表会议上，《鹿特丹公约》（全称为《关于国际贸易中对某些危险化学品和农药采用事先知情同意程序的鹿特丹公约》）获得通过，并开放签署。该公约于 2004 年 2 月 24 日生效，截至 2015 年，该公约共有 154 个缔约方。该公约的目标是通过便利就国际贸易中的某些危险化学品的特性进行资料交流、为此类化学品的进出口规定一套国家决策程序并将这些决定通知缔约方，以促进缔约方在此类化学品的国际贸易中分担责任和开展合作，保护人类健康和环境免受此类化学品可能造成的危害，并推动以无害环境的方式加以使用。① 我国于 1999 年 8 月 24 日签署了《鹿特丹公约》。2004 年 12 月 29 日，十届全国人大常委会第十三次会议正式批准了《鹿特丹公约》，该公约于 2005 年 6 月 20 日对我国生效。

9. 《关于汞的水俣公约》

为促使国际社会共同采取行动，控制因汞生产、使用和排放导致的环境污染问题，减少其带来的相关危害。2013 年 10 月，由联合国环境规划署主办的"汞条约外交会议"在日本熊本市表决通过了旨在保护人体健康和环境免受汞和汞化合物人为排放和释放危害的《关于汞的水俣公约》，中国成为首批签约国。2016 年 4 月第十二届全国人大常委会第二十次会议决定批准《关于汞的水俣公约》，该公约要求缔约国自 2020 年起，禁止生产及进出口含汞产品。2017 年 8 月 16 日，《关于汞的水俣公约》对我国正式生效。我国全程参与《关于汞的水俣公约》缔约谈判并发挥重要作用，推动国际社会对汞污染防治取得共识，为缔结公约发挥了积极的建设性作用。作为该公约首批签约国，我国参加了第一次缔约方大会，谋划国家履约机制和"十三五"履约工作总体安排，积极制订国家履约实施计划，修订部门规章和行业标准，并将该公约履约目标和任务纳入《"十三五"生态环保规划》。

我国加入的联合国环境国际公约汇总于表 9—1。

---

① 《我国加入的主要国际环境公约简介》，《环境保护》2006 年第 14 期。

表9—1　　　　　　　　　　我国加入的联合国环境国际公约

序号	公约名称	缔结时间	我国批准/核准/接受/加入时间
1	《濒危野生动植物种国际贸易公约》（CITES）	1973年3月3日	1981年1月8日
2	《1983年国际热带木材协定》	1983年11月18日	1986年7月2日
3	《〈濒危野生动植物种国际贸易公约〉第二十一条的修正案》	1983年4月30日	1988年7月7日
4	《保护臭氧层维也纳公约》	1985年3月22日	1989年9月11日
5	《巴塞尔公约》	1989年3月22日	1991年9月4日
6	《联合国气候变化框架公约》	1992年5月9日	1993年1月5日
7	《生物多样性公约》	1992年6月5日	1993年1月5日
8	《联合国海洋法公约》	1982年12月10日	1996年6月7日
9	《关于执行1982年12月10日〈联合国海洋法公约〉第十一部分的协定》	1994年7月28日	1996年6月7日
10	《1994年国际热带木材协定》	1994年1月26日	1996年7月31日
11	《执行1982年12月10日〈联合国海洋法公约〉有关养护和管理跨界鱼类种群和高度洄游鱼类种群的规定的协定》	1995年8月4日	1996年11月6日*
12	《联合国防治荒漠化公约》	1994年6月17日	1997年2月18日
13	《〈濒危野生动植物种国际贸易公约〉第11条修正案》	1979年6月22日	1997年12月5日
14	《〈巴塞尔公约〉修正案》	1995年9月22日	2001年5月1日
15	《京都议定书》	1997年12月11日	2002年8月30日

序号	公约名称	缔结时间	我国批准/核准/接受/加入时间
16	《关于持久性有机污染物的斯德哥尔摩公约》	2001 年 5 月 22 日	2004 年 6 月 25 日
17	《鹿特丹公约》	1998 年 9 月 10 日	2004 年 12 月 29 日
18	《卡塔赫纳生物安全议定书》	2000 年 1 月 29 日	2005 年 6 月 8 日
19	《2006 年国际热带木材协定》	2006 年 1 月 27 日	2009 年 12 月 14 日
20	《蒙特利尔修正案》	1997 年 9 月 17 日	2010 年 1 月 30 日
21	《北京修正案》	1999 年 12 月 3 日	2010 年 1 月 30 日
22	《〈关于持久性有机污染物的斯德哥尔摩公约〉新增列硫丹修正案》	2011 年 4 月 29 日	2013 年 8 月 30 日
23	《〈关于持久性有机污染物的斯德哥尔摩公约〉新增列九种持久性有机污染物修正案》	2011 年 4 月 29 日	2013 年 8 月 30 日
24	《关于汞的水俣公约》	2013 年 10 月 10 日	2016 年 4 月 18 日
25	《关于获取遗传资源和公正公平分享其利用所产生惠益的名古屋议定书》	2010 年 10 月 29 日	2016 年 6 月 8 日
26	《巴黎协定》	2015 年 12 月 12 日	2016 年 9 月 3 日

注：标记 * 的日期为我国签署该公约的时间。

资料来源：中华人民共和国条约数据库（http：//treaty. mfa. gov. cn）。

（二）我国参与联合国专门机构环境治理机制

1. 国际海事组织框架下的海洋领域环境公约

国际海事组织（IMO）是联合国负责海上航行安全和防止船舶造成海洋污染的一个专门机构。其宗旨是促进各国的航运技术合作，鼓励各国在促进海上安全、提高船舶航行效率、防止和控制船舶对海洋污染方面采用统一的标准，处理有关法律问题。① 国际海事组织海洋环境保护委员会（MEPC）负责处理所有与船运有关的海洋环境保护问题。自成立以来，国际海事组织通过了一系列旨在保护海洋环境的公约，包括 1969 年《国际干预公海油污事故公约》、1972 年《防止倾倒废物和其他物质污染海洋公约》、1973 年《国际防止船舶造成污染公约》、1990 年《国际油污防备、反应与和合作公约》、2000 年《有毒有害物质污染事故防备、反应与合作议定书》、2001 年《控制船舶有害防污底系统国际公约》。中国于 1973 年加入该组织。1975 年国际海事组织第 9 届大会上，中国当选为 B 类理事国并一直连任。1989 年国际海事组织第 16 届大会上，中国当选为 A 类理事国并连任至今。

《防止倾倒废物和其他物质污染海洋公约》，又被称为《伦敦倾废公约》，是为保护海洋环境、敦促世界各国共同防止由于倾倒废弃物而造成海洋环境污染的公约。该公约于 1972 年 12 月 29 日由 80 个国家签署，1975 年 8 月 30 日生效。《1996 年议定书》是对《防止倾倒废物和其他物质污染海洋公约》的补充和修订。该议定书对倾废的管理更加严格，仅允许明确列入议定书附件的物质向海洋倾倒，同时，要求各国在其内水亦适用该议定书有关规定或采取其他有效的许可制度，防止故意向海洋倾倒或在海上焚烧废物。② 我国于 1985 年加入《伦敦倾废公约》，于 2006 年加入《1996 年议定书》。

2. 国际原子能机构框架下的核领域安全公约

国际原子能机构（IAEA），作为核领域进行科技合作的政府间协调中心，在核安全领域交换信息、制定方针和规范以及应有关政府要求提供加强核反应堆安全和避免核事故风险的方法等方面发挥

① 胡涵景：《国际上各贸易便利化机构所从事的贸易便利化工作概述》，《中国标准导报》2013 年第 3 期。

② 外交部：《〈防止倾倒废物和其他物质污染海洋公约〉及其〈1996 年议定书〉》，2014 年 10 月 16 日，https：//www.fmprc.gov.cn/web/ziliao_674904/tytj_674911/tyfg_674913/t1201189.shtml。

作用。1994 年 6 月 17 日由国际原子能机构在其总部举行的外交会议上通过了《核安全公约》。该公约的目的是通过加强本国行动与国际合作，包括在适当情况下与安全有关的技术合作，以在世界范围内实现和维持高水平的核安全；在核设施内建立和维持防止潜在辐射危害的有效防御措施，以保护个人、社会和环境免受来自此类设施的电离辐射的有害影响；防止带有放射后果的事故发生和一旦发生事故时减轻此种后果。① 自国际原子能机构成立以来，其先后制定了《及早通报核事故公约》《核事故或辐射紧急情况援助公约》《乏燃料管理安全和放射性废料管理安全联合公约》《修订〈关于核损害民事责任的维也纳公约〉议定书》和《补充基金来源公约》等一系列与核安全、辐射安全、废物管理安全标准有关的国际公约，对维护全球核安全，防止核污染发挥了重要作用。

在核安全领域，中方主张国际社会应通过合作，致力于提高全球范围内的核能安全水平，确保核能以安全的方式为人类造福。中国积极参与了《及早通报核事故公约》和《核事故或辐射紧急援助公约》的制定工作，并于 1986 年 9 月签署了上述公约。1988 年 12 月，中国参加了由国际原子能机构主持制定的《核材料实物保护公约》。1994 年 9 月，中国签署《核安全公约》。2006 年 4 月，中国加入《乏燃料管理安全和放射性废物管理安全联合公约》。2009 年 9 月，中国批准《〈核材料实物保护公约〉修正案》。近年来，中国深入参与国际原子能机构安全标准委员会、全球核安全与安保网络、亚洲核安全网络、监管合作论坛等各类重要机制，在国际原子能机构安全标准制定、能力建设、技术领域发挥了积极作用。

3. 联合国其他专门机构框架下的环境公约

1972 年 11 月，在巴黎举行的联合国教科文组织大会第 19 届会议通过了《保护世界文化和自然遗产公约》。该公约规定了文化遗产和自然遗产的标准，制定了文化和自然遗产的国家保护和国际保护

---

① 《我国加入的主要国际环境公约简介》，《环境保护》2006 年第 7B 期。

措施，这是一项具有深远影响的国际公约。① 自 1975 年生效以来，共有 180 个国家和地区加入该公约，中国于 1985 年加入，截至 2018 年 7 月 2 日，中国的世界遗产已达 53 项。另外，中国还加入了联合国劳工组织、联合国粮农组织以及世界卫生组织通过的《作业场所安全使用化学品公约》《建筑业安全卫生公约》《国际植物保护公约（1997 年修订本）》和《烟草控制框架公约》等涉及环境保护的国际公约（见表 9—2）。

表 9—2　　　　　我国加入的联合国专门机构国际公约和协定

序号	公约和协定名称	缔结时间	我国批准/核准/接受/加入时间	管理机构
1	《防止倾倒废物和其他物质污染海洋公约》	1972 年 12 月 29 日	1985 年 11 月 14 日	国际海事组织
2	《1973 年国际防止船舶造成污染公约及其 1978 年议定书附则 I 修正案》	1984 年 9 月 7 日	1986 年 1 月 7 日*	国际海事组织
3	《干预公海非油类物质污染议定书》	1973 年 11 月 2 日	1990 年 2 月 23 日	国际海事组织
4	《国际干预公海油污事故公约》	1969 年 11 月 29 日	1990 年 2 月 23 日	国际海事组织
5	《国际油污防备、反应和合作公约》	1990 年 11 月 30 日	1998 年 3 月 30 日	国际海事组织
6	《1996 年议定书》	1996 年 11 月 7 日	2006 年 6 月 29 日	国际海事组织
7	《国际燃油污染损害民事责任公约》	2001 年 3 月 23 日	2008 年 12 月 9 日	国际海事组织

① 《保护世界文化和自然遗产公约》，2006 年 5 月 23 日，http://www.gov.cn/test/2006 - 05/23/content_288352.htm。

续表

序号	公约和协定名称	缔结时间	我国批准/核准/接受/加入时间	管理机构
8	《有毒有害物质污染事故防备、反应与合作议定书》	2000 年 3 月 15 日	2009 年 11 月 19 日	国际海事组织
9	《控制船舶有害防污底系统国际公约》	2001 年 10 月 5 日	2011 年 3 月 3 日	国际海事组织
10	《及早通报核事故公约》	1986 年 9 月 26 日	1987 年 9 月 14 日	国际原子能机构
11	《核事故或辐射紧急援助公约》	1986 年 9 月 26 日	1987 年 9 月 14 日	国际原子能机构
12	《核材料实物保护公约》	1980 年 3 月 3 日	1989 年 1 月 10 日	国际原子能机构
13	《核安全公约》	1994 年 6 月 17 日	1996 年 4 月 9 日	国际原子能机构
14	《乏燃料管理安全和放射性废物管理安全联合公约》	1997 年 9 月 5 日	2006 年 4 月 29 日	国际原子能机构
15	《〈核材料实物保护公约〉修正案》	2005 年 7 月 8 日	2009 年 9 月 14 日	国际原子能机构
16	《保护世界文化和自然遗产公约》	1972 年 11 月 23 日	1985 年 12 月 12 日	联合国教科文组织
17	《作业场所安全使用化学品公约》	1990 年 6 月 25 日	1995 年 1 月 1 日	国际劳工组织
18	《建筑业安全卫生公约》	1988 年 6 月 20 日	2001 年 10 月 21 日	国际劳工组织

续表

序号	公约和协定 名称	缔结时间	我国批准/核准/ 接受/加入时间	管理 机构
19	《国际植物保护公约 （1997 年修订本）》	1997 年 11 月 17 日	2005 年 9 月 22 日	联合国粮农 组织
20	《世界气象组织公约》	1947 年 10 月 11 日	1973 年 4 月 27 日	世界气象 组织
21	《烟草控制框架公约》	2003 年 5 月 21 日	2005 年 8 月 28 日	世界卫生 组织

注：加注 * 的日期为该公约对我国生效时间。

资料来源：中华人民共和国条约数据库（http：//treaty. mfa. gov. cn）。

（三）出席联合国环境会议，参与全球治理

在环境国际公约之外，全球性环境会议也是联合国框架下环境治理机制的重要组成内容。自从 1972 年联合国人类环境会议召开以来，联合国及其专门机构组织了多次与环境有关的重大国际会议，如 1982 年 5 月在肯尼亚首都内罗毕召开的"纪念联合国人类环境会议十周年特别会议"（又称内罗毕国际环境会议），1992 年联合国环境与发展会议，2000 年的联合国千年首脑会议，2002 年在约翰内斯堡召开的可持续发展世界首脑会议（又称地球首脑会议），以及 2015 年的联合国可持续发展首脑峰会。这些会议中通过了很多对全球环境治理具有重大意义的议程和宣言，如《21 世纪议程》《千年宣言》和《2030 年可持续发展议程》等。中国国家领导人参加了上述会议，在推动会议取得成果上发挥了重要作用。

1992 年，联合国环境与发展会议通过了《21 世纪议程》。其涵盖的行动领域包括保护大气层，阻止砍伐森林、水土流失和沙漠化，防止空气污染和水污染，预防渔业资源的枯竭，改进有毒废弃物的安全管理等方面，是"世界范围内可持续发展行动计划"。该议程要求各国根据本国情况制订各自的可持续发展战略和计划。时任国家

总理李鹏代表中国政府做出了履行《21 世纪议程》等文件的庄严承诺。1992 年 7 月由国务院环委会组织编制了《中国 21 世纪议程》，1994 年 3 月 25 日国务院第十六次常务会议讨论通过。另外，我国早在 1992 年就成立了《中国 21 世纪议程》领导小组及其办公室，随后还设立了中国 21 世纪议程管理中心，承担中国 21 世纪议程项目实施管理的具体工作。

在 2000 年联合国千年首脑会议上，与会各方共同通过了《千年宣言》，制定了千年发展目标（MDGs），其中目标七为"确保环境的可持续性"。在 MDGs 落实过程中，中国在环境国际治理中的作用越来越大，2005 年中国代表团参加巴黎会议并签署了《巴黎宣言》，实现了从受援方的单一身份向既接受援助的同时也对外援助的转变，中国参与环境国际治理的形式更加多样。其后，中国对外援助的项目数量和金额不断增长，对其他发展中国家和欠发达地区的生态环境治理，起到了重要的推动作用。据统计，在 MDGs 落实期间，中国在南南合作框架下共为 120 多个发展中国家提供了援助。①

为总结里约峰会以来的成果，商讨全球在环境与发展方面的行动计划，2002 年 8 月底，联合国在南非约翰内斯堡举办了可持续发展世界首脑会议。这是继 1992 年里约会议之后，全球关于环境问题最重要的国际性会议。会议主要目的在于将全球可持续发展共识转变成可行性的计划和方案，形成统一的全球目标。时任国务院总理朱镕基参加会议，并与其他国家领导人共同通过了《可持续发展世界首脑会议执行计划》和《约翰内斯堡宣言》等文件。

继 1992 年里约峰会及 2002 年可持续发展世界首脑会议后，2012 年又在巴西里约热内卢召开了"里约 + 20"联合国可持续发展峰会。会议旨在推动可持续发展国际合作取得积极成果，形成了大会成果文件《我们憧憬的未来》。时任国务院总理温家宝出席大会并

---

① 外交部：《2015 年后发展议程中方立场文件》，2015 年 5 月 13 日，https：//www. fmprc. gov. cn/web/ziliao_674904/tytj_674911/zcwj_674915/t1263453. shtml。

表明了中国立场。

2015 年 9 月，世界各国领导人在第 70 届联合国大会上通过了《2030 年可持续发展议程》，该议程包括 17 个可持续发展目标和 169 个具体目标，涉及社会、经济和环境三个可持续发展的层面，于 2016 年 1 月 1 日正式生效。① 自《2030 年可持续发展议程》的制定工作启动以来，中国高度重视议程进展，积极参加讨论和磋商，提出了很多建设性意见。中国联合国协会连续三次与联合国开发计划署进行非正式磋商，广泛听取社会层意见。我国外交部成立了多个部委共同参加的部际协商机制，召开了多次非正式协商。2013 年 9 月 22 日，外交部发布了《2015 年后发展议程中方立场文件》，阐述了中国对 2015 年后发展议程的基本指导原则、重点领域和优先方向、实施机制等的立场和看法。2015 年 5 月，中国再次发布立场文件，突出了全球发展伙伴关系构建、发展融资、全球经济治理以及后续的实施和监管等要素。② 在该议程的制定过程中，中国经历了从最初的相对被动应付到积极参与配合，再到后期积极、高调参与的过程。

《2030 年可持续发展议程》通过后，中国第一时间发布《中国落实 2030 年可持续发展议程国别方案》，积极为全球可持续发展贡献中国智慧。同时，中国还大幅增加对全球环境基金及环境国际公约的赠款，成为发展中国家中的最大捐资国，有效增强了中国在全球生态环境治理中的话语权和影响力。2016 年，联合国环境规划署发布了《绿水青山就是金山银山：中国生态文明战略与行动》报告，中国在生态环境治理方面取得的成绩获得高度赞赏。

中国参与全球生态环境治理的进程如图 9—1 所示。

---

① 《2030 年可持续发展议程》，2016 年 1 月 13 日，https：//www.fmprc.gov.cn/web/ziliao_674904/zt_674979/dnzt_674981/qtzt/2030kcxfzyc_686343/t1331382.shtml。

② 外交部：《2015 年后发展议程中方立场文件》，2015 年 5 月 13 日，https：//www.fmprc.gov.cn/web/ziliao_674904/tytj_674911/zcwj_674915/t1263453.shtml。

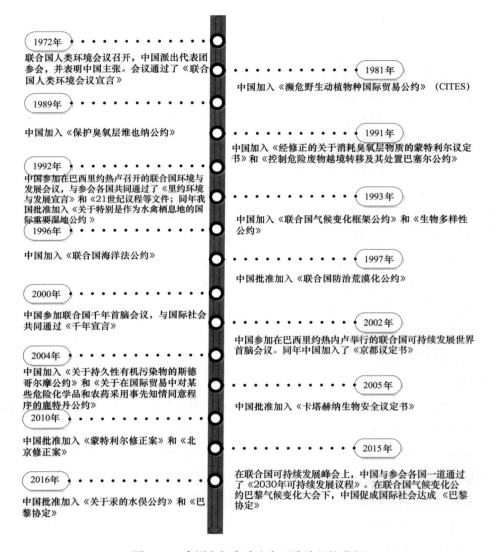

1972年
联合国人类环境会议召开，中国派出代表团参会，并表明中国主张。会议通过了《联合国人类环境会议宣言》

1981年
中国加入《濒危野生动植物种国际贸易公约》（CITES）

1989年
中国加入《保护臭氧层维也纳公约》

1991年
中国加入《经修正的关于消耗臭氧层物质的蒙特利尔议定书》和《控制危险废物越境转移及其处置巴塞尔公约》

1992年
中国参加在巴西里约热卢召开的联合国环境与发展会议，与参会各国共同通过了《里约环境与发展宣言》和《21世纪议程等文件；同年我国批准加入《关于特别是作为水禽栖息地的国际重要湿地公约》

1993年
中国加入《联合国气候变化框架公约》和《生物多样性公约》

1996年
中国加入《联合国海洋法公约》

1997年
中国批准加入《联合国防治荒漠化公约》

2000年
中国参加联合国千年首脑会议，与国际社会共同通过《千年宣言》

2002年
中国参加在巴西里约热内卢举行的联合国可持续发展世界首脑会议。同年中国加入了《京都议定书》

2004年
中国加入《关于持久性有机污染物的斯德哥尔摩公约》和《关于在国际贸易中对某些危险化学品和农药采用事先知情同意程序的鹿特丹公约》

2005年
中国批准加入《卡塔赫纳生物安全议定书》

2010年
中国批准加入《蒙特利尔修正案》和《北京修正案》

2015年
在联合国可持续发展峰会上，中国与参会各国一道通过了《2030年可持续发展议程》。在联合国气候变化公约巴黎气候变化大会下，中国促成国际社会达成《巴黎协定》

2016年
中国批准加入《关于汞的水俣公约》和《巴黎协定》

图9—1　中国参加全球生态环境治理的进程

二　专业性和区域性的环境治理机制

（一）中国加入的专业性环境国际公约

为了保护水禽栖息地，减少人类活动对重要湿地的侵蚀，保护全球湿地和湿地资源。1971年2月2日，国际社会在伊朗拉姆萨尔共同签署了《关于特别是作为水禽栖息地的国际重要湿地公约》。目前，该公约已经成为国际上重要的自然保护公约，受到各国政府的重视。截至 2014 年 8 月底，该公约共有 168 个缔约方。1982 年 12 月在法国巴黎联合国教科文组织总部召开了缔约方特别大会，通过了《巴黎议定书》。1984 年 5 月召开了第二届缔约方大会，制定了公约实施框架。1987 年缔约方特别大会以及第三届缔约方大会，对第 6、第 7 条进行非实质性修改。中国于 1992 年 7 月加入该公约。

另外，中国还于 1988 年 12 月 14 日加入了《外空物体所造成损害之国际责任公约》，1999 年 3 月 23 日加入了《国际植物新品种保护公约（1978 年文本）》，1994 年 8 月 2 日批准加入了《关于环境保护的南极条约议定书》（见表 9—3）。

表9—3　　　　　　　　　　我国加入的专业性国际公约

公约和协定名称	缔结时间	中国批准/核准/接受/加入时间
《关于特别是作为水禽栖息地的国际重要湿地公约》	1971 年 2 月 2 日	1992 年 7 月 31 日
《外空物体所造成损害之国际责任公约》	1972 年 3 月 29 日	1988 年 12 月 14 日
《国际植物新品种保护公约（1978 年文本）》	1978 年 10 月 23 日	1999 年 3 月 23 日
《关于环境保护的南极条约议定书》	1991 年 6 月 23 日	1994 年 8 月 2 日

资料来源：中华人民共和国条约数据库（http：//treaty. mfa. gov. cn）。

（二）中国加入的区域性环境公约

在区域生态环境保护和资源利用方面，中国加入了多项多边环境公约，主要涉及海洋生物资源养护和渔业养护及管理等方面（见表 9—4）。为养护大西洋金枪鱼和类金枪鱼资源，中国于 1996 年 10 月 24 日加入了《养护大西洋金枪鱼国际公约》。为养护南极海洋生

物资源，中国于 2006 年 9 月 19 日加入了《南极海洋生物资源养护
公约》。此外，中国还批准加入了《中白令海峡鳕资源养护与管理公
约》《安提瓜公约》等公约。中国加入公约并积极发挥作用，在区
域海洋资源保护方面做出了重要的贡献。

表 9—4　　　　　　　　　　　我国加入的区域性环境公约

公约和协定名称	缔结时间	中国批准/核准/接受/加入时间
《养护大西洋金枪鱼国际公约》	1966 年 5 月 14 日	1996 年 10 月 24 日
《南极海洋生物资源养护公约》	1980 年 5 月 20 日	2006 年 9 月 19 日
《中白令海峡鳕资源养护与管理公约》	1994 年 6 月 16 日	1995 年 9 月 22 日
《中西部太平洋高度洄游鱼类种群养护和管理公约》	2000 年 9 月 4 日	2004 年 7 月 9 日
《关于加强美利坚合众国与哥斯达黎加共和国 1949 年公约设立的美洲间热带金枪鱼委员会的公约》（《安提瓜公约》）	2003 年 6 月 27 日	2009 年 6 月 17 日

资料来源：中华人民共和国条约数据库（http：//treaty. mfa. gov. cn）。

（三）积极参加的区域合作组织环境治理机制

区域合作组织及其环境治理机制在应对区域性共同关心的环境
问题方面发挥着重要作用。中国积极与区域性组织开展广泛的环境
保护合作，积极参与区域性环境保护治理机制，在地区生态环境保
护方面起着越来越重要的作用。目前，中国已经在中日韩三国、金
砖国家、东盟和中日韩（10＋3）、西北太平洋、东亚海等区域次区
域合作框架下，参与区域环境合作倡议，分享中国环境治理经验，
开展区域环境保护合作行动，在推动区域环境治理方面做出了重要
贡献。

从 1999 年中日韩合作进程启动至今，三国建立的环境部长会议

机制已经连续召开了 20 次部长会议。三国环境部门共同制订《中日韩环境合作联合行动计划（2010—2014）》，在第 17 次部长级会议上通过了《中日韩环境合作联合行动计划（2015—2019）》。中国积极参与三国环境合作联合行动计划的制订和实施，在生物多样性保护、气候变化、污染控制、生态修复、电子废弃物越境转移、环境教育和公众参与等诸多领域与日韩两国达成了共识，并形成了共同应对区域生态环境问题的沟通和协调机制，为区域生态环境治理做出了重要贡献。

全球与区域环境安全是金砖国家环境合作的核心议题之一。作为金砖国家领导人会议机制下的环境合作机制，金砖国家环境部长会议已连续召开了四次，取得了重要成果，多次联合发表了《金砖国家环境部长正式会议声明》，通过了《金砖国家环境合作谅解备忘录》《金砖国家环境可持续城市伙伴关系倡议》等文件。在金砖国家合作框架下，中国积极宣传分享环境治理经验，促进信息交流，通过高层对话、能力建设和联合研究的形式推动在循环经济、生物多样性、水资源管理等方面的合作。

中国—东盟生态环境保护合作是南南环境合作的重要内容。多年来我国积极推进与东盟国家在生态环境领域的合作，建立的中国—东盟环境保护合作中心和澜沧江—湄公河环境合作中心已成为南南环境合作的区域平台。与东盟共同制订了《中国—东盟环境保护合作战略（2009—2015）》《中国—东盟环境合作行动计划（2011—2013）》《中国—东盟环境合作行动计划（2014—2015）》《中国—东盟环境保护合作战略（2016—2020）》等战略和行动计划，并于每年开展环保合作活动。其中，连续成功举办 7 届的中国—东盟环境合作论坛，已成为区域环境政策高层对话的重要平台。建设环保产业国际合作示范基地推介我国环境综合解决方案，推动中国和东盟及其他发展中国家共同提高环境保护的能力。自 2005 年起，中国环境保护部通过举办发展中国家环保高级官员研修班，培训了来自非洲、亚洲、欧洲、拉美及南太平洋等地区 120 多个发展中国家的 1000 多位高级环境官员，帮助他们提升环境保护能力，得到联合国环境署的高度赞扬，被誉为"南南合作的典范"。① 另外，中国在绿色经济、国际环境公约履约等领域开展了一系列提高发展中国家环境管理能力的项目和活动，全球已有 80 多个国家受益。

生态环境保护合作是绿色"一带一路"建设的重要内容。我国发布的《"一带一路"生态环境保护规划》成为共建绿色"一带一路"的行动纲领和指南，对"一带一路"生态环境国际合作及沿线国家生态环境共建发挥了重要作用。中国环境保护部与联合国环境规划署于 2017 年 5 月在北京共同倡议建立"一带一路"绿色发展国际联盟，旨在推动"一带一路"沿线国家在绿色能源、绿色交通及绿色金融等方面的国际合作。此外，作为推动国际环境公约履约的实践探索，中国与亚非国家在生物多样性、化学品等国际公约履约能力建设方面开展合作，在埃塞俄比亚开展环境履约项目等。

此外，中国承担着西北太平洋行动计划（NOWPAP）的数据与信息网络区域活动中心（DINRAC）工作，负责数据与信息网络建设和区域海洋环境政策研究，组织召开每年一届的联络员会议，为政府间会议提供工作报告和具体技术支持。

（四）开展广泛的生态环境保护双边合作

截至目前，中国已经与 100 多个国家开展了环境保护交流合作，与美国、加拿大、日本、俄罗斯等 60 多个国家和国际组织签署近 150 项合作文件，并与多个国家、国际或区域组织建立了双边合作机制和合作平台，在促进国内环保技术水平提升和环保产业的发展、推动履行国际公约义务、提升发展中国家环境治理能力等方面发挥了积极作用。②

---

① 姜欢欢、原庆丹、李丽平、张彬、李媛媛、黄新皓：《从参与者、贡献者到引领者——我国环保事业发展回顾》，《紫光阁》2018 年第 11 期。

② 《环保部举行环境保护国际合作情况新闻发布会》，2017 年 7 月 20 日，http：//www.scio.gov.cn/xwfbh/gbwxwfbh/xwfbh/hjbhb/Document/1559676/1559676.htm。

　　中国与美国在环境保护领域的合作起步早、成果丰富，且始终受到两国领导人的高度重视。从 20 世纪 80 年代初开始，中美两国签署了多项环境备忘录、议定书和合作框架协议（见表 9—5）。在大气、水、化学品、固体废弃物、环境保护政策、污染控制、排污许可证制度及排污权交易等方面，中美开展了务实高效的合作交流。

表 9—5　　　　　　　中国与美国签署的环境领域双边条约

条约名称	签署时间
《中华人民共和国国务院环境保护领导小组办公室和美利坚合众国环境保护局环境保护科学技术合作议定书》	1980 年 2 月 5 日
《中华人民共和国国家基本建设委员会和美利坚合众国住房和城市发展部建筑和城市规划科技合作议定书》	1981 年 10 月 17 日
《中华人民共和国和美利坚合众国能源与环境合作倡议书》	1997 年 10 月 29 日
《中美环境与发展合作联合声明》	2000 年 5 月 19 日
《中华人民共和国政府和美利坚合众国政府关于能源和环境十年合作的框架文件》	2006 年 6 月 18 日
《中华人民共和国环境保护部与美利坚合众国贸易发展署、美利坚合众国环境保护局关于清洁水的合作谅解备忘录》	2008 年 12 月 4 日
《中美能源环境十年合作框架下的绿色合作伙伴计划框架》	2008 年 12 月 4 日
《中华人民共和国政府与美利坚合众国政府关于加强气候变化、能源和环境合作的谅解备忘录》	2009 年 11 月 5 日
《中国国家能源局和美国贸易发展署关于中国在中美能源合作项目框架下使用航空生物燃料的谅解备忘录》	2010 年 5 月 26 日
《中华人民共和国环境保护部和美利坚合众国环境保护局环境领域科学技术合作谅解备忘录》	2010 年 10 月 10 日

　　资料来源：中华人民共和国条约数据库（http：//treaty. mfa. gov. cn）。

　　中国与俄罗斯已经建立了多层次、全方位的环境保护合作机制。1994 年，《中华人民共和国政府和俄罗斯联邦政府环境保护合作协定》的签署，开启了两国环境保护合作进程。1998 年，由中国黑龙江省牵头与俄罗斯成立了中俄联合工作小组，建立了环境保护沟通联系的渠道。1999 年，两国构建了中俄地方政府环境保护技术合作框架。2005 年，两国又在中俄总理定期会晤委员会下建立环境保护合作分委会，重点围绕跨境自然保护区生物多样性保护、跨境河流水体水质监测保护、环境灾害应急和污染防治等方面开展合作。2015 年，两国在中俄友好、和平发展委员会机制下增设生态理事会，旨在推动两国开展民间环境保护合作。2017年，双方又启动了固废处理、绿色金融、绿色技术和环保产业方面的合作。通过中国的积极推动，中俄环境保护合作已经成为两国战略伙伴关系的重要内容。

此外，中国还积极开拓双边环境保护合作新模式，在双边无偿援助项目下，与欧盟、日本、德国、加拿大等多个国家和国际组织开展环境保护合作，建立环境合作联合委员会或调解员机制与众多国家进行环境保护交流与合作。

在核安全领域，中国与美国、法国、俄罗斯等国家开展了长期的双边核安全合作，在维护全球和地区核安全和防止核污染方面发挥了重要作用。另外，截至 2017 年底，中国已经和巴基斯坦、罗马尼亚、南非、阿根廷、捷克、土耳其、沙特阿拉伯、英国、越南等国家签署了核安全合作协议，覆盖了绝大多数"一带一路"沿线核电"走出去"重点国家。

三 参与世界贸易组织（WTO）框架下的环境治理

世界贸易组织（WTO）是当代最重要的国际经济组织之一，目前共有 164 个成员，成员贸易总额占全球的 98% 上下，有"经济联合国"之称。20 世纪 70 年代，世界贸易组织及其前身关税及贸易总协定（GATT）开始讨论贸易与环境问题。1994 年 4 月，成立了贸易与环境委员会专门协调处理与贸易有关的环境问题。

世界贸易组织在其许多协定、协议中都包含了与环境有关的条款。《马拉喀什建立世界贸易组织协定》在前言部分指出，为持续发展之目的扩大对世界资源的充分利用，保护和维护环境。《技术性贸易壁垒协议》中指出，各成员可出于"保护人类健康或安全、保护动物或植物生命或健康及保护环境"的合理目标设置必要的规章或标准。《实施卫生与植物卫生措施协议》明确指出，成员在进行危险评估时，成员方应考虑"有关的生态和环境条件"。《与贸易有关的知识产权协定》第 20 条规定，各成员可出于"保护人类、动物或植物的生命或健康或避免对环境造成严重损害"的原因拒绝对某些发明授予专利权。《服务贸易总协定》《农业协议》等协定中也有涉及环境保护的条款。上述与环境有关的贸易协定条款在促进全球贸易与环境保护协调发展方面发挥了积极作用。

中国于 2001 年 WTO 多哈部长会议上正式加入世界贸易组织，并从 2002 年起参加 WTO 多边贸易谈判。此次会议上，贸易与环境问题被列入新一轮多边贸易谈判范围。为此，中国成立了 WTO 环境与贸易工作领导小组及其办公室，负责组织、协调国家环境保护总局参加世界贸易组织有关环境问题谈判及有关重大事宜，负责与WTO 相关的涉及环境保护的有关承诺在国内的履行工作。中国代表团参加了 WTO 环境与贸易委员会历次会议，并提交了相关提案。同时，中国是《环境产品协定》（EGA）谈判的发起方之一，始终以积极建设性态度参与磋商，并在二十国集团领导人杭州峰会期间推动谈判达成重要共识。中国积极维护世贸组织争端解决机制有效运转，积极参与改进世贸组织争端解决程序的谈判，支持世贸组织上诉机构独立公正开展上诉审议工作。中国通过修订出口退税等贸易政策，抑制了对环境有负面影响的产品出口，分别于 2007 年和 2010 年发布的《财政部国家税务总局关于调低部分商品出口退税率的通知》和《关于取消部分商品出口退税的通知》中取消或降低了部分"高耗能、高污染、资源性"产品的出口退税，促进了国内产业转型，同时对全球可持续发展做出了贡献。

第二节　履约推动国内生态环境治理行动

　　中国不仅积极加入重要的环境国际公约或议定书，切实履行公约规定的义务，更重视通过履约推动国内生态环境治理水平的提升，提高生态环境质量。为了完成公约目标，中国先后建立了由环保部门牵头、多部门配合组成的多个履约管理部门，强化环境管理立法和制度建设，重视履约机制建设，出台了一系列法律法规和履约国家方案，并努力通过履约项目的实施推动产业结构调整和技术升级。近年来，中国在公约履约方面兑现了对国际社会的承诺，展示了一个负责任大国的形象，同时有力地推动了生态文明建设的进程，成效显著。截至目前，中国各类陆域保护地面积已达 170 多万平方千米，约占陆地国土面积的 18%，提前完成《生物多样性公约》所要求 2020 年达到 17% 的目标；超过 90% 的陆地自然生态系统类型、89% 的国家重点保护野生动植物种类以及大多数重要自然遗迹均在自然保护区内得到保护；湿地保护率从 2013 年的 43.51% 提高到 2018 年的 52.19%；2009—2014 年，沙化土地面积净减少 9902 平方千米，年均减少 1980 平方千米，已经实现了荒漠化土地零增长的《联合国防治荒漠化公约》目标；累计淘汰 ODS 约 28 万吨，占发展中国家淘汰量一半以上，提前超额完成含氢氯氟烃淘汰第一阶段《关于消耗臭氧层物质的蒙特利尔议定书》履约任务；2017 年中国单位国内生产总值二氧化碳排放比 2005 年下降约 46%，已提前兑现对国际社会的承诺。

一　生态保护领域履约行动和进展

（一）生物多样性保护

　　为落实《生物多样性公约》及其议定书的相关规定，中国成立了生物多样性保护国家委员会，统筹全国生物多样性保护工作。先后修订或颁布了五十多项与生物多样性保护有关的法律法规，制定了一系列生物多样性保护的标准。发布并实施了《全国主体功能区规划》《中国生物多样性保护行动计划》《中国自然保护区发展规划纲要（1996—2010年）》《全国生态环境建设规划》《全国生态环境保护纲要》《全国生物物种资源保护与利用规划纲要（2006—2020）》《中国生物多样性保护战略与行动计划（2011—2030年）》等一系列保护生物多样性的规划计划。启动了"联合国生物多样性十年中国行动（2011—2020）"和生物多样性保护重大工程，完成了生物多样性优先区域边界核定工作。另外，积极通过深化国际交流合作，履行公约及其《卡特赫纳生物安全议定书》等责任。

中国已建成以自然保护区为骨干，包括风景名胜区、森林公园等不同类型保护地的保护网络体系。截至2015年底，中国共建成自然保护区2729个，总面积达147万平方千米，约占陆地国土面积的14.8%，高于12.7%的世界平均水平，85%的陆地生态系统类型和野生动植物得到有效保护。建立了60多处大熊猫自然保护区，野生大熊猫种群数量由2000年的1100余只增加到2013年底的1864只。野生朱鹮数量由1981年发现时的7只发展到目前的1000多只。天然林资源保护工程投资达3626亿元，约105万平方千米的天然林得到有效保护。中国森林面积净增长10万平方千米以上，重点生态功能区草原植被盖度提高11%，修复红树林等退化湿地2800多平方千米，实施水土流失封育保护面积72万平方千米。①

超过90%的陆地自然生态系统类型、89%的国家重点保护野生动植物种类以及大多数重要自然遗迹均在自然保护区内得到保护，大熊猫、东北虎、朱鹮、藏羚羊、扬子鳄等部分珍稀濒危物种野外种群数量稳中有升。同时，环境保护部联合国家旅游局开展国家生态旅游示范区建设，推动天津、河北等地建立72个国家生态旅游示

---

① 《我国生物多样性保护成效显著》，《中国环境报》2015年12月3日第1版。

范区。①

（二）生物安全管理

中国政府高度重视《卡塔赫纳生物安全议定书》的履约工作。专门成立了国家生物安全管理办公室，出台《中国国家生物安全框架》，提出中国转基因生物安全管理的政策、法规体系和能力建设的国家方案，逐步加强和完善对生物安全的管理。1993 年以来，我国相继发布了《基因工程安全管理办法》《农业生物基因工程安全管理实施办法》《烟草基因工程研究及其应用管理办法》《人类遗传资源管理暂行办法》《农业转基因生物安全管理条例》《农业转基因生物进口安全管理办法》《农业转基因生物安全评价管理办法》《农业转基因生物标识管理办法》《转基因食品卫生管理办法》《进出境转基因产品检验检疫管理办法》等管理办法，初步建立了中国转基因生物安全管理的政策体系和法规体系。②

（三）湿地保护

中国湿地资源丰富。自从 1992 年加入《关于特别是作为水禽栖息地的国际重要湿地公约》以来，中国相继颁布实施了《森林法》《野生动物保护法》《水法》《环境保护法》等法律法规，出台了《全国湿地保护工程规划（2002—2030 年)》《全国湿地保护工程实施规划（2011—2015 年)》等湿地保护规划，试点建立了湿地生态效益补偿机制和重要湿地生态补水机制，成立了跨部门的国家履约委员会，加强对包括 41 处国际重要湿地、500 多个湿地自然保护区在内的湿地生态的保护管理，并积极参加国际合作。我国湿地保护取得了显著成效，湿地干旱缺水、泥沙淤积、水体污染等状况得到一定程度的改善。

---

① 陈吉宁：《国务院关于自然保护区建设和管理工作情况的报告》，2016 年 7 月 1 日，http：//www. npc. gov. cn/npc/xinwen/2016 – 07/01/content_1992679. htm。

② 生态环境部：《环境保护部牵头的国际环境公约信息及相关背景介绍》，2016 年 5 月 23 日，http：//www. mee. gov. cn/home/rdq/gjhz/gjgy/201605/t20160523_343600. shtml。

中国国际湿地公约履约办公室发布的《中国国际重要湿地生态状况白皮书》显示，目前中国已形成了以自然保护区、湿地公园为主体的湿地保护体系。截至 2018 年底，全国共有 602 个湿地类型自然保护区，898 个国家湿地公园，57 处国际重要湿地，范围面积 694 万公顷，其中内地 56 处、香港 1 处。对内地 56 处湿地的监测和评估结果显示，湿地面积 320.18 万公顷，自然湿地面积 300.10 万公顷。湿地类型包括内陆湿地 41 处，近海与海岸湿地 15 处；有湿地植物约 2114 种，湿地植被覆盖面积达 173.94 万公顷；有湿地鸟类约 240 种。① 湿地保护率从 2013 年的 43.51%（第二次全国湿地资源调查结果，2014 年 1 月）提高到 52.19%，这对保护具有区域乃至全球的重要意义的生物多样性贡献巨大。

（四）荒漠化防治

中国是世界上荒漠化面积最大、受影响人口最多的国家之一。自 1994 年中国政府签署《联合国防治荒漠化公约》以来，中国先后制定了《履行〈联合国防治荒漠化公约〉国家行动方案》《中华人民共和国防沙治沙法》《全国防沙治沙规划（2005—2010 年)》等法律和规划。启动实施了"三北"防护林建设、京津风沙源治理、沙化土地封禁保护、石漠化防治、退耕还林还草等重大生态工程，开展了大规模国土绿化工作。2013 年，国务院批复了国家林业局组织编制的《全国防沙治沙规划（2011—2020 年)》，确定了防沙治沙工作的指导思想、奋斗目标、总体布局、建设重点及保障措施，将我国沙化土地划分为 5 个类型区，提出在规划期内完成沙化土地治理任务 2000 万公顷。2012 年，中国政府把生态文明建设纳入中国特色社会主义"五位一体"总体布局，并确定了到 2020 年 50% 可治理沙化土地得到治理的目标。经过多年的治理，我国履行《联合国防治荒漠化公约》成效显著，荒漠化趋势呈现出整体得到遏制、面积

---

① 林叶：《2019 年世界湿地日中国主场宣传活动在海口市举行——〈中国国际重要湿地生态状况白皮书〉发布》，《国土绿化》2019 年第 1 期。

持续缩减的良好态势。自 2000 年以来，全国荒漠化和沙化土地面积连续三个监测期保持"双减少"，第五次全国荒漠化和沙化监测结果显示，截至 2014 年，全国荒漠化土地面积 261.16 万平方千米，沙化土地面积 172.12 万平方千米。与 2009 年相比，5 年间荒漠化土地面积净减少 12120 平方千米，年均减少 2424 平方千米；沙化土地面积净减少 9902 平方千米，年均减少 1980 平方千米。中国遏制了荒漠化和沙化土地扩展的态势，已经实现了荒漠化土地零增长的公约目标。

（五）臭氧层保护

中国高度重视并认真履行《关于消耗臭氧层物质的蒙特利尔议定书》。加入该议定书后，中国先后组建了国家保护臭氧层领导小组和国家消耗臭氧层物质进出口管理办公室，协调指导履约行动并对消耗臭氧层物质（ODS）进出口进行监管。制定了《消耗臭氧层物质管理条例》，在化工生产、家用制冷、工商制冷等行业对上千家企业开展 ODS 淘汰和替代。中国累计淘汰 ODS 约 28 万吨，占发展中国家淘汰量一半以上，提前超额完成含氢氯氟烃淘汰第一阶段履约任务，为该议定书的成功实施做出了重要贡献。[①] 环境保护部被授予"保护臭氧层政策和实施领导奖"，以表彰中国政府为保护臭氧层、淘汰 ODS 做出的显著贡献。

（六）濒危物种保护

自 1981 年加入《濒危野生动植物种国际贸易公约》后，中国政府高度重视履行公约义务，先后设立了濒危动植物物种进出口管理办公室和濒危物种科学委员会，分别作为履约的管理机构和科学机构。加强公约履约立法和执法力度，成立多部门联合执法工作组，严厉打击非法野生动植物贸易。对濒危物种贸易实施控制和规范管理，开展制度建设和能力建设，加快推动动植物贸易的立法工作，

---

① 牛秋鹏：《2018 年中国国际保护臭氧层日纪念大会在京召开》，《中国环境报》2018 年 9 月 18 日第 1 版。

颁布了《渔业法》《陆生野生动物保护实施条例》《中华人民共和国
濒危野生动植物进出口管理条例》等一系列专门或相关的法律条例，
使野生动植物进出口管理和保护工作实现有法可依。另外，中国还
编制实施了《2010—2013 中国履行 CITES 第十五届缔约国大会有效
决议决定行动方案》，以更好地履行公约。

（七）海洋生态环境保护

《生物多样性公约》《联合国海洋法公约》等多项环境国际公约
均涉及海洋生态环境保护问题。按照公约规定，中国相关部门积极
履行公约义务，先后制订了《中国海洋生物多样性保护行动计划》
（1992 年）、《中国海洋 21 世纪议程》（1996 年）以及《中国海洋保
护区发展规划纲要（1996—2010 年）》《渤海碧海行动计划》《全国
海洋功能区划（2011—2020）》《全国海岛保护规划（2011—2020
年）》等多项计划规划，实施了一批入海污染物控制与治理、海洋生
物多样性保护与修复工程。近年来，中国海洋生态环境总体状况显
著改善。截至 2017 年，夏季符合第一类海水水质标准的海域面积占
管辖海域面积的比例达到 96%，中国管辖海域富营养化面积总体呈
下降趋势，海洋总体生态环境状况稳中向好。中国共建立各级海洋
自然保护区、海洋特别保护区 270 个，保护区面积与 2012 年相比翻
了两番，占管辖海域面积的 4.1%。已完成全国海洋生态保护红线划
定工作，将重要海洋生态功能区、敏感区和脆弱区纳入红线保护范
围，红线范围包括全国 30% 的近岸海域和 35% 的大陆岸线；支持
270 余个沿海海域、海岛、海岸带整治修复和保护项目，重点支持
沿海 18 个城市开展"蓝色海湾""南红北柳""生态岛礁"等海洋
修复重大工程，累计修复岸线 260 千米、沙滩 1240 公顷、滨海湿地
4100 公顷。①

① 张志卫、刘志军、刘建辉：《我国海洋生态保护修复的关键问题和攻坚方向》，
《海洋开发与管理》2018 年第 10 期。

二　污染防治领域履约行动和进展

（一）危险废物管理

自 1990 年 3 月签署《巴塞尔公约》以来，中国积极履行公约义务，在预防危险废物产生、危险废物越境转移控制、危险废物环境无害化处理等方面，积极推动公约的全面实施。中国形成了由环境保护部统一监管，海关、质量检验检疫部门等分工配合的废物进出口管理体系。相继颁布了《中华人民共和国固体废物污染环境防治法》《废弃电器电子产品回收处理管理条例》《固体废物进口管理办法》《危险废物出口核准管理办法》等法律法规。截至 2015 年，50个危险废物、273 个医疗废物集中处置设施基本建成，历史遗留的670 万吨铬渣全部处置完毕，铅、汞、镉、铬、砷五种重金属污染物排放量比 2007 年下降 27.7%，相关重金属突发环境事件数量大幅减少。①

（二）化学品和有机物污染物管理

《关于持久性有机污染物的斯德哥尔摩公约》签署以来，中国高度重视履约工作。自 2001 年起，在全球环境基金（GEF）、意大利、加拿大等国家和组织的支持下，中国开展了宣传培训、POPs 暴露影响评估、淘汰杀虫剂类 POPs 行动计划研究、重点行业二噁英减排技术示范等一系列活动。2005 年中国成立了国家履行斯德哥尔摩公约工作协调组。2007 年，国务院批准了《中华人民共和国履行〈关于持久性有机污染物的斯德哥尔摩公约〉的国家实施计划》，确定履约目标、措施和具体行动。针对第四、第五、第六次缔约方大会修正案增列的硫丹、林丹等持久性有机污染物，中国重新修订《国家实施计划》，发布了《中华人民共和国履行〈关于持久性有机污染物的斯德哥尔摩公约〉国家实施计划（增补版）》。

中国采取一系列有效措施，大幅减少持久性有机污染物的使用

---

① 《"十三五"生态环境保护规划》，《中国环境报》2016 年 12 月 6 日第 2 版。

和排放，按期兑现了关于 2009 年 5 月停止特定豁免用途、全面淘汰杀虫剂类持久性有机污染物的履约承诺。目前，中国在 26 种受控物质中已全面禁止了滴滴涕（DDT）等 17 种持久性有机污染物（POPs）的生产、使用和进出口，废物焚烧、钢铁、再生有色金属三个行业二噁英排放强度降低超过 15%，清理处置了历史遗留的 100 多个点位 5 万余吨 POPs 废物，顺利实现了公约履约目标。

（三）汞污染管理

《关于汞的水俣公约》生效以来，中国切实履行公约规定的各项义务，并取得有效进展。2017 年，成立了由环境保护部等 17 个部委组成的国家履行汞公约工作协调组。颁布了《〈关于汞的水俣公约〉生效公告》《中国严格限制的有毒化学品名录》和《优先控制化学品名录（第一批）》等政策文件。启动了总体计划和分行业/领域计划的国家实施计划编制工作。推进煤炭、水泥、有色金属、汞冶炼等重点行业汞减排，《高风险污染物削减行动计划》实施以来，汞使用量每年减少 160 吨，《中国逐步降低荧光灯含汞量路线图》的发布，推动了含汞荧光灯产量从 2014 年的约 60 亿支减少到 2016 年的约 32 亿支。[①]

三　气候变化和其他领域公约履约行动和进展

（一）应对气候变化

气候变化是人类面临的共同挑战和威胁，我国始终高度重视应对气候变化工作，积极落实《联合国气候变化框架公约》及《京都议定书》和《巴黎协定》，努力控制和减缓温室气体排放，不断提高适应气候变化能力。

《国家应对气候变化规划（2014—2020 年）》指出，到 2020 年，

---

① 生态环境部：《生态环境部副部长赵英民在纪念〈关于汞的水俣公约〉生效一周年暨中国履约进展交流会上的讲话》，2018 年 9 月 3 日，http：//www.mee.gov.cn/gkml/sthjbgw/qt/201809/t20180903_489592.htm。

中国应对气候变化的主要目标是：单位国内生产总值二氧化碳排放比 2005 年下降 40%—45%、非化石能源占一次能源消费比重达到 15% 上下、森林面积和蓄积量分别比 2005 年增加 4000 万公顷和 13 亿立方米的目标。[①] 2015 年中国向联合国提交的国家自主贡献文件中进一步提出了到 2030 年的应对气候变化自主行动目标：二氧化碳排放 2030 年前后达到峰值并争取尽早达峰；单位国内生产总值二氧化碳排放比 2005 年下降 60%—65%，非化石能源占一次能源消费比重达到 20% 上下，森林蓄积量比 2005 年增加 45 亿立方米左右。[②]

　　为推进应对气候变化工作，中国着力调整优化产业结构，提高能源利用效率，淘汰了一批高投入、高消耗、高污染的建设项目。推进煤炭清洁化利用，加强清洁能源开发，积极进行可再生能源开发利用。实施重点生态工程，加强湿地保护，增强碳汇对温室气体的吸收能力。开展低碳城市、碳排放权交易等试点工作，履行《联合国气候变化框架公约》取得了积极进展。据统计，2017 年中国单位国内生产总值（GDP）二氧化碳排放比 2005 年下降约 46%，已超过 2020 年下降 40%—45% 的目标，非化石能源占一次能源消费比重达到 13.8%，造林护林任务持续推进，适应气候变化能力不断增强。[③]

　　（二）核与辐射安全

　　中国高度重视核安全与放射性污染防治工作，1984 年成立了国家核安全局。党的十八大以来，中国将核安全纳入国家总体安全体系，写入《国家安全法》。相继出台了《核材料管制条例》《放射性废物安全管理条例》《中华人民共和国核安全法》等一批核安全法

---

　　①　赵贝佳：《中国积极应对气候变化》，《人民日报》（海外版）2018 年 11 月 27 日第 2 版。

　　②　《强化应对气候变化行动——中国国家自主贡献》，《人民日报》2015 年 7 月 1 日第 22 版。

　　③　赵贝佳：《中国积极应对气候变化》，《人民日报》（海外版）2018 年 11 月 27 日第 2 版。

规文件，建立了核与辐射安全法规体系，覆盖了核安全、辐射安全、辐射环境和核安全设备等领域。相继发布了《核安全与放射性污染防治"十二五"规划及 2020 年远景目标》《核安全与放射性污染防治"十三五"规划及 2025 年远景目标》等规划。2015 年 2 月，中国代表团全程参与了《核安全公约》缔约方外交大会筹备期间的一系列活动，在《维也纳核安全宣言》的通过过程中发挥了作为核电大国的关键作用。另外，中国还出席了历次《核安全公约》和《乏燃料管理安全和放射性废物管理安全联合公约》缔约方会议，提交了国家报告，会议审议认为中国核安全符合该公约的要求。在强化核安全管理和履行公约义务的进程中，中国核设施安全水平持续提高，核技术利用管理日趋规范，辐射环境质量也保持在良好状态。

第 十 章

引领全球生态文明建设

全球生态文明建设是习近平生态文明思想的重要组成部分，体现了中国的全球视野和大国担当，是全球生态治理的中国思路。共谋全球生态文明建设，共建清洁美丽世界，是中国和世界各国人民的共同追求，在这个过程中，中国正发挥着越来越重要的作用。党的十九大报告提出，我国要成为全球生态文明建设的重要参与者、贡献者、引领者。这一重要形势判断标志着中国在全球环境治理体系中的角色和定位正在发生深刻的变化，也反映了中国在生态文明建设和生态保护领域的道路自信、制度自信。

第一节　推动全球生态文明
建设的贡献与成效

随着中国的经济体量增长、国际地位的不断提升，中国在国际社会中推动生态文明建设的责任和义务也随之增大。70 年来，中国在国内生态文明建设方面取得明显成效的同时，在国际上也积极做出贡献，并努力践行全球生态文明理念。特别是近 10 年来，中国将全球生态文明建设与可持续发展结合起来，在国际合作中开展了一系列实践，为相关国家特别是发展中国家实现生态文明转型、落实可持续发展做出了积极贡献，也受到了国际社会的认可。根据《中国落实 2030 年可持续发展议程进展报告》、联合国气候变化大会中方承诺，以及其他相关国际实践中与生态文明有关内容的归纳总结，中国推动全球生态文明建设的贡献可以从以下几个方面来体现。

一　自然资源保护

水资源保护是生态文明建设的重要内容，为所有人提供水和环境卫生并对其进行可持续管理也是联合国可持续发展的重要目标。中国在水资源保护方面，与其他发展中国家积极开展水和环境卫生等领域的南南合作，增强其他发展中国家可持续管理能力。中国通过实施成套项目、技术援助、提供物资、培训官员和技术人员等方式，帮助发展中国家改善水和环境卫生，涉及领域包括水资源利用和管理、水土保持、低碳示范、海水淡化、荒漠化治理、环境监测等。在"中国南南绿色使者计划""中国—东盟绿色使者计划"下，利用对外援助、亚洲区域合作专项资金等多种资金，开展包括水环境管理在内的环境管理与技术培训。同时，中国还积极推动澜沧江—湄公河水资源合作，如举办澜沧江—湄公河国家水质监测能力建设研讨会。中国提供融资的斯里兰卡最大水利枢纽工程——莫拉格哈坎达灌溉项目已完成阶段性建设，除农业灌溉外，每年还将为几百万人提供清洁饮水。

植树造林方面，中国是世界森林资源相对贫乏的国家，土壤荒漠化和水土流失现象一度十分严重。多年来，中国越来越重视植树造林方面，从 1990 年全国 147 万平方千米的森林覆盖面积，上升至 2015 年的 207 万平方千米，[①] 其中，2000—2017 年，全球有至少 25% 的森林绿化来自中国，贡献率为世界第一，为世界所赞叹。在国际层面，中国积极推进与有关发展中国家的林业合作，充分了解

---

① 《盘点二十多年来世界各国森林面积变化，中国植树造林成果斐然！》，2018 年 8 月 30 日，http://dy.163.com/v2/article/detail/DQG9O90C05371E1Y.html。

其在林业应对气候变化、干旱地区用水等方面的需求，积极向商务部等部委争取资金支持，国家林业局也为此提供了相关技术支持。此外，通过亚太森林组织开展相关项目活动，如开展柬埔寨景观层面流域与森林可持续经营项目、实施亚太森林应对气候变化项目、开展马来西亚沙捞越梅第昔流域社区森林管理项目、开展红树林综合管理规划示范项目等。在支持发展中国家方面，充分发挥现有多边和双边高层合作机制的作用，与重点国家建立产能合作机制，依托中国发达的林业产业和林产品出口国际市场的广泛网络和优势，帮助相关国家开辟新的商业渠道。发挥在竹产业及沙产业方面的优势，开展与发展中国家的林业合作，开展相关培训，为其提供便利条件。

二　生态环境治理

荒漠化防治是生态环境治理的重要组成部分，在这方面，中国积极落实《联合国防治荒漠化公约》土地退化零增长目标设定示范项目，根据中国相关政策文件确定的近期和长远目标，参照该公约技术指南，设定了中国的国家自愿目标，全面开展并逐步完成各项规划任务。此外，中国在荒漠化治理和沙尘暴防治方面的积极探索和尝试，为世界其他国家提供了宝贵的治理经验和模板，如中国的库布齐沙漠治理模式，就受到联合国副秘书长、联合国环境规划署执行主任埃里克·索尔海姆的高度赞扬，他认为，中国在防沙治沙领域一直走在世界前列。[①] 随着"一带一路"建设的逐步开展，中国在防沙治沙方面的经验也会被推广到非洲、中东、拉美等地，为一些饱受沙尘肆虐的国家和地区的人民造福。2019 年 4 月，"一带一路"绿色发展国际联盟正式成立，旨在为饱受荒漠化困扰的相关国家提供生态治理与荒漠化防治经验，并开发利用风能、太阳能等

---

① 《中国防沙治沙经验值得世界借鉴》，2017 年 7 月 6 日，http：//zj. people. com. cn/n2/2017/0706/c186948 – 30429748. html。

清洁能源。《联合国防治荒漠化公约》第 13 次缔约方大会在中国内蒙古举办，会议期间各缔约方也在共商全球防治荒漠化大计。

生物多样性保护方面，中国与相关国家组建履约执法国际合作机制，严格执行《濒危野生动植物种国际贸易公约》（CITES），从源头、中转、消费等各环节切断野生动植物非法贸易渠道。中国继续组织有关部门与国际保护组织合作，赴非洲重点国家开展保护法规和国际公约的宣讲活动。中国积极参与《国际植物保护公约》有关国际植物检疫标准的修订工作，牵头建立和完善国际风险评估机制，加强从国（境）外首次引进物种的事中事后监管，防范外来有害生物跨境传播。此外，中国还通过亚太森林组织带头建立跨境合作平台，促进跨境合作。包括建立湄公河次区域跨境生物多样性保护机制，借助亚太森林组织在大湄公河次区域项目的开展，定期召开区域协调会，交流和研讨生物多样性的保护政策，协调各国林业和相关部门，建立跨境生物多样性保护机制，加强生物多样化领域的合作；建立边境森林火灾监测和预警系统，帮助与中国接壤的发展中经济体，在边境地区建立森林防火监测和预警系统，并提供其所需要的林业技术和设备。

三　应对气候变化

应对气候变化是一项全球性挑战，是世界各国的共同关切，也是全球生态文明建设必须回应的问题，中国在推动国际气候治理领域也有丰富实践。中国与各国一道推动达成《巴黎协定》，是首批签署和较早批准《巴黎协定》的国家，创新性推动实现中美元首出席《巴黎协定》批准文书交存仪式，为推动该协定尽早生效做出了历史性贡献。中国建设性参加马拉喀什联合国气候变化大会并推动会议取得成果。中国积极开展气候变化南南合作，加快筹建气候变化南南合作基金，推动实施南南合作"十百千"项目，帮助其他发展中国家提高应对气候变化的能力。中国为最不发达国家、小岛屿国家和非洲国家等发展中国家提供实物和设备援助，对其参与气候变化国际谈判、政策规划、人员培训等方面提供大力支持。2016 年累计举办 40 余期应对气候变化南南合作培训班，培训 2000 余名发展中国家的官员和专家。2015 年 6 月，中国正式向联合国提交 2020 年后应对气候变化的"国家自主贡献"。

四　清洁能源供给

清洁能源供给也是生态文明建设的主要任务之一，中国在为其他国家提供清洁、高效的现代能源时，积极推进能源领域国际合作，为各国特别是发展中国家能源发展做出贡献。如中国加大了对其他发展中国家，特别是最不发达国家、小岛屿发展中国家和内陆发展中国家能源领域援助力度，通过援建能源类基础设施、提供清洁能源设备等方式进一步帮助其他发展中国家提高现代能源及清洁能源的普及率，通过经验分享、技术交流、项目对接等形式帮助其发展可持续的现代能源服务。在"一带一路"合作框架下，中巴经济走廊的 11 项能源领域优先实施项目已开工建设。吉尔吉斯斯坦达特卡—克明输变电工程、老挝南欧江二期水电站、巴基斯坦萨希瓦尔燃煤电站和卡洛特水电站等项目都将有助于缓解当地电力不足的矛盾。中国还参加了第九届清洁能源部长级会议和第二届金砖国家能源部长会议，为推进可再生能源、能效以及先进和更清洁的化石燃料技术，促进全球向清洁能源经济转型做出贡献。

第二节　角色转变，引领生态
文明建设国际进程

70 年来，随着国际环境治理进程的不断推进，以及中国自身的不断发展，国际社会越来越重视中国在国际环境治理中的作用，中国所扮演的角色正在日益发生转变，中国参与并引领全球生态文明制度构建的进程。概括地说，主要包括三个方面的行动：一是主动引领全球性国际合作进程，贡献中国智慧；二是积极推动区域性合作机制建设，讲好中国故事；三是牵头发起多边合作机制，提供中国方案。中国通过在这些方面积极实践，逐渐赢得了国际社会的信任，展现了自身的大国担当，也为全人类的生态文明转型做出了贡献。

一　国际环境治理历程与中国的角色转变

（一）环境议题的首次提出

人类环境议程的提出是在 20 世纪 50—70 年代。工业革命之前的人类社会生产力并不发达，尽管这一时期也存在着环境破坏现象，但大自然的修复能力使得这种现象并未造成严重的后果。随着工业革命的兴起，先进的工业化国家为维护自身利益，加快了对他国资源的掠夺，不仅使他国丧失了发展的权利，也进一步加深了对环境的污染。

直到第二次世界大战之后，世界秩序得以重建，联合国、世界银行等国际机构的成立象征着各国对发展议程的重新审视。然而，主要国际组织依然由少数工业化国家所主导，发展中国家在其中的话语权十分有限。在部分工业化国家，资源逐渐枯竭，生态系统也出现了严重退化；而大部分发展中国家，贫困问题却并没有得到根本的解决，经济发展依然滞后，这些国家进一步发展的意愿十分迫切。工业化国家利用这一机遇逐步完成了其工业化进程从而成为发达国家，而发展中国家却依然处于贫困状态之中。

为应对环境问题的挑战，联合国于 1972 年 6 月在瑞典首都斯德哥尔摩召开了第一次人类环境会议（UNCHE）。这是世界各国政府共同讨论当代环境问题，探讨保护全球环境战略的第一次国际会议。会议通过了《联合国人类环境会议宣言》，呼吁各国政府和人民为维护和改善人类生存环境、造福子孙后代而共同努力。人类环境会议是全球环境保护和可持续发展运动兴起的重要标志，被看作全球可持续发展理念诞生的起点。

中国在那个时期正在经受"文化大革命"的阵痛，国民经济脆弱不堪，但在这种情况下，中国政府依然决定派团参加斯德哥尔摩人类环境会议，令国际社会感到吃惊。这充分体现了中国参与国际议程的积极性，但当时国内极端思潮泛滥，对中国经济落后的状态以及蔓延开来的环境问题缺乏足够认识，甚至将环境污染归结为意识形态原因。因此，尽管人类环境会议提出了环境治理问题，但此时的中国只是认识到环境问题的存在，但尚未将环境保护与中国自身的发展实践结合起来。

（二）中国全面参与全球环境治理

环境与发展议程阶段大致为 20 世纪 80 年代初至 20 世纪末的 20 年时间。此阶段的焦点是环境与发展的冲突和协调，标志是 1992 年的联合国环境与发展会议，达成了《21 世纪议程》《生物多样性公约》《联合国气候变化框架公约》和不具强制约束力的森林保护原则，使得可持续发展成为全球共识。

斯德哥尔摩人类环境会议的召开开创了一个人类发展的新纪元，然而，世界上的大多数国家依然处于贫困和欠发达的状态之中，少数发达国家出于环保考虑而对技术进行的革新也收效甚微。此时，全世界急需一个新的发展理念和道路来平衡环境与发展之间的博弈，实现二者并重。1987 年 2 月，在日本东京召开的第八次世界环境与发展委员会上，布伦特兰报告——《我们共同的未来》（*Our Common Future*）正式被提交。该报告明确提出了"可持续发展"这一概念[1]，这一鲜明、创新的科学观点，把人们从单纯考虑人类发展或环境保护引导到把二者切实结合起来，实现了人类有关环境与发展思想的重要飞跃。1992 年 6 月，联合国环境与发展会议，在巴西里约热内卢召开。这是继斯德哥尔摩人类环境会议后，环境与发展领域中规模最大的一次会议，会议主题从人类生存环境的单核扩展为

---

[1]　UN Documents, *Report of the World Commission on Environment and Development*: *Our Common Future*, 1987 - 04, http://www.un-documents.net/wced-ocf.htm.

环境与发展的双核。会议通过了关于环境与发展的《里约环境与发展宣言》①，形成了《21 世纪议程》②，签署了《联合国气候变化框架公约》。至此，将发达国家关注的环境问题与发展中国家希望的继续发展同时纳入考虑，成为联合国议程的主要方向。

同时期的中国发生了多起环境污染事件，如大连海湾因陆源污染使六处滩涂养殖场关闭等，使得政府逐渐认识到了环境问题的存在。1979 年 9 月，新中国第一部环境法律《中华人民共和国环境保护法（试行）》出台，从而结束了中国无环境保护法的历史。20 世纪八九十年代是中国改革开放加速发展的时期，出现了前所未有的大好形势，环境保护也在此时被定为一项基本国策。在国际上，中国开始主动融入国际主流社会，全面参与国际气候治理。中国成为《联合国气候变化框架公约》谈判及生效的主要支持者和推动者，从 1990 年起，中国政府就派出代表团参加《联合国气候变化框架公约》的起草谈判，在谈判过程中，中国代表团不仅参加了联合国环境与发展大会的历次筹委会，而且广泛参与各个级别和层次的磋商与会谈。时任中国国务院总理李鹏先后与 25 国领导人及联合国秘书长、欧共体主席进行会晤并发表重要讲话；宋健国务委员率代表团参加了部长级会议；同时，还积极参加由美、欧、日及 77 国集团代表参加的小范围谈判。中国是联合国安理会常任理事国中最先签署《联合国气候变化框架公约》的国家，也是最早的 10 个缔约方之一。20 世纪末，全球气候治理进入全球减排谈判的具体治理进程，中国在其中扮演了务实的全面参与者角色，积极参与此阶段的历次谈判，积极参与清洁发展机制。从 1995 年至 1997 年 11 月，中国参加了京都会议前的八次正式谈判及若干次非正式磋商，为促进发达国家接

---

① UN Documents, *Rio Declaration on Environment and Development*, 1992 – 06, http://www.un-documents.net/rio-dec.htm.

② United Nations Sustainable Development, *Agenda 21*, 1992 – 06, https://sustainabledevelopment.un.org/content/documents/Agenda21.pdf.

受减排任务做出了积极贡献。同时，中国积极批准和履行《京都议定书》，接受了编制、提交国家信息通报和国家清单的任务，并积极着手制定中国应对气候变化的国家方案。

（三）全球可持续发展与中国的积极贡献

可持续发展议程阶段始于千年交替之际。此阶段聚焦于发展中国家的可持续发展，尤其是欠发达引致的发展困境和环境挑战，标志是千年目标的制定与实施。此间，"文明的冲突"引起国际社会的警觉，全球公共资源保护的博弈催生发展范式的转型。

2000 年 9 月，189 个国家的代表在南非约翰内斯堡召开联合国千年首脑会议，通过了《千年宣言》[①]，承诺将"不遗余力地帮助我们十亿多男女老少同胞摆脱目前凄苦可怜和毫无尊严的极端贫穷状况"，并制定了八项指标，指导各国未来 15 年的发展，统称千年发展目标。千年发展目标的执行，一方面显著改善了发展中国家，尤其是欠发达国家的贫困现象；另一方面由于发展方式的高污染性，全球环境问题到了不得不解决的局面。发展中国家所采用的"先污染、后治理"的老旧模式也引发了全球的资源枯竭和生态退化，环境问题已经成为世界各国共同面临的严峻挑战。

中国在这一阶段的国际行为再次转变，从全面参与逐步过渡到积极贡献。2006 年中国在《中国对非洲政策文件》中第一次提出应对气候变化南南合作，指出中国将加强双方共同感兴趣领域的科学技术合作，如生态农业、太阳能利用。[②] 2008 年首次发布的《中国应对气候变化的政策与行动》白皮书指出，中国"自始至终"帮助最不发达国家、小岛屿国家和非洲国家等发展中国家"提高气候变

---

① United Nations, *United Nations Millennium Declaration*, 2000 - 09, http：//www. un. org/millennium/declaration/ares552e. htm.

② 外交部：《中国对非洲政策文件》（全文），2006 年 1 月 12 日，https：//www. fmprc. gov. cn/zflt/chn/zt/zgdfzzcwj/t230478. htm。

化应对能力"①。2009 年，中国宣布在中非合作论坛框架下推出八项
新的援助措施，其中一项便是气候变化援助；同时宣布"中国已日
益深化与发展中国家在气候变化等多个领域的实际合作"并将长期
发展此类合作。在中国第十二个五年规划（2011—2015 年）中也提
出"大力开展国际合作，应对全球气候变化"，希望通过加强气候变
化国际交流和政策对话，开展科学研究、技术研发和能力建设等领
域的务实合作等，对发展中国家应对气候变化提供帮助和支持。可
以看出，这一阶段的中国已经开始在国际气候治理中发挥更加积极
主动的作用，在完成好自身减排和治污工作的同时，逐渐转向帮助
其他有需要的国家，开始展现出应有的大国担当。

（四）中国主动引领全球生态文明转型

生态文明转型议程阶段为联合国《2030 年可持续发展议程》和
《巴黎协定》开始实施的 2016 年至今。2015 年是全球可持续发展承
上启下的关键年。千年发展目标于 2015 年截止，全球可持续发展向
何处去成为摆在各国政治家面前的新问题。经过 15 年的发展，全球
欠发达地区的贫困和生存问题得到了明显的改善，世界经济格局也
发生了深刻变化。在未来的发展规划中，显然不能继续只注重发展
而忽视环境，发展方式的转变不再只针对发达国家，发展中国家同
样需要转型。

2015 年 9 月在美国纽约召开的联合国可持续发展峰会通过了成
果文件《2030 年可持续发展议程》②。2016 年 1 月 1 日，该议程正式
进入实施阶段，这是一部指导未来 15 年全球可持续发展的纲领性文
件，标志着全球可持续治理掀开新的篇章。

---

① 《中国应对气候变化的政策与行动》，2008 年 10 月 31 日，https：//www. fm-
prc. gov. cn/ce/ceun/chn/xw/t521511. htm。

② United Nations，*Transforming Our World：The 2030 Agenda for Sustainable Develop-
ment*，2015 - 09，http：//www. un. org/ga/search/view _ doc. asp? symbol = A/RES/70/
1&Lang = E.

实际上,《2030 年可持续发展议程》中的许多关键词,包括和谐、责任、可持续、福祉、转型、整合、治理、人权、法治、公正、共享、包容等,都是生态文明的基本概念,与中国的生态文明建设高度契合。联合国"2015 年后议程"的形成中,有中国生态文明转型的积极贡献,生态文明的基本要素也成为全球发展转型的动力和因素。

在中国,党的十七大把建设生态文明列入全面建设小康社会的目标,党的十八大把生态文明建设列入"五位一体"总体布局,党的十九大召开之前,习近平生态文明思想逐渐形成,全球生态文明建设理念被正式提出并成为核心内容。这是中国对全球气候治理、可持续发展以及生态文明理念认识不断升华的成果,是中国积极引领全球生态文明转型的主动作为。至此,随着国际地位的不断提升,中国在国际舞台所扮演的角色又从积极贡献者进一步成了全球生态文明建设的引领者,为国际社会所普遍关注。2015 年 6 月,中国正式向联合国提交应对气候变化的国家自主贡献文件,文件中提出:二氧化碳排放在 2030 年前后达到峰值并争取尽早达峰,单位国内生产总值二氧化碳排放比 2005 年下降 60%—65%,非化石能源占一次能源消费比重达到 20% 上下,森林蓄积量比 2005 年增加 45 亿立方米左右。中国还与《巴黎协定》主要参与国发布应对气候变化联合声明,成为协定达成的最主要推动因素。此外,中国还于 2017 年启动全国碳排放交易体系,并把应对气候变化的行动列入"十三五"发展规划中。

总之,从历史发展的视角看,中国对全球可持续发展的认识、参与全球可持续发展治理的角色定位及生态文明建设理念的提出都经历了一个逐渐发展的过程。全球生态文明建设完全兼容全球可持续发展并有所升华,生态文明和可持续发展都是对工业文明的反思,可持续发展更强调转变发展观和发展模式,生态文明不仅完全兼容可持续发展的理念和内涵,更从人类文明发展的高度进行了升华。中国不仅接受和传播可持续发展理念,长期积极推动可持续发展战略，习近平生态文明思想还为中国生态环境保护和可持续发展指明方向。国际社会更熟悉可持续发展，接受全球生态文明建设的理念也应是顺理成章的。

二　积极引领生态文明建设国际进程

进入 21 世纪以来，中国外交"主场时刻"的频率明显增加。中国政府除了积极开展全方位的双边外交，还成功举办了二十国集团峰会（G20 峰会）、上海合作组织成员国元首理事会（上海合作组织峰会）、金砖国家峰会、博鳌亚洲论坛等一系列国际盛会。特别是党的十八大以来，中国政府进一步强调外交的战略谋划、主动塑造、开拓创新和积极运筹的思维和意识，开启了中国外交的新征程，也赋予主场外交更重要的地位和作用。

（一）引领全球性国际合作进程，贡献中国智慧

全球生态文明思想是中国智慧的集中体现，与联合国可持续发展事业具有高度的相关性，二者在思想内容及其实现路径上也体现了高度的重合性。作为会议议题的重要组成部分，全球生态文明建设和可持续发展在各大主场外交场合也被反复提及和讨论，得到了国际社会的广泛响应。

1. 联合国气候变化大会

1992 年的联合国环境与发展会议通过了《联合国气候变化框架公约》（UNFCCC），这是全球应对气候变化领域的根本性框架公约。中国是最早一批在国内通过 UNFCCC 的国家，并参与了历届联合国气候变化大会，特别是进入 21 世纪以来，各国越来越重视中国在国际气候治理中的作用和地位，中国参与和贡献的积极性也很高。

1997 年《联合国气候变化框架公约》缔约方第三次会议通过的《京都议定书》，使"共同但有区别的责任"原则落到了实处。1998年，中国签署《京都议定书》，2002 年核准了该议定书。《京都议定书》并没有对发展中国家提出减排义务，但对中国调整能源结构、转变经济增长方式影响巨大。2009 年 12 月哥本哈根联合国气候变化

大会召开，主要任务是确定全球第二承诺期（2012—2020 年）应对气候变化的安排。会议召开前夕，中国提出到 2020 年单位国内生产总值二氧化碳排放比 2005 年下降 40%—45%。这显示了中国继续加大力度、减少经济发展中二氧化碳排放量的坚定决心。2015 年 12 月，经过 13 天的艰苦谈判，巴黎联合国气候变化大会落下帷幕。中国最高领导人第一次出席气候大会，并提出到 2030 年前碳排放减少 60%—65% 等量化目标，随后又宣布将启动在发展中国家开展 10 个低碳示范区、100 个减缓和适应气候变化项目及 1000 个应对气候变化培训名额的合作项目。[①] 还与美国、英国、法国等多个国家发表了联合声明[②]，对开启全球气候治理新阶段的历史性文件《巴黎协定》的最终达成做出了卓越的贡献。UNFCCC 秘书处执行秘书克里斯蒂娜·菲格雷斯曾表示，中国采取了"非常令人印象深刻的"行动，中国在对待气候变化问题上"非常非常认真"。[③] 2018 年 12 月，卡托维兹联合国气候变化大会召开，中国政府代表团在会场内设立了"中国角"，举行了 25 场边会，主题涉及低碳发展、碳市场、可再生能源、南南合作、气候投融资、森林碳汇、地方企业气候行动等领域，全面、立体地对外宣传中国应对气候变化、推动绿色低碳发展的政策、行动与成就，展现了积极推进全球生态文明建设、构建人类命运共同体的负责任大国形象。

　　中国积极参与联合国气候变化大会是推动全球生态文明的重要途径，也是讲好中国故事、发挥大国作用的有效平台。通过气候变化谈判，中国与其他大部分发展中国家走到了一起，在国际气候治理议程中能够将发展中国家的利益诉求以更有分量的方式向国际社

---

　　① 《习近平在气候变化巴黎大会开幕式上的讲话》（全文），2015 年 12 月 1 日，http：//www. xinhuanet. com/world/2015 – 12/01/c_1117309642. htm。

　　② 《述评：〈巴黎协定〉的中国贡献》，2016 年 10 月 6 日，http：//www. xinhua-net. com//world/2016 – 10/06/c_1119667951. htm。

　　③ 《巴黎气候变化大会与中国的贡献》，2016 年 3 月 3 日，http：//news. chi-na. com. cn/world/2016 – 03/03/content_37926356. htm。

会表达出来，从而让生态文明建设更具有包容性。

2. 《2030 年可持续发展议程》

《2030 年可持续发展议程》是联合国可持续发展事业的最新成果，2012 年"里约 + 20"联合国可持续发展峰会决定建立开放工作组（Open Working Group，OWG），就可持续发展目标展开谈判，后千年目标的咨询和讨论与之合并推进。《2030 年可持续发展议程》明确提出了人类（People）、地球（Planet）、繁荣（Prosperity）、和平（Peace）以及伙伴关系（Partnership）的"5P"愿景，代表全世界表达了消除贫困饥饿、阻止地球退化、共享繁荣生活、创建和平公正包容社会，以及建立新型全球伙伴关系以确保实现"一个都不落下"的决心。可持续发展目标是《2030 年可持续发展议程》的核心内容，是各国政府经过两年多艰苦谈判取得的成果，为全世界所瞩目。它包括 17 个大项的总体目标和 169 个分项的具体目标，不仅涵盖面很广，而且目标之间相互关联、不可分割。

《2030 年可持续发展议程》的提出为全球发展描绘了新愿景。70 年来，中国生态文明建设不仅见证和经历了全球可持续发展进程，作为发展中大国，也积极推进可持续发展战略，为全球可持续发展进程做出了巨大的贡献。近年来，中方发布了一系列立场文件，在这些文件中也都反复表达了中国致力于成为落实《2030 年可持续发展议程》的先行者的意愿。2015 年 5 月，中国外交部发布《2015 年后发展议程中方立场文件》①，全面阐述了中国对于 2015 年后发展议程的立场和主张；2016 年 4 月，中国外交部在国际上率先发布了《落实 2030 年可持续发展议程中方立场文件》②，并简要介绍了中国落实《2030 年可持续发展议程》的原则、领域、相关政策和行动。

---

① 外交部：《2015 年后发展议程中方立场文件》，2015 年 5 月 13 日，https：//www. fmprc. gov. cn/web/ziliao_674904/tytj_674911/zcwj_674915/t1263453. shtml。

② 外交部：《落实 2030 年可持续发展议程中方立场文件》，2016 年 4 月 22 日，https：//www. fmprc. gov. cn/web/wjb_673085/zzjg_673183/gjjjs_674249/xgxw_674251/t1356278. shtml。

在国内，中国建立了落实《2030 年可持续发展议程》创新示范区，2016 年 12 月 13 日，国务院印发《中国落实 2030 年可持续发展议程创新示范区建设方案》①，计划在"十三五"期间，创建约 10 个国家可持续发展议程创新示范区。2016 年 9 月 19 日发布的《中国落实2030 年可持续发展议程国别方案》，在议程落实途径方面迈出了重要的一步。② 2017 年 8 月，中国启动国际发展知识中心，并发布《中国落实 2030 年可持续发展议程进展报告》，在落实情况的监督和反馈方面向世界表明了中国的态度。③ 中国在落实《2030 年可持续发展议程》方面融入了全球生态文明理念的核心思想，二者之间相互促进，相得益彰。

3. 生物多样性保护

生物多样性是人类赖以生存和发展的基础，2010 年，联合国大会把 2011—2020 年确定为"联合国生物多样性十年"，制定了全球《生物多样性战略计划（2011—2020 年)》，给全球生物多样性保护提出了要求，也提供了机遇。④ 中国是世界上生物多样性最为丰富的国家之一。长期以来，中国对生物多样性保护工作非常重视，加强生物多样性保护，也是全球生态文明建设的重要内容。⑤ 2011 年，中国成立了生物多样性保护国家委员会，作为生物多样性保护的工

① 国务院：《中国落实 2030 年可持续发展议程创新示范区建设方案》，2016 年 12 月 13 日，http://www. gov. cn/zhengce/content/2016 – 12/13/content_5147412. htm。

② 外交部：《中国落实 2030 年可持续发展议程国别方案》，2016 年 10 月 12 日，https://www. fmprc. gov. cn/web/zyxw/t1405173. shtml。

③ 外交部：《中国落实 2030 年可持续发展议程进展报告》，2017 年 8 月，https://www. fmprc. gov. cn/web/ziliao_674904/zt_674979/dnzt_674981/qtzt/2030kcxfzyc_686343/P020170824649973281209. pdf。

④ 《关于印发〈关于实施《中国生物多样性保护战略与行动计划（2011—2030 年)》的任务分工〉和〈联合国生物多样性十年中国行动方案〉的通知》，2012 年 6 月 13 日，http://www. mee. gov. cn/gkml/hbb/bwj/201606/t20160601_352974. htm。

⑤ 《韩正主持召开中国生物多样性保护国家委员会会议》，2019 年 2 月 13 日，http://www. gov. cn/xinwen/2019 – 02/13/content_5365423. htm。

作机制，统筹协调全国生物多样性保护工作，指导"联合国生物多样性十年中国行动"，制定印发了《国际生物多样性十年中国行动方案》和《中国生物多样性保护战略与行动计划（2011—2030 年）》，对 2030 年前的生物多样性保护的行动和方向做出了安排。① 经过实践，中国的保护工作取得了明显的进展和成效，部分做法也具有在全球推广的意义，如中国把生物多样性保护纳入了各类规划，并将其置于重要位置；开展生物多样性就地和迁地保护，中国各级各类自然保护区已经达到了 2750 个，其中国家级的有 474 个。各类陆域自然保护地面积达到了 170 多万平方千米，通过这些保护措施，很好地保护了很多自然生态系统和大多数重要的野生动植物种群，使得一些珍稀濒危的动植物种群，如大熊猫，得到了恢复；启动实施了生物多样性保护重大工程；开展长效性生物多样性保护监督执法，查处违法违规问题。②

2020 年，《生物多样性公约》第 15 次缔约方大会将在中国召开，这也充分说明了国际社会对中国生物多样性保护进展和成效的肯定，此次大会的重要任务之一就是要确定 2030 年全球生物多样性保护的目标，以及未来十年生物多样性保护的全球战略。这也为中国宣传全球生态文明建设理念，向世界讲述中国故事提供了难得的机遇和平台。

4. G20 杭州峰会

G20 总人口占全球的 2/3，国土面积占全球的 60%，国内生产总值占全球的 85%，贸易额占全球的 80%，对世界经济的影响举足轻重。2015 年 11 月 15 日，习近平主席出席在土耳其安塔利亚举行的 G20 领导人第 10 次峰会时，就世界经济形势发表题为"创新增长

---

① 《联合国大会确定 2011—2020 年为"联合国生物多样性 10 年"》，2015 年 6 月 11 日，http：//ccn. people. com. cn/n/2015/0611/c366510 - 27139229. html。

② 《李干杰：尽全力履行东道国义务　把联合国生物多样性保护大会办好》，2019 年 3 月 11 日，http：//www. xinhuanet. com//politics/2019lh/2019 - 03/11/c_137886182. htm。

路径　共享发展成果"的重要讲话，特别提到"要落实 2030 年可持续发展议程，为公平包容发展注入强劲动力"。中国将致力于在未来 5 年使中国 7000 多万农村贫困人口全部脱贫，将设立"南南合作援助基金"，并将继续增加对最不发达国家的投资，支持发展中国家落实《2030 年可持续发展议程》。中国将把落实《2030 年可持续发展议程》纳入"十三五"规划。[1]

　　2016 年 9 月 4—5 日，G20 第 11 次峰会在中国杭州举行。中国首次承办 G20 峰会，将"构建创新、活力、联动、包容的世界经济"作为峰会主题。杭州 G20 峰会受到全球瞩目，国际社会期待以"中国力量"引领世界经济走出困境，以"中国智慧"完善全球经济治理，其中制订《二十国集团落实 2030 年可持续发展议程行动计划》是峰会的一个重要议题。G20 杭州峰会发布公报，通过了《二十国集团落实 2030 年可持续发展议程行动计划》，G20 共同确定的"可持续发展领域"工作范围包括：基础设施，农业、粮食安全和营养、人力资源开发和就业、普惠金融和侨汇、国内资源动员、工业化、包容性商业、能源、贸易和投资、反腐败、国际金融架构、增长战略、气候资金和绿色金融、创新、全球卫生。在此基础上，还就上述各领域的具体行动计划分别进行了论述。《2030 年可持续发展议程》与全球生态文明建设具有较强的相关性，在具体领域上也高度重合，中国在两个方面都有大量的实践经验，通过积极推动全球可持续发展，实际上也是为全球生态文明建设做出贡献，中国智慧通过 G20 的平台也能够给更多国家提供借鉴。

　　（二）推动区域性合作机制建设，讲好中国故事

　　1. 上海合作组织峰会

　　上海合作组织成立于 2001 年，目前是世界上幅员最广、人口最多的综合性区域合作组织，成员国的经济和人口总量分别约占全球

---

　　① 习近平：《创新增长路径　共享发展成果》，2015 年 11 月 15 日，http://politics. people. com. cn/n/2015/1116/c1024 - 27817591. html。

的 20% 和 40%。上海合作组织拥有 4 个观察员国、6 个对话伙伴，并同联合国等国际和地区组织建立了广泛的合作关系，国际影响力不断提升，已经成为促进世界和平与发展、维护国际公平正义不可忽视的重要力量。上海合作组织成立以来，逐步形成了以"互信、互利、平等、协商、尊重多样文明、谋求联合发展"为基本内容的"上海精神"，在政治、安全、经济、教育、法律等诸多领域中国与其他国家开展了广泛合作。

2018 年 6 月，上海合作组织第 18 次会议在青岛举行，习近平主席主持峰会并再次重申了践行"上海精神"的重要意义，强调务实合作是上海合作组织的原动力。中国与各成员国重申了联合国在推动落实全球可持续发展议程中的核心作用，呼吁发达国家根据此前承担的义务，为发展中国家提供资金、技术和能力建设支持。[1] 青岛会议通过了成果性文件《上海合作组织成员国元首理事会青岛宣言》，强调世界面临的不稳定性、不确定性因素不断增加，气候变化等威胁急剧上升引发的风险日益突出，国际社会迫切需要制定共同立场，有效应对全球挑战。为加大环境治理力度，维护上海合作组织地区生态平衡、恢复生物多样性的重要性，为居民生活和可持续发展创造良好条件，造福子孙后代，成员国通过了《上合组织成员国环保合作构想》，并继续磋商《上合组织成员国粮食安全合作纲要（草案）》。在水资源可持续发展方面，继续推进联合国大会通过的 2018—2028 年"水促进可持续发展"国际行动十年的倡议，并努力实现相关行动目标。[2] 这是全球生态文明思想在国际安全和全球治理中的体现，中国通过不同的主场外交场合，宣传着全球生态文明建设的思想内核，全球生态文明建设与联合国可持续发展事业在中国

---

[1]　《习近平主持上合青岛峰会并发表重要讲话》，2018 年 6 月 11 日，http：// www. xinhuanet. com/mrdx/2018 – 06/11/c_137245560. htm。

[2]　国防部：《上海合作组织成员国元首理事会青岛宣言》（全文），2018 年 6 月 11 日，http：//www. mod. gov. cn/topnews/2018 – 06/11/content_4816614_2. htm。

的积极参与和推动下携手并进。

2. 金砖国家峰会

金砖国家会议的召开，促使金砖国家合作机制逐渐形成，作为全球新兴经济体代表的金砖四国国际影响力也日益增强。2016 年 10 月 17 日，第八届金砖国家领导人会议在印度果阿召开，这是继 G20 杭州峰会后，各国领导人的又一次聚会，作为世界经济发展的最重要引擎，金砖国家理应成为实现《2030 年可持续发展议程》的中坚力量。此次会议通过了《金砖国家领导人第八次会晤果阿宣言》①，该宣言重申了包括"共同但有区别的责任"原则在内的落实《2030 年可持续发展议程》指导原则，呼吁发达国家履行将国民总收入的 0.7% 用于官方援助的承诺，欢迎建立联合国技术促进机制，促进落实可持续发展目标方面的技术交流。各国领导人还承诺将结合本国国情和发展政策，在落实《2030 年可持续发展议程》方面发挥表率作用。实际上，该宣言中列出的 109 项内容中，很多是为了贯彻 G20 杭州峰会通过的《二十国集团落实 2030 年可持续发展议程行动计划》② 相关成果，这也展现出世界对中国方案的高度认可。

2017 年 9 月 3 日，金砖国家领导人第九次会晤在厦门举行，习近平主席在主持新兴市场国家与发展中国家对话会时指出，新兴市场国家和发展中国家应加强团结协作，共同落实《2030 年可持续发展议程》，要探索出一条经济、社会、环境协调并进的可持续发展之路，并呼吁国际社会把发展置于宏观政策协调的重要位置。会议期间，中国还牵头举行了新兴市场国家与发展中国家对话会，金砖国家和其他部分国家领导人探讨了国际合作新模式，一致同意建立广泛的发展伙伴关系，加快落实《2030 年可持续发展议程》，发出了

---

① 《金砖国家领导人第八次会晤果阿宣言》，2016 年 10 月 16 日，http：//www. xinhuanet. com//world/2016 – 10/17/c_1119727552. htm。

② 《二十国集团落实 2030 年可持续发展议程行动计划》，2016 年 9 月 6 日，ener-gy. people. com. cn/n1/2016/0906/c71661 – 28694225. html。

深化南南合作和全球发展合作的强烈信号。世界各国普遍认为应该打造"金砖+"合作模式，携手走出一条创新、协调、绿色、开放、共享的可持续发展之路，为促进世界经济增长、实现各国共同发展注入更多的正能量。会议通过了《金砖国家领导人厦门宣言》①，该宣言还强调了金砖国家在清洁和可再生能源、应对气候变化、消除贫困、生态环境治理、农业发展以及反腐败等领域开展合作的重要性，倡导扩大绿色融资，关注非洲大陆在自主和可持续发展方面所面临的挑战。

2018年7月25日，金砖国家领导人第十次会晤在南非约翰内斯堡举行，会议采用了同厦门峰会相同的"金砖+"对话会形式，广邀其他非洲国家参与其中，确立了"金砖+"的合作理念，这也是"中国智慧"再一次被接受的写照。全球生态文明思想也在中国提供的方案中得到了充分体现，贯穿了金砖峰会的始终，中国用实际行动推动着全球生态文明各方面的建设。

3. 基础四国

基础四国（the BASIC countries）是由巴西（Brazil）、南非（South Africa）、印度（India）和中国（China）四个主要发展中国家组成的 UNFCCC 下的谈判集团。这四个国家都是经济发展速度快、国际影响力不断增强的新兴国家，在一些国际重大问题上具有相近的利益诉求。基础四国是一个专注于气候问题的新集团，由于四国的政治经济地位不断上升，温室气体排放增速快，占全球总排放的比例大，在国际气候谈判进程中逐渐成为一股不容忽视的新兴力量。哥本哈根联合国气候变化大会前夕，由中国牵头，四国负责气候变化的部长在北京举办了基础四国首次部长级会晤，共同商定了在此次大会上的基本立场，此举也标志着基础四国机制正式建立。在哥本哈根联合国气候变化大会上，四国联合向大会提出意

---

① 国防部：《金砖国家领导人厦门宣言》，2017年9月4日，http://www.mod.gov.cn/topnews/2017-09/04/content_4790820.htm。

见，迫使不正常的"丹麦文本"撤出了谈判程序，让发达国家看到发展中国家的"抱团反击"。

此后历届气候大会上，基础四国都是代表发展中国家的重要力量。四国将获取可持续发展的公平机会作为谈判的一致目标，在多数问题上展示出了很高的协调性。尽管在巴黎会议上，基础四国对部分问题的理解和诉求的差异开始凸显出来，但在美国退出《巴黎协定》后的"后巴黎时代"，四国再次空前团结起来，在一些重要的发展问题上保持了基本一致，如一致要求发达国家落实在气候资金、技术转让和能力建设方面对发展中国家的支持，要求发达国家自身制定更高的减排目标等。此外，基础四国纷纷做出减排承诺，与发达国家推卸责任的做法形成了对比，面对发达国家不合理的要求和做法，基础四国也进行了有力的回应，为发展中国家争取正当的发展权利。

中国作为基础四国的一员，支持基础四国的共同立场，一直以来都十分重视和倡导这一合作机制，在其中也起到了引领和带头作用。从哥本哈根气候大会开始，中国领导人就积极协调四国立场，主动在大会上替发展中国家发声，提出要坚持"共同但有区别的责任"原则，坚持"双轨制"，在《京都议定书》第二承诺期的延续问题上，中国态度明确，表示必须执行并希望发达国家确定减排目标。作为基础四国的代表，中国率先做出承诺，愿意在一定的前提条件下，加入有法律约束力的全球减排协议，获得国际社会的普遍赞赏①，巴西和南非随后也对签署协议持开放态度。巴黎气候大会之后，四国在机制内贡献更加踊跃和多元化，卡托维兹气候大会后，中国在基础四国机制下也承诺要推动发展中国家增强应对气候变化

---

① 世界自然基金会代表高度赞赏中国，认为中国作为发展中国家，加入有法律约束力的减排协议本不是分内之事，但中国做出愿意在 2020 年后加入的承诺，让人惊叹。《日加美挨批评 中国减排态度广受赞誉》，2011 年 12 月 8 日，https://news.qq.com/a/20111208/000545.htm。

行动的透明度等。

应对气候变化是全球生态文明建设的重要组成部分，中国在基础四国机制下，积极发声，勇于实践。这不仅是为了自身的发展，也帮助了其他发展中国家面对气候变化挑战，是践行全球生态文明建设的重要举措。

（三）牵头发起多边合作机制，提供中国方案

中国不仅开展主场外交和参与各项国际议程的实施，同时还主动作为，在生态文明建设领域牵头发起和倡导了多个多边合作机制，将推动全球生态文明建设贯彻到这些多边合作机制之中，为世界提供了中国方案。

1. 绿色"一带一路"

"一带一路"倡议是习近平主席于 2013 年提出的区域发展倡议，经过约 6 年的建设发展，共建"一带一路"完成了总体布局，绘就了一幅"大写意"。随着全球环境治理体系进一步完善，绿色发展已成为全球发展议程中的核心趋势与要求。2015 年 9 月，联合国正式通过《2030 年可持续发展议程》，明确提出绿色发展与生态环境保护的具体目标。在这样的背景下，"源于中国、属于世界"的"一带一路"倡议，抓住了绿色发展这一各国发展的公约数。2017 年 5 月，环境保护部、外交部、国家发展改革委、商务部联合发布了《关于推进绿色"一带一路"建设的指导意见》（以下简称《指导意见》），《指导意见》系统阐述了绿色"一带一路"建设的重要意义，要求以和平合作、开放包容、互学互鉴、互利共赢的"丝绸之路精神"为指引，牢固树立创新、协调、绿色、开放、共享发展理念，坚持各国共商、共建、共享原则，遵循平等、追求互利，全面推进"五通"建设的绿色化进程，并在此基础上设立了短中期发展目标。①

绿色"一带一路"建设，能为"政策沟通、设施联通、贸易畅

---

① 《四部门联合发布〈关于推进绿色"一带一路"建设的指导意见〉》，2017 年 5 月 27 日，http://www.gov.cn/xinwen/2017－05/27/content_5197523.htm。

通、资金融通、民心相通"提供有力支撑。以生态环境保护为切入点，可增进政策沟通；防控环境风险，可确保设施联通；提高产能合作的绿色化水平，可促进贸易畅通；完善绿色金融机制，可服务资金融通；加强生态环境保护国际合作与援助，可助力民心相通。实践证明，"一带一路"正成为削减和平赤字、发展赤字、治理赤字的现实选择。习近平总书记在全国生态环境保护大会上指出，我国要"共谋全球生态文明建设，深度参与全球环境治理，形成世界环境保护和可持续发展的解决方案，引导应对气候变化国际合作"①。

在第二届"一带一路"国际合作高峰论坛上，习近平主席再次强调，要把绿色作为"一带一路"建设的底色，推动绿色基础设施建设、绿色投资、绿色金融。② 同时，中国发起了《廉洁丝绸之路北京倡议》，愿同各方共建风清气正的丝绸之路，制定落实一系列生态环境风险防范政策和措施，实施一批重要生态环保项目、绿色对外援助、绿色思路使者计划，设立"一带一路"绿色发展基金，成立"一带一路"绿色发展国际联盟等具体实施机制。

2. 博鳌亚洲论坛

博鳌亚洲论坛由包括中国在内的 29 个国家于 2001 年成立，是第一个把总部设在中国的国际会议组织。博鳌亚洲论坛是一个真正由亚洲人主导，从亚洲的利益和观点出发，主要讨论亚洲事务，增进亚洲各国之间、亚洲各国与世界其他地区之间交流与合作的论坛组织。作为一个非官方、非营利、定期、定址、开放性的国际会议组织，博鳌亚洲论坛聚焦亚洲、放眼世界，围绕各方关注的经济社会发展重大课题，提出很多有价值的意见和建议，已成为在亚洲乃至世界有影响的高层次对话平台。

---

① 《习近平出席全国生态环境保护大会并发表重要讲话》，2018 年 5 月 19 日，http：//www. gov. cn/xinwen/2018 – 05/19/content_5292116. htm。

② 《习近平出席第二届"一带一路"国际合作高峰论坛开幕式并发表主旨演讲》，2019 年 4 月 26 日，http：//www. xinhuanet. com/world/brf2019/fhkms/wzsl. htm。

2018 年 4 月，习近平主席出席博鳌亚洲论坛 2018 年年会开幕式并发表主旨演讲，他强调要敬畏自然、珍爱地球，开拓生产发展、生活富裕、生态良好的文明发展道路，为子孙后代留下蓝天碧海、绿水青山。① 由于人类面临资源紧张、环境污染、气候变化等挑战，全世界还有 10.6 亿人没有用上电，中国主张通过构建全球能源互联网来提高能源的丰富性、利用率，在全球范围内优化资源配置，从而解决可持续发展问题。改革开放 40 多年来，中国政府用前所未有的决心和力度解决环境保护问题，采取了系统化综合治理的手段，取得了显著的成效，但同时也应看到，中国生态文明的各项挑战依然十分严峻。

2019 年 3 月，在"共同命运、共同行动、共同发展"的年会主题下，中国提出要积极推动全球治理体系改革，适应世界政治、经济、环境的新变化。中国支持对现有体制机制进行改革，充分照顾各方的利益关切，考虑不同国家所处的不同发展阶段，特别要重视保障发展中国家的权益，从而缩小南北差距。② 全球生态文明建设正是全球治理体系改革的实现路径，全球生态文明建设符合世界各国人民的共同利益，是共同命运的根本要求，共同行动的目标方向，共同发展的具体体现。

3. 应对气候变化南南合作

南南合作兴起于 20 世纪中叶，经历了五六十年代的迅速发展，70 年代的高潮，80 年代的停滞，90 年代后的恢复，呈现了一个曲折的发展过程。传统的南南合作成效并不明显，主要由于早期发展中国家存在一些结构性的矛盾。随着全球化的不断深入，各种全球性问题成为世界各国面临的共同挑战，这些问题超

---

① 习近平：《开放共创繁荣　创新引领未来》，2018 年 4 月 11 日，http：//www.rmlt. com. cn/2018/0411/516343. shtml。

② 《中华人民共和国国务院总理李克强在博鳌亚洲论坛 2019 年年会开幕大会发表主旨演讲》，2019 年 3 月 29 日，http：//www. boaoforum. org/sylbt/45535. jhtml。

出了经济政治等传统范畴，也不是单个国家或集团就能解决的，如气候变化问题及其可能引发的粮食保障、能源安全、地区冲突等问题。这些问题的解决都无法再忽视发展中国家的地位，应对气候变化成为南南合作的新动力。《巴黎协定》生效后，以中国为代表的发展中国家高度重视气候变化南南合作在气候变化国际治理中的作用，气候变化南南合作正逐渐成为团结广大发展中国家的重要机制。

近年来，中国在应对气候变化南南合作方面，做出了突出贡献，引领了各项合作的进程。中国通过与 UNEP、FAO 等开展多边合作，帮助乌干达、蒙古国、埃塞俄比亚、尼日利亚、塞内加尔等发展中国家提高适应气候变化能力，为加纳、赞比亚提供新能源和可再生能源技术，并开展了一系列的培训与能力建设，获得广泛赞誉。特别是 2015 年，习近平主席正式宣布建立 200 亿元的中国气候变化南南合作基金，将在发展中国家建设低碳示范区，开展适应和减缓项目，组织人员培训，赠送节能及气候变化监测预警设备，支持编制应对气候变化政策规划，推广气候友好型技术等，为最不发达国家、小岛屿国家和非洲国家等发展中国家应对气候变化提供资金、技术和能力建设支持。同时，中国气候变化南南合作基金的建立，表明中国主动承担了与自身国情、发展阶段和实际能力相符的国际义务，对《巴黎协定》的达成起到重要的推动作用，得到国际社会的高度评价。此后，中国政府在马拉喀什气候大会上主办"应对气候变化南南合作高级别论坛"，从巩固互信基础、实现优势互补、建立沟通桥梁三个方面对进一步加强气候变化南南合作，推动建立广泛参与、各尽所能、务实有效、合作共赢的全球气候治理体系提出建议。① 论坛成为其应对气候变化南南合作工作机制，截至 2018 年卡托维兹气候大会，中国政府累计安排 7 亿元（约 1 亿美

---

① 《解振华：把气候变化南南合作朋友圈做大做强》，2016 年 11 月 14 日，http://env.people.com.cn/n1/2016/1114/c1010－28859898.html。

元），通过开展节能低碳项目、组织能力建设活动等帮助其他发展中国家应对气候变化。[①]

深化开展气候变化南南合作，为全球应对气候变化提供了中国方案，成为全球可持续发展和生态文明建设的重要参与者、贡献者和引领者的平台，是中国承担国际责任的重要组成部分，有助于促进、帮助发展中国家提高应对气候变化的能力，亦有助于提高中国参与全球治理的能力。

三　总结与启示

综上所述，在分析了生态文明理念的演变和发展，明晰了中国在推动全球生态文明中的努力和成效，梳理了中国在全球生态文明建设中的贡献与引领之后，可以明确，中国参与全球生态文明建设的总目标是从人类发展的高度，高举生态文明和构建人类命运共同体的大旗，突出共谋、共建、共享的原则，推动全球治理体系朝着更加公正合理的方向发展。可以总结得出以下几点启示。

（一）全球生态文明建设理念要进一步深化、细化、量化

可持续发展刚提出时也是局限在理念探讨，后续在实践中不断理论化、具体化。《21世纪议程》长达800页，制定了全球可持续发展计划的行动蓝图，千年发展目标高度凝练为8大目标、21个具体目标，可持续发展目标扩展为17大目标、169个具体目标。为了监测评价落实可持续发展目标的进展，联合国统计委员会推出了用于全球层面的230个左右的统计指标，虽然繁杂但含义清晰，各国可根据自身情况选用。虽然目前学术界对生态文明建设有不少研究，但多在哲学层面探讨，重在解读阐释理念，深入学理性研究还很不足。全球生态文明建设作为中国的思想创新，相比起源于西方的全球可持续发展，到底有什么联系和区别？需要根据新时代的要求做

---

① 《应对气候变化南南合作高级别论坛在波兰卡托维兹举行》，2018年12月13日，https：//news. china. com/internationalgd/10000166/20181213/34668160. html。

哪些拓展、补充和提升？全球生态文明建设在理念之外，具体目标、实现路径、政策行动、效果评估、保障机制等方面如何实施？要回答这些问题，仅仅理念阐释是不够的，需要深入和系统化的研究。另外，2016 年底，中国国家发展改革委印发《绿色发展指标体系》《生态文明建设考核目标体系》，将生态文明建设具体化，用于地方政府的政绩考核。在国际层面，可否建立一套全球生态文明建设的指标体系，开展定期评估和监测，也有待研究。

（二）全球生态文明建设要与其他现有国际进程充分对接，争取获得他国认同

全球生态文明建设要与包括《2030 年可持续发展议程》和《生物多样性公约》等在内的现有机制进行对接，避免强推新概念，引起外界反感。可持续发展理念已经成为全球共识，在世界各国深入人心。2015 年联合国可持续发展峰会通过的《2030 年可持续发展议程》，经过了三年多的磋商谈判，最大限度地凝聚了全球政治共识。联合国已经调动和协调各方面力量，建立了落实《2030 年可持续发展议程》的相关机制，例如，资金机制、高级别政治论坛（HLPF）、统计监测指标、国家自愿评估机制等。全球生态文明建设与全球可持续发展理念上完全兼容，落实《2030 年可持续发展议程》就是全球生态文明建设的重要途径。推进全球生态文明建设不可能抛开可持续发展，应加强与联合国系统的合作，与《2030 年可持续发展议程》现有机制对接，才能最大限度地获得国际认同和支持。

（三）全球生态文明建设要突出重点

推进全球生态文明建设，要在重点领域有所突破，突出重点，国际气候治理就是中国发挥引领者作用的一个重要平台。推动全球生态文明建设，发挥引领作用，要选择中国有成功经验、有较大国际影响的领域作为重点突破，例如，扶贫、应对气候变化等领域可作为备选。气候变化是全球公认的人类面临的最严峻挑战之一。中国历经 20 多年的国际气候进程，角色定位发生了明显变化。2018 年

中国二氧化碳排放量占全球总排放的27%，在国际气候谈判中的地位举足轻重。中、美曾联手为《巴黎协定》的谈判、达成和生效做出了重要贡献。在美国宣布退出《巴黎协定》后，中国具备了发挥引领者作用的基础和条件。近年来，中国以生态文明思想为指导，积极实施应对气候变化国家战略，节能减排成效突出，已经提前完成2020年能源强度相比2005年下降40%—45%的目标，正积极落实2030年的国家自主贡献目标。为加强国际气候合作，中国设立了200亿元的中国气候变化南南合作基金，为最不发达国家、小岛屿国家和非洲国家等发展中国家应对气候变化提供资金、技术和能力建设支持。中国在国际气候治理中更好地发挥引领者的作用，对全球生态文明建设和全球环境治理具有标志性意义。

（四）全球生态文明建设要将绿色"一带一路"作为重要推进机制

推动绿色"一带一路"建设，凝聚中国智慧，贡献全球治理的中国方案，是推动全球生态文明建设和落实2030年可持续发展目标的抓手和着力点，有利于沿线地区和全球的生态安全。首先，要以生态文明和可持续发展引领"一带一路"建设，坚定绿色发展理念，"一带一路"只有走绿色发展之路，才能行稳致远。过去20多年里，"一带一路"沿线地区经济增长较快，发展方式粗放，生态环境敏感脆弱。必须以生态文明和可持续发展引领"一带一路"建设，尽管做到绿色发展所面临的挑战非常艰巨，但唯有绿色发展符合世界潮流，符合当地人民的意愿，是合作共赢的必由之路。其次，绿色"一带一路"建设要与沿线国家发展战略对接，在绿色发展理念上达成共鸣。中国提出"一带一路"倡议后，得到越来越多国家的积极响应。绿色发展是世界发展的潮流和大趋势，在发展战略对接时应突出绿色发展、可持续发展、全球生态文明和生态安全的理念，促进达成共识。再次，绿色"一带一路"建设内涵丰富，要将应对气候变化作为其中的重要内容。绿色可以理解为生态保护、污染防治、节约资源、循环经济、绿色消费、绿色投融资等。要根据不同国家应对气候变化的能力和需求，分享好的做法和经验，制定有针对性的低碳和适应技术转移方案，全面提升其应对气候变化的能力。最后，与"一带一路"沿线国家就绿色发展加强沟通交流，研究制定合适的绿色发展标准。推进绿色"一带一路"建设，应就环境标准这一核心问题加强与沿线国家的沟通交流，促进相互理解。执行当地环境标准是底线，同时，鼓励企业积极履行社会责任，在权衡当地环境容量、技术可行性、生产成本等因素的基础上，逐步实行更先进的环保标准。

第十一章

我国生态文明建设主要
启示与展望

第一节 我国生态文明建设的主要启示

新中国成立 70 年来我国生态文明建设的历史进程，科学扬弃末端治理的传统模式，环境保护与经济社会发展关系范畴认知明确，环境保护法律体系日趋完善和成熟，推进绿色发展、循环发展、低碳发展成效显著，生态文明建设国家治理体系不断完善和治理能力不断提升，生态文明建设、中国特色社会主义建设事业"五位一体"总体布局、"四个全面"战略布局的战略地位不断巩固和强化，"绿水青山就是金山银山"的生态现代化新理念、新思想、新战略深入人心。这一历史进程，是从尝试、摸索走向完善和成熟的过程，是马克思主义人与自然关系学说中国化的过程，是中华民族天人合一、道法自然、众生平等、与天地参等文化基因和生态智慧滋润滋养的过程，是中国共产党带领全国各族人民不断深化党的环境保护和生态文明建设执政理念和执政方式的与时俱进的过程，是中国探索借鉴、引领示范、积极参与全球环境治理、为人类共有生态系统家园贡献中国方案、东方智慧的过程。

一　中国共产党始终是社会主义生态文明建设的急先锋

新中国成立以来，党中央历代领导集体立足中国社会主义初级阶段基本国情，在领导中国人民摆脱贫穷、发展经济、建设现代化的历史进程中，深刻把握人类社会发展规律，持续关注人与自然关系，着眼不同历史时期社会主要矛盾发展变化，总结我国发展实践，借鉴国外发展经验，从提出"对自然不能只讲索取不讲投入、只讲利用不讲建设"到认识到"人与自然和谐相处"，从"协调发展"到"可持续发展"，从"科学发展观"到"新发展理念"和坚持"绿色发展"，都表明我国环境保护和生态文明建设，作为一种执政理念和实践形态，贯穿于中国共产党带领全国各族人民实现全面建成小康社会的奋斗目标过程中，贯穿于实现中华民族伟大复兴美丽中国梦的历史愿景中。

以毛泽东同志为核心的党的第一代中央领导集体，早在20世纪50年代就提出了"绿化祖国""实行大地园林化"的号召。周恩来同志一直倡导的"青山常在，永续利用"，是新中国成立初期林业建设的重要指导思想。1950年，新中国召开的第一次全国林业业务会议就确定了"普遍护林，重点造林，合理采伐和合理利用"的林业建设总方针。1972年，第一次联合国人类环境会议在瑞典斯德哥尔摩举行，中国派出了代表团。1973年，我国召开了第一次全国环保大会，审议通过了"全面规划、合理布局、综合利用、化害为利、依靠群众、大家动手、保护环境、造福人民"的环境保护工作32字方针，成为我国环保事业的第一个里程碑。会后，中央政府决定在当时的城乡建设部设立一个管环保的部门。

以邓小平同志为核心的党的第二代中央领导集体，将治理污染、保护环境上升为基本国策。为着力推进环境保护的法制化工作，1978年12月，邓小平同志在中央工作会议中强调，必须加强社会主义法治的问题。他明确要求集中力量制定一批重要法律，这其中包括森林法、草原法和环境保护法等林业、绿化和生态环境保护的法律。① 此后，《中华人民共和国森林法（试行）》《国务院关于坚决制止乱砍滥伐森林的通知》《中共中央、国务院关于保护森林和发展林业的决定》《草原法》《自然保护区条例》等法律法规相继颁布。这些法律法规，为保护、利用、开发和管理整个生态环境及其资源提供了强有力的法律保障，具有根本性意义。对于林业建设工作，邓小平同志首次提出了"坚持一百年，坚持一千年，要一代一代永远干下去"的要求。

以江泽民同志为核心的党的第三代中央领导集体提出：退耕还林，再造秀美山川，绿化美化祖国；西部大开发，保护和改善生态环境就是保护和发展生产力；可持续发展，走生态良好的文明发展道路；把中国的生态环境工作做好，就是对世界的一大贡献。1999年江泽民同志在参加首都全民植树活动时指出：只有全民动员，锲而不舍，年复一年把植树造林工作搞上去，才能有效地遏制水土流失，防止土地沙漠化，为人民造福。这是关系到中华民族千秋万代的大事，必须充分重视，抓紧抓好。② 江泽民同志向全国人民发出了"再造秀美山川"的动员令。

新世纪新阶段，以胡锦涛同志为总书记的党中央，强调坚持以人为本、全面协调可持续发展，提出构建社会主义和谐社会，加快生态文明建设，形成中国特色社会主义事业总体布局，着力保障和改善民生，促进社会公平正义，推动建设和谐世界，推进党的执政能力建设和先进性建设，形成了科学发展观，在新的历史起点上成功地坚持和发展了中国特色社会主义。科学发展观的根本方法是统筹兼顾，统筹人与自然和谐发展是科学发展观"五个统筹"的重要组成部分。它要求我们树立科学的人与自然观，视人类与自然为相互依存、相互联系的整体，从整体上把握人与自然的关系，并以此

---

① 参见《邓小平文选》第 2 卷，人民出版社 1994 年版，第 146 页。

② 《江泽民等参加首都全民义务植树活动》，《人民日报》1999 年 4 月 4 日第 1 版。

作为认识和改造自然的基础。

党的十八大以来，以习近平同志为核心的党中央，谱就了中国特色社会主义生态文明崭新的时代篇章，形成了习近平生态文明思想。习近平生态文明思想以经济社会发展新常态和走向社会主义生态文明新时代为总依据，以中国特色社会主义事业"五位一体"总体布局和"四个全面"战略布局为战略指引，以新发展理念为先导，以"绿水青山就是金山银山"为核心，以正确处理经济发展与环境保护关系为纽带，以着力推进供给侧结构性改革为主线，以促进和实现人与自然和谐为主旨，以实现中华民族伟大复兴美丽中国梦为历史使命，坚持生态文明融入经济建设、政治建设、文化建设和社会建设方法论，坚持绿色发展、低碳发展、循环发展实践论，紧紧依靠深化生态文明体制改革，紧紧依靠制度建设和法治建设为生态文明提供根本保障，紧紧依靠人民群众动员全社会树立生态文明理念、投身生态文明伟大实践，贯穿着强烈的问题意识、改革意识、人民意识和辩证意识，开辟了马克思主义人与自然观新境界，开辟了中国特色社会主义生态文明建设的世界观、价值观、方法论、认识论、实践论，使我国的生态文明建设正在发生重大而深刻的历史性转变。

回顾新中国 70 年发展进程，中国共产党始终是环境保护和生态文明建设事业的领导力量。一系列事关生态文明建设重大发展战略的出台，无不体现中国共产党的核心领导力量，凸显了中国共产党是与时俱进的马克思主义政党。建设生态文明，其领导核心在于中国共产党。党的主张反映时代的呼唤，顺应时代发展的潮流。党的建设生态文明的主张经人民的同意上升为国家意志，具有对全社会的普遍约束力，使党的决策主张由建议性、号召性的东西变成了强制性的东西，有利于贯彻执行。

二　马克思人与自然关系学说始终是新中国 70 年来生态文明建设发展理念的理论基础

中国特色社会主义生态文明建设的理论基础是马克思主义，特别是作为马克思主义重要组成部分的自然辩证法。马克思主义哲学从来都把人与自然的关系作为着力解决的问题。马克思主义认为，自然界可以分为自在自然和人化自然，社会生产实践是人与自然联系的中介，既不断推动自在自然向人化自然转变，又是实现人与自然关系协调统一的有效形式。现代科学技术不可为所欲为。人类只有遵循自然规律才能有效防止在开发利用自然上走弯路，人类对大自然的伤害最终会伤及人类自身。这是无法抗拒的规律。

马克思主义始终认为，人是自然界的一部分，自然界是人的无机的身体。自然界先于人和人类社会存在着，它不依赖人的意识而客观存在，是人类的母体。人属于自然界，是自然界发展的产物，人作为自然生态系统中的一员，对自然界具有根本的依赖性。恩格斯说，"我们统治自然界，决不像征服者统治异民族一样，决不是像站在自然界之外的人似的，——相反地，我们连同我们的肉、血和头脑都是属于自然界和存在于自然界之中的"①。这说明人类社会的产生、存在和发展的必要条件和前提是自然界。马克思说："自然界，就它自身不是人的身体而言，是人的无机的身体。人靠自然界生活。这就是说，自然界是人为了不致死亡而必须与之处于持续不断的交互作用过程的、人的身体。所谓人的肉体生活和精神生活同自然界相联系，不外是说自然界同自身相联系，因为人是自然界的一部分。"② 这进一步指出，人类对自然界来说不是天然的征服者，相反，自然界是人的生存和发展的环境，是人的无机的身体；人从自然界分化出来之后，仍然离不开自然界。

马克思认为，自由自觉的活动是人类的本质，人不仅是自然存在物，还是社会存在物，区别于动物的特质在于：能动的自由自觉性和社会实践性。人的源于自然又高于自然的主观能动性使人不但能够积极地适应自然，还能通过认识和改变自然，根据自己的需要

---

① 《马克思恩格斯选集》（第 4 卷），人民出版社 1995 年版，第 383—384 页。
② ［德］马克思：《1844 年经济学哲学手稿》，人民出版社 2000 年版，第 56—57 页。

主动地改造自然，使自然为自己的目的服务。但是，无论人的主观能动性有多大，人的实践活动依然离不开自然界，正如马克思所言："没有自然界，没有感性的外部世界，工人什么也不能创造。"① 因此，在物质生产实践活动中，人的主观能动性和自然的客观规律必须达到统一，人与自然协同进化的历史才能向前发展。马克思人与自然的学说，启示人类不仅要根据自身需求改造自然，而且要根据自然的发展规律来保护自然，保护自然就是保护人类生存和发展的前提。可以说，马克思主义人与自然观，始终贯穿于马克思列宁主义、毛泽东思想和中国特色社会主义理论体系之中，是马克思主义科学思想体系的精髓所在。特别是，自然辩证法作为马克思主义哲学极其重要的组成部分，是关于自然界和科学技术发展的一般规律以及人类认识和改造自然的一般方法的科学，是系统化的科学的自然观、科学技术观和科学技术方法论，是随着科学技术发展和人类进步而不断丰富和发展着的开放的理论体系。党的十八大以来，生态文明建设既是党的主张，更是中国实现绿色发展的国家意志。这其中，马克思主义人与自然观，始终是新中国成立 70 年来生态文明建设的理论基石。恰如习近平总书记在纪念马克思诞辰 200 周年大会上的重要讲话所指出的，学习马克思，就是要学习和实践马克思主义关于人与自然关系的思想。② 要坚持人与自然和谐共生，建设美丽中国。

三　中华文化深厚的生态智慧是中国人民积极投身生态文明建设事业的文化基因和民族土壤

文化是民族的血脉，是人民的精神家园。建设生态文明需要准确把握滋养中国人的文化土壤。五千年中华传统文化的主流，是儒

---

① ［德］马克思：《1844 年经济学哲学手稿》，人民出版社 2000 年版，第 53 页。

② 《习近平在纪念马克思诞辰 200 周年大会上的讲话》，2018 年 5 月 4 日，http：//www. xinhuanet. com/politics/2018 - 05/04/c_1122783997. htm。

释道三家。在它们的共同作用下，中华民族形成了自己独特的生态智慧，这就是天人合一、道法自然、众生平等。他们最为显著的共同特征：第一，每一个生命个体都可以通过自身德性修养、践履而上契天道，进而实现"上下与天地合流"或"与天地合其德"；第二，人类群体与自然界和谐共处，人要顺天、应天、法天、效天、最终参天。我们需要对中华传统文化生态智慧能够重构当代生态文明理论和实践范式给予充分的历史敬重和时代自信。

"天地人和""元亨利贞"是《周易》关于人与自然关系的自然和合观。"天地人和"是《周易》对宇宙结构和宇宙整体的看法。《易·序卦传》说："三才者，天地人。""元亨利贞"是《周易》说明万物既有从始到终的过程又是和谐一体的基本理念，为六十四卦之首。《易·乾卦》说："乾，元亨利贞。"象曰："天行健，君子以自强不息。"即说天之道，在于生生不息、周而复始，君子要像天道一样自强不息，求知进取。"天地人和"和"元亨利贞"是相互联系、和谐统一的整体。"有天地，然后有万物；有万物，然后有男女"，天、地、人既相互独立，又"保合大和，乃利贞"。和合思想滋养了中国人强烈的悲天悯人意识，使中华民族的文化基因里浸透着对大自然生命的珍视，对中华传统文化的发展产生了极其广泛而久远的影响。

"天人合一""与天地参"是儒家关于人与自然关系的最基本思想。汉儒董仲舒说："天人之际，合而为一。"季羡林对此解释为：天，就是大自然；人，就是人类；合，就是互相理解，结成友谊。如何实现天人合一，《中庸》说：唯天下至诚，为能尽其性，则能尽人之性；能尽人之性，则能尽物之性，则可以赞天地之化育，则可以与天地参矣。这个意思说，人把握了天生的"诚"（天地之本），发展人和万物的本性，就可以尽物之性、尽人之性，从而赞助天地万物的变化和生长，使万物生生不息，人就可以同天地并列为三，实现天地人的和谐发展。用今天的话说，就是自然、经济和社会的可持续发展，这是人类社会发展的至高目标。天人合一观为两千年来儒家思想的一个重要命题，确立了中国哲学和中华传统的主流精神，显示出中国人特有的宇宙观和中国人独特的价值追求以及思考问题、处理问题的特有方法。

"道法自然""通常无为"的道家思想蕴含着现代生态文明的基本理念。《老子》说：人法地，地法天，天法道，道法自然。又说：道常无为，而无不为。这是说，自然法则不可违，人道必须顺应天道，人只能是"效天法地"，要将天之法则转化为人之准则，必要顺应天理；同时，道表现无为，结果有为。它告诫人们，自然法则是宇宙万物和人类世界的最高法则，人们要遵循法则，不妄为、不强为、不乱为，要顺其自然，因势利导地处理好人与自然的关系。党的十八大要求树立尊重自然、顺应自然、保护自然的生态文明理念，这与道家道法自然的思想是不谋而合的。

"众生平等""大慈大悲"的佛教思想是维护生态平衡，维护生物多样性的至高道德。佛教主张众生平等，主张大慈大悲，这对于维护生态平衡，维护生物的丰富性与多样性，具有很强的现实意义。《生物多样性公约》指出：缔约国意识到生物多样性的内在价值，还意识到生物多样性的保护是全人类的共同关切事项。佛教虽为外来文化，但很好地实现了与中国本土文化的融合，对中国文化产生了很大影响和作用，在中国历史上留下了灿烂辉煌的佛教文化遗产，成为中华传统文化的重要组成部分。

四　只有实行最严格的制度、最严密的法治，才能为生态文明建设提供可靠保障[①]

建设生态文明是一场涉及生产方式、生活方式、思维方式和价值观念的革命性变革。实现这样的根本性变革，必须依靠制度和法

---

① 习近平：《在十八届中央政治局第六次集体学习时的讲话》（2013 年 5 月 24 日），载中共中央文献研究室编《习近平关于社会主义生态文明建设论述摘编》，中央文献出版社 2017 年版，第 99 页。

治。我国生态环境保护中存在的一些突出问题，大都与体制不完善、机制不健全、法治不完备有关。习近平总书记指出："只有实行最严格的制度、最严密的法治，才能为生态文明建设提供可靠保障。"①我们应当高度重视制度、法治建设在生态文明建设中的硬约束作用，以改革创新的精神，以更大的政治勇气和智慧，不失时机地深化生态文明体制和制度改革，坚决破除一切妨碍生态文明建设的思想观念和体制机制弊端；必须建立系统完整的制度体系，用制度保护生态环境；必须实现科学立法、严格执法、公正司法、全民守法，促进国家治理体系和治理能力现代化。

（一）科学立法是前提

科学立法体系，即确保生态文明建设有法可依，在指导思想上实现三重转变：一要努力推动生态文明建设立法从"生态环境保护要与经济发展相协调"原则，向"生态环境保护优先"原则转变，切实改变生态保护从属于经济发展的被动地位；传统立法以权利为出发点的立场，或者以权利为本位的法治意识应当得到根本的扬弃；从根本上讲，按照尊重自然、保护自然和顺应自然的生态文明理念，生态立法必须接受生态规律的约束，只能在自然法则许可的范围内编制。二要加速实现从重点强调立法的数量和速度，向更加注重生态文明建设立法的质量和效果的转变；促进环境法向生态法的方向发展，逐步实现中国环境法的生态化。三要把人民群众享有的环境权作为一种普遍权利和基本人权，切实面对我国生态环境发展的严峻性，主动回应人民关切；要完善科学立法、民主立法机制，创新公众参与的立法方式。

---

① 习近平：《在十八届中央政治局第六次集体学习时的讲话》（2013 年 5 月 24 日），载中共中央文献研究室编《习近平关于社会主义生态文明建设论述摘编》，中央文献出版社 2017 年版，第 99 页。

（二）严格执法是关键

习近平总书记指出，"法律的生命力在于实施，法律的权威也在于实施。'天下之事，不难于立法，而难于法之必行。'如果有了法律而不实施、束之高阁，或者实施不力、做表面文章，那制定再多法律也无济于事。全面推进依法治国的重点应该是保证法律严格实施，做到'法立，有犯而必施；令出，唯行而不返'"①。环境执法是保障生态环境安全的重要手段之一。由于历史和现实的各方面原因，我国环境保护行政执法目前仍存在种种问题和困难，部分地方领导环境意识、法制观念不强，对保护环境缺乏紧迫感，甚至把保护环境与发展经济对立起来，强调"先发展后治理""先上车后买票""特事特办"②；一些地方以政府名义出台"土政策""土规定"，明文限制环保部门依法行政，明目张胆保护违法行为，给环境执法和监督管理设置障碍，导致不少"特殊"企业长期游离于环境监管之外，所管辖的地区环境污染久治不愈，环境纠纷持续不断；一些企业甚至暴力阻法、抗法。一些地方对环境保护监管不力，甚至存在地方保护主义。有的地方不执行环境标准，违法违规批准严重污染环境的建设项目；有的地方对应该关闭的污染企业下不了决心，动不了手，甚至视而不见，放任自流；还有的地方环境执法受到阻碍，对一些园区和企业的环境监管处于失控状态。这种状况不改变，生态立法就是空中楼阁，无从谈起。

———————————

① 习近平：《关于〈中共中央关于全面推进依法治国若干重大问题的决定〉的说明》，2014年10月28日，www.xinhuanet.com//politics/2014-10/28/c_1113015372.htm。

② 早在2003年，时任国家环境保护总局副局长的潘岳在接受中央人民广播电台采访时即指出，存在"先发展后治理""先上车后买票"等形式，不少地方政府要求对污染企业"特事特办"，强行通过，千方百计限制环境执法。少数领导干部对上级环保部门的正常执法检查，采取弄虚作假的手段加以干扰，甚至公开为企业的违法行为百般辩解。有的地方对环保的多次查处置若罔闻，或虚揪实纵，做文字游戏。在地方保护主义的影响下，环保部门执法不严、违法乱纪的问题也依然存在。个别环保部门甚至与不法排污企业沆瀣一气，通风报信，丧失原则。

（三）公正司法是保障

司法是维护社会公平正义的最后一道防线。英国哲学家培根说：一次不公正的审判，其恶果甚至超过十次犯罪。因为犯罪虽是无视法律——好比污染了水流，而不公正的审判则毁坏法律——好比污染了水源。环境司法，从广义角度看，是对与环境相关的司法活动的统称。从新中国成立70年来的理论和实践看，环境司法面临的普遍性问题突出表现在四个方面：一是涉及环境保护案件取证难，诉讼时效认定难，法律适用难，裁决执行难。涉及环境保护案件一般具有跨区域、跨部门的特点，加之发生危害结果滞后和相关法律依据的缺失，导致了上述困难。二是涉及环境保护案件的鉴定机构、鉴定资质、鉴定程序亟须规范化。三是主管环境资源的各部门与司法部门缺乏有效配合，司法手段与行政手段的衔接难，致使大量破坏环境资源的案件未进入司法程序。四是人民法院对环境司法保护的意识有待增强，涉及环境案件的审判力量不足，相关案件的立案、管辖以及司法统计等有待规范。① 基于此，一要严惩生态环境违法犯罪行为，坚决维护生态安全；二要严厉惩治国家工作人员玩忽职守、滥用职权；三要完善环境公益诉讼，推进环境公益诉讼，维护人民群众环境基本权益。

（四）全民守法是基础

党的十八届四中全会公报提出，法律的权威源自人民的内心拥护和真诚信仰。人民权益要靠法律保障，法律权威要靠人民维护。必须弘扬社会主义法治精神，使全体人民都成为社会主义法治的忠实崇尚者、自觉遵守者、坚定捍卫者。孔子提出：道之以政，齐之以刑，民免而无耻；道之以德，齐之以礼，有耻且格。生态环境是最公平的公共产品，是最普惠的民生福祉。每一个生活在地球上的人，其生存、发展和最后融入自然，莫不与环境相关。从中华文化

---

① 窦玉梅：《环境司法：保护青山绿水的正义之剑》，2009 年 12 月 23 日，www. meeting. edu. cn/meeting/indexs. jsp。

的角度看，生态文化始终是传统文化的核心，体现了中华文明的主流精神，中国儒家提出"天人合一"，中国道家提出"道法自然"，历朝历代，皆有对环境保护的明确法规与禁令；中华民族的炎黄子孙，也都把生态意识作为内心守护中国几千年传统文化的主流意识。从这个意义上讲，全民守法与全民建设生态文明，两者是一致的。现时代，新《环境保护法》已正式实施，它既规定了公民个人、企业单位、社会组织、各级政府、环保部门等各方主体的基本职责、权利和义务，也规定了相应的保障、制约和处罚措施。我们每一个公民要以遵法为前提，更好地维护新《环境保护法》赋予自身的权益。

五　必须始终坚持山水林田湖草系统综合治理工程思路，始终注重发展方式转变

推进生态文明建设，关键是要用新思路、新举措来解决资源环境问题。西方发达国家曾经走过一条"先污染后治理、以牺牲环境换取经济增长、注重末端治理"的路子。实践证明，这条老路在中国走不通，也走不起。比如，一些地方就环保论环保，就污染谈污染，甚至重蹈"先污染后治理"的覆辙，付出了惨痛的环境代价。回顾新中国成立70年来我国生态文明建设取得的巨大成效，这一历史过程实现了从末端治理逐步过渡到源头预防与末端治理并重的转变。生态文明建设需要积极探索代价小、效益好、排放低、可持续的环境保护新道路。基于此，党的十八大以来，把生态文明建设融入和贯穿到现代化建设的各方面和全过程，已经成为中国生态文明建设的伟大实践。把生态文明建设的理念、原则、目标深刻融入和全面贯穿到社会主义现代化建设的各方面和全过程，是我们必须深入思考和贯彻执行的历史任务。

从唯GDP到绿色GDP，走了一条环境保护单打独斗，再到中国特色社会主义"五位一体"总体布局新道路。中国特色社会主义建设事业，是全面、协调和可持续的绿色发展；是以经济建设为中心，全面推进经济、政治、文化、社会和生态文明建设，实现经济发展和社会全面进步。协调发展，就是要统筹城乡发展、统筹区域发展、统筹经济社会发展、统筹人与自然和谐发展、统筹国内外发展和对外开放，推进生产力和生产关系、经济基础和上层建筑相协调，推进经济、政治、文化、社会和生态文明建设的各个环节、各个方面相协调。可持续发展，就是要促进人与自然的和谐，实现经济发展和人口、资源、环境协调，坚持走生产发展、生活富裕、生态良好的文明发展道路，保证一代接一代地永续发展。绿色发展，指发展固然是作为党执政兴国的第一要务，但不只是经济的量的增长，还包括经济结构的优化、科技水平的提高，更包括人民生活的改善、社会的全面进步，归根到底，是为了社会与人的全面发展，实现人与自然的全面和谐。

经济发展方式，始终是贯穿新中国成立 70 年来我国经济社会发展历史进程中的重大时代性课题。不论从国内发展要求看，还是从世界发展态势看，加快推进经济结构战略性调整都是大势所趋，刻不容缓。国际竞争历来就是时间和速度的竞争，谁动作快，谁就能抢占先机，掌控制高点和主动权；谁动作慢，谁就会丢失机会，被别人甩在后边。建设生态文明，加快发展方式转变，第一，要更加自觉地推进绿色发展、循环发展、低碳发展。绿色发展，侧重于产业升级，更多强调转变发展方式，调整产业结构；循环发展的核心是提高资源利用效率，其基本理念是没有废物，强调所谓废物是放错位置的资源，实质是解决资源再循环、再利用问题；低碳发展就是以低碳排放为特征的发展，主要是通过节约能源、提高能效，发展可再生能源和清洁能源，增加森林碳汇，降低能耗强度、碳强度以及碳排放总量，是与气候变化非常紧密的关联理念和发展状态。第二，要努力构筑现代产业发展新体系。以"自然—社会—经济"复杂巨系统的动态平衡为目标，以生态系统中物质循环、能量转化与生物生长的规律为依据，构筑现代产业发展新体系，着力发展高效生态农业，夯实生态工业经济基础地位，大力发展现代服务业。可以展望，绿色产业和绿色经济一定有希望成为我国国民经济发展的"新常态"，成为推动我国由经济大国向经济强国转变的重要契机。

六 与时俱进的开放的大国意识和责任担当始终是中国积极参与和构建人类命运共同体的全球意识

马克思、恩格斯关于生态发展的世界历史趋向揭示出，要解决生态问题必须坚持生态治理的国际化，即生态治理要具有"世界历史眼光"。以遏制气候变暖为题展开的世界各国博弈，不但直接影响广大发展中国家的现代化进程，如我国实现中华民族伟大复兴中国梦的历史进程，而且直接影响发达国家在全球生存环境和生态资本再分配方面的角逐。作为环境大国，中国是全球环境治理中的一支重要力量，始终以积极的态度参加全球环境活动，并在国际环境事务中发挥建设性作用。

（一）共建全球治理新秩序，深化全球可持续发展

实现可持续发展是人类社会的共同目标。从 1987 年世界环境与发展委员会第一次提出"可持续发展"的概念，到《21 世纪议程》《千年宣言》《2030 年可持续发展议程》一系列可持续发展行动计划的确立，全球可持续发展的脚步不断向前，对各国的发展战略和发展空间产生了深远影响。中国在顺应国际可持续发展的潮流中，不断深化对可持续发展的认知，结合具体国情探索正确的发展思路，对内推动经济转型，加强生态文明建设，用积极行动落实 2030 年可持续发展目标；对外构建对话机制，促进合作交流，由最初的参与者变为全球治理的引领者和推动者，取得了举世瞩目的成就，实现了推动全球可持续发展进程与落实中国生态文明建设的融合并进。1992 年联合国环境与发展会议通过的《21 世纪议程》，成为第一份可持续发展的全球性行动计划，由于设立的目标覆盖面广、关联性差、缺乏量化且没有考虑各国国情，执行不力。中国据此制定了《中国 21 世纪议程》，作为我国实施可持续发展战略的行动纲领，开启了可持续发展战略的初步探索。2000 年联合国千年首脑会议推出

了《千年宣言》，次年提出八项具体的千年发展目标（MDGs），集中全球力量来解决减贫等关键问题，各个目标得以量化并规定了2015年作为截止时间，实践性较强。《中国实施千年发展目标报告（2000—2015年）》显示，中国执行联合国千年发展目标效果最好，对全球的贡献最大。[①]

（二）表明中国态度，履行减排承诺

中国一直本着负责任的态度积极应对气候变化，始终承担着同自身国情、发展阶段、实际能力相符的国际责任。中国主动承担减排责任，在国家自主贡献方案中提出，将于2030年前后使二氧化碳排放量达到峰值并争取尽早达峰，单位国内生产总值二氧化碳排放量比2005年下降60%—65%，非化石能源占一次能源消费比重达到20%上下，并在《巴黎协定》高级别签署仪式上表示，2016—2030年将投入30万亿元以实现应对气候变化的国家自主贡献方案目标。中国和美国作为全球碳排放量最大的两国，其气候治理行动直接关系到全球气候变化谈判成效，中美就气候变化三次发表联合公报，中国首次提出2030年碳排放达峰目标[②]，两国做出运用公共资源优先资助并鼓励逐步采用低碳技术的承诺，提出各自国内采取步骤以尽早参加《巴黎协定》。[③]

（三）落实中国举措，帮助发展中国家减排

坚持"共同但有区别的责任"原则，始终是中国推动全球气候治理的立足点。中国不仅在联合国气候变化大会中坚定捍卫发展中国家的基本发展权，还从绿色技术转移、资金扶持、教育等方面为发展中国家提供切实帮助。在联合国可持续发展峰会上，习近平主

---

① 《中国实施千年发展目标报告（2000—2015年）》，2015年7月28日，http：//cn. chinagate. cn/reports/node_7227689. htm。

② 《中美气候变化联合声明2014年11月12日于中国北京》，2014年11月13日，http：//www. chinanews. com/ny/2014/11－13/6769407. shtml。

③ 《中美元首气候变化联合声明：中美将于4月22日签署〈巴黎协定〉》，2016年4月1日，http：//news. ifeng. com/a/20160401/48293245_0. shtml。

席倡议各国加强合作，共同落实《2030 年可持续发展议程》，努力实现合作共赢，并宣布对发展中国家提供切实帮助，包括设立"南南合作援助基金"，继续增加对最不发达国家投资，免除对有关最不发达国家、内陆发展中国家、小岛屿发展中国家截至 2015 年底到期未还的政府间无息贷款债务，设立国际发展知识中心，探讨构建全球能源互联网来推动以清洁和绿色方式满足全球电力需求。[①]

（四）提供中国经验，推动生态文明建设

中国将应对气候变化作为实现发展方式转变的重大机遇，积极探索符合中国国情的低碳发展道路。中国政府已经将应对气候变化全面融入国家经济社会发展的总战略。[②] 2015 年通过的联合国《2030 年可持续发展议程》进一步强调将环境与经济、社会共同作为可持续发展的支柱，同时也纳入执行手段和内容，注重各领域、各目的的关联性和统一性，采用全球性的指标配合以会员国拟定的区域或国家指标来进行衡量和监测，更具普适性和可操作性，引领世界实现消除极端贫困、战胜不平等和不公正及遏制气候变化的目标。该议程提出的"5P"（People，Planet，Prosperity，Peace，Partnership）愿景，体现了以人为中心、保护地球、发展经济、社会和谐和合作共赢的一体化思想，其"绝不让任何一个人掉队""共同但有区别的责任"的意旨为发展中国家深入参与全球可持续发展治理提供了机遇。中国率先公布了《落实 2030 年可持续发展议程中方立场文件》，确立了"协调推进经济、社会、环境三大领域发展，实现人与社会、人与自然和谐相处"的原则，并在消除贫困和饥饿、加大环境治理力度、推进自然生态系统保护与修复、全力应对气候

①　《习近平总书记出席联合国发展峰会并发表重要讲话：〈谋共同永续发展　做合作共赢伙伴〉》，2015 年 9 月 27 日，http：//www. xinhuanet. com/world/2015 – 09/27/c_1116687809. htm。

②　《习近平出席联合国气候变化问题领导人工作午餐会》，2015 年 9 月 28 日，http：//www. xinhuanet. com/world/2015 – 09/28/c_1116697810. htm。

变化和有效利用能源资源等重点领域做出安排。现时代，中国更加注重绿色发展，把生态文明建设融入经济社会发展各方面和全过程，致力于实现可持续发展，全面提高适应气候变化能力。[①]党的十八大报告将生态文明建设上升到国家战略高度，使其成为建立可持续发展模式的重要路径，并明确提出单位国内生产总值能源消耗和二氧化碳排放大幅下降，主要污染物排放总量显著减少的目标，倡导"同国际社会一道积极应对全球气候变化"。

第二节　习近平生态文明思想的重大理论创新、历史贡献和发展启示

党的十八大以来，习近平总书记以马克思主义人与自然观新的理论境界、开放视野和博大胸怀，着眼中国生态环境发展严峻形势等一系列现实问题，立足社会主义生态文明新时代"绿水青山就是金山银山"的绿色化时代转向，进行艰辛的理论思考和实践探索，就生态文明建设作了一系列重要论述，提出了一系列事关生态文明建设基本内涵、本质特征、演变规律、发展动力和历史使命等的崭新科学论断，形成了习近平生态文明思想。习近平生态文明思想是科学完整的理论体系、话语体系，既全面、系统、深刻地回答了新时代中国特色社会主义生态文明建设和世界生态文明建设发展面临的一系列重大理论和现实问题，又是实现人与自然和谐、构建人与自然和谐发展的现代化新格局的共同财富。

一　生态文明建设的理论体系不断丰富完善

生态文明是中国共产党遵循经济社会发展规律和自然规律，主

[①]　习近平：《谋求持久发展　共筑亚太梦想》，2014 年 11 月 10 日，http：//politics. people. com. cn/n/2014/1110/c1024 - 26000531. html。

动破解经济发展与资源环境矛盾，推进人与自然和谐，实现中华民族永续发展的重大成果。从新中国成立伊始疏浚京杭大运河、兴建大中型水库、新建和改造市政公用设施等具体生态环境保护措施，到党的十七大提出"生态文明"，再到党的十八大把生态文明纳入中国特色社会主义事业总体布局，形成经济建设、政治建设、文化建设、社会建设和生态文明建设"五位一体"总体布局，生态文明建设丰富了中国特色社会主义建设事业的内涵，成为建设"富强、民主、文明、和谐、美丽"的社会主义现代化强国的重要目标，成为建设美丽中国、实现中华民族伟大复兴中国梦的重要内容。在北京世界园艺博览会上，习近平总书记指出：中国生态文明建设进入了快车道，天更蓝、山更绿、水更清将不断展现在眼前。①

二　生态文明建设的基本规律：生态兴则文明兴，生态衰则文明衰

习近平总书记指出："历史地看，生态兴则文明兴，生态衰则文明衰。"② 人类社会的发展史、文明史，归根结底，是一部人与自然、生态与文明的关系史。马克思和恩格斯指出，我们仅仅知道的一门历史科学，可以把它划分为自然史和人类史。"只要有人存在，自然史和人类史就彼此相互制约。"③ 尊重自然、顺应自然、保护自然，人类文明就能兴盛；反之，人类将遭受到自然的惩罚、报复，其文明就要衰落。历史上，作为西亚最早文明的美索不达米亚文明，居民为了耕地而毁灭了森林，渐为沙尘所掩埋，而成为不毛之地，自

---

① 习近平：《共谋绿色生活，共建美丽家园——在 2019 年中国北京世界园艺博览会开幕式上的讲话》，2019 年 4 月 28 日，http://www.xinhuanet.com/politics/leaders/2019 – 04/28/c_1124429816.htm。

② 习近平：《在十八届中央政治局第六次集体学习时的讲话》（2013 年 5 月 24 日），载中共中央文献研究室编《习近平关于社会主义生态文明建设论述摘编》，中央文献出版社 2017 年版，第 6 页。

③ 《马克思恩格斯选集》（第 1 卷），人民出版社 1995 年版，第 66 页。

此文明不复。历史的教训令人十分痛心。

当今时代，环境污染、生态破坏、资源短缺问题十分普遍，系统性、区域性、全球性生态危机十分突出；当今中国，西方发达国家一两百年积累和发展起来的环境问题，在我国改革开放四十多年的快速发展中，一下子集中显现，不仅生态环境中的历史欠账难以归还，新的环境问题又不断涌现。党的十八大以来，以习近平同志为核心的党中央，提出和确立京津冀一体化发展战略、三江源国家生态保护区、长江经济带生态优先战略，等等，主体功能区制度逐步健全，国家公园体制试点积极推进，就是从"生态"与"文明"的战略视角，按主要矛盾，确保不发生系统性和区域性生态灾害。

党的十九大提出：建设生态文明是中华民族永续发展的千年大计；人与自然是生命共同体，人类必须尊重自然、顺应自然、保护自然；人类只有遵循自然规律才能有效防止在开发利用自然上走弯路，人类对大自然的伤害最终会伤及人类自身，这是无法抗拒的规律。这些科学论断与"生态兴则文明兴，生态衰则文明衰"的科学论断一道表明：如果不从现在立即行动起来，将来付出的代价恐怕要让我们沉痛思考中华文明要向何处去的问题。我们必须以"生态兴则文明兴，生态衰则文明衰"的科学论断所昭示的生态与文明发展的历史规律，坚持建设生态文明是中华民族永续发展的千年大计的历史定位，以对中华文明悠久灿烂历史文明负责、对实现中华民族伟大复兴负责、对人类文明整体进步负责的历史性、时代性和全球性态度，始终坚持以节约优先、保护优先、自然恢复为主的方针，形成节约资源和保护环境的空间格局、产业结构、生产方式、生活方式，还自然以宁静、和谐、美丽。

三 生态文明建设的发展阶段：生态文明是工业文明发展到一定阶段的产物

习近平总书记指出："人类经历了原始文明、农业文明、工业文明，生态文明是工业文明发展到一定阶段的产物，是实现人与自然和谐发展的新要求。"① 人类文明的历史演进，本身与历史长河同在，一切文明都以其交织性、竞合性和转化性，由低级走向高级，以波浪式、螺旋式发展形态推动人类社会文明进步。

原始文明时代，人类对生态环境的影响不仅极其有限，相反，在某种程度上，反映出我们祖先"明于天人之分"的进化艰难。我国古代"有巢氏""燧人氏""伏羲氏""神农氏"等的传说，既反映了古人原始的生存智慧，也凸显了人类在原始自然生态系统下的渺小；农业文明时代，尽管铁器的出现使人类改造、适应自然的能力大为增强，但由于人类对自然的认识能力、认知能力和实践能力仍然有限，在很大程度上又维系了自然界生态系统的整体平衡。特别需要指出，中华传统生态智慧，如道法自然、天人合一、与天地参、众生平等的儒释道之核心精神，本身极大地促进了中华农业文明时代的生态平衡，其生态治理的智慧和手段，举世称道，如坐落在成都平原西部的都江堰，是迄今为止全世界范围内历史最为悠久、唯一留存至今、以无坝引水为特征的巨大水利工程。工业文明在人定胜天价值观指导下，对生产工具和生产方式进行根本性变革，整个工业文明的社会化大生产，其战天斗地、创造和超越人类社会诞生以来全部物质财富总和的能力令人叹服；然而，其所形成的无以复加、积重难返、难以为继的人与自然关系的高度紧张，亦令人生畏、生愕。

生态文明，以人类崭新的文明形态，要求重新审视工业文明时代人与自然关系的高度紧张，以促进工业文明传统产业结构、经济结构、文化观念、伦理道德、消费理念等的全面生态化、绿色化转型为路径，构建公平、正义、绿色、生态、和谐的全人类共享的新文明模式。习近平总书记在党的十九大报告中指出：现代化是人与自然和谐共生的现代化。我们既要创造更多物质财富和精神财富以

---

① 习近平：《在中央政治局第六次集体学习时的讲话》（2013 年 5 月 24 日），载中共中央文献研究室编《习近平关于社会主义生态文明建设论述摘编》，中央文献出版社 2017 年版，第 6 页。

满足人民日益增长的美好生活需要，也要提供更多优质生态产品以满足人民日益增长的优美生态环境需要。新文明模式，就是必须坚持唯物史观对生态文明建设历史方位的认知。现代化是世界发展的大势，人与自然和谐共生，既是现代化发展的不竭动力和力量源泉，也是生态文明发展到更高阶段的体现。在工业化、信息化、城镇化、农业现代化和绿色化"新五化"高度融合的经济新常态下，绿色、低碳和循环发展的科学技术，正在以"分秒必争""日新月异"的速度向生产力诸要素全面渗透、全面融合，使自然科学研究取得重大飞跃，形成先进绿色技术和生态技术，促成绿色生态产业的广泛兴起。科学认知"生态文明是工业文明发展到一定阶段的产物"的科学论断，需要与科学认知习近平总书记的"现代化是人与自然和谐共生的现代化"论述相统筹。唯有如此，才能更好地理解生态文明建设与党的十八大以来以习近平同志为核心的党中央确立的"新常态""新发展理念""现代化经济体系"等关键术语的内在逻辑一致；也才能更好地确定党的十九大首次就现代化所给予的"绿色属性"的界定，才能理解其作为重大的理论创新和科学论断的界定。

四　生态文明建设唯物论：保护生态环境就是保护生产力，改善生态环境就是发展生产力

习近平总书记指出："纵观世界发展史，保护生态环境就是保护生产力，改善生态环境就是发展生产力。"[①] 生产力是人进行生产活动的能力，按其主体性质的不同，可以分为社会生产力和自然生产力。千百年来，人类社会过分强调人类自我改造自然及征服自然的能力，却有意无意地忽略了自然生产力的力量。而这恰恰是马克思

---

① 习近平：《在海南考察工作结束时的讲话》（2013 年 4 月 10 日），载中共中央文献研究室编《习近平关于社会主义生态文明建设论述摘编》，中央文献出版社 2017 年版，第 4 页。

十分重视的研究对象。马克思认为，人类社会的一切活动，都离不开自然富源资源这个基本生产力。所谓自然富源资源，一是作为基本生活资源的水、土壤和空气等；二是作为基本劳动资源的森林、煤炭和贵金属等。它们既是一切生产工具、一切劳动资源的第一源泉，也是作为劳动者人的生命力、劳动力和创造力的第一源泉，而且"在较高的发展阶段，第二类自然富源具有决定的意义"①。现代社会发展日新月异，绿色技术、绿色产业发展相继迸发，越来越成为反映一国核心竞争力强弱的重要标志性因素甚至是制约性因素，也必然成为反映一国、一个民族综合国力大小、生产力发展水平高低的重要因素。改革开放四十多年来，我们不断讲解放生产力、发展生产力，但在实践中，更多突出了作为劳动者本身改造社会、发展生产、创造物质财富的一面，而对生产力的绿色属性没有引起足够的重视，讲得不够，致使资源问题、环境问题和生态问题越来越突出。我们今天所饱尝的一切都基于生态环境恶化带来的恶果、苦果。我们对自然界的每一次胜利，"自然界都报复了我们"②。

在 21 世纪的后工业化时代，可持续发展、循环经济、生态经济成为时代潮流，习近平总书记关于保护生产环境与保护生产力这一关系范畴的科学论断，深刻揭示了自然生态作为生产力内在属性的重要地位，既以其鲜活的语言和深刻论断强化了马克思、恩格斯所强调的第一类和第二类自然富源资源是自然生产力重要组成部分的认识观，又把整个自然生态系统纳入整个生产力范畴，是对马克思主义自然生产力观的极大丰富和发展。当然也是对解放生产力、发展生产力的社会主义本质的极大丰富和发展。我们只有更加重视生态环境这一生产力的要素，更加尊重自然生态的发展规律，保护和利用好生态环境，才能更好地发展生产力，在更高层次上实现人与

① 《马克思恩格斯全集》（第23卷），人民出版社1972年版，第560页。
② 《马克思恩格斯全集》（第20卷），人民出版社1971年版，第519页。

自然的和谐。人与自然之间不是主仆关系、对抗关系，而是同呼吸共命运的关系。我们要克服把保护生态与发展生产力对立起来的传统思维，下大决心、花大气力改变不合理的产业结构、资源利用方式、能源结构、生活方式，大力发展绿色经济、循环经济和低碳技术，进一步提高生产力发展水平，走绿色发展之路。

五 生态文明建设自然辩证法：绿水青山就是金山银山

"绿水青山就是金山银山"（简称"两山论"），是在世界范围享有崇高声望的科学论断。这个充满哲学辩证思维的科学论断，反映出习近平对生态文明建设实质的长期思考、深沉思考。一方面，从可追溯的历史渊源、可记录的文献资料看，早在 2005 年 8 月，时任浙江省委书记习近平在浙江安吉余村考察时就已经提出："生态资源是这里最宝贵的资源，应该说你们安吉做得很好……一定不要再去想走老路，还是迷恋过去那种发展模式……我们过去讲既要绿水青山，也要金山银山；其实绿水青山就是金山银山。"[①]其后不久，习近平即撰文《从"两座山"看生态环境》。在该文中，他明确指出，"金山银山"和"绿水青山"这两山既存在矛盾，又是辩证统一的。多年来，习近平一直讲、反复讲、国内讲、国际社会讲、系统阐述、大篇幅论述，可见这一科学论断在习近平心中的地位。就国际影响而论，如 2013 年 9 月，习近平主席在哈萨克斯坦纳扎尔耶夫大学发表演讲时，就首次面向国际社会按照哲学观系统阐述了"绿水青山"与"金山银山"两者看似矛盾却又辩证统一、浑然一体的内在关系；2016 年 9 月，在二十国集团（G20）杭州峰会上，习近平主席说："我多次说过，绿水青山就是金山银山，保护环境就是保护生产力，改善环境就是发展生产力。这个朴素的道理

---

① 周咏南、毛传来、方力：《挺立潮头开新天——习近平同志在浙江的探索与实践·创新篇》，2017 年 10 月 6 日，http：//zjrb. zjol. com. cn/html/2017 - 10/06/content_3086792. htm? div = - 1。

正得到越来越多人们的认同。"① 在 2019 年中国北京世界园艺博览会上，习近平主席指出："我们应该追求绿色发展繁荣。绿色是大自然的底色。我一直讲，绿水青山就是金山银山，改善生态环境就是发展生产力。良好生态本身蕴含着无穷的经济价值，能够源源不断创造综合效益，实现经济社会可持续发展。"②

党的十九大首次将"必须树立和践行绿水青山就是金山银山的理念"写入了党代会报告；《中国共产党章程（修正案）》总纲再次明确，中国共产党领导人民建设社会主义生态文明，增强"绿水青山就是金山银山"的意识。恰如"生态文明"于 2007 年首次写入党的十七大报告、于 2012 年首次在党的十八大报告中确立为"五位一体"总体布局的重要组成部分而使生态文明具有彪炳史册的历史性里程碑意义一样，"两山论"在决胜全面建成小康社会、实现中华民族伟大复兴的历史性时刻首次写入党的十九大报告，其历史意义不言而喻。新时代中国特色生态文明建设之路，就是实现"绿水青山就是金山银山"的绿色发展之路，尽管这条道路要走半个世纪、一个世纪乃至更长，但这都标志着"生态纪元"时代的到来。它是东方智慧、中国方案对人类命运共同体的贡献。我们需要从战略视角，以唯物史观和辩证主义为指导，深切地意识到，"绿水青山就是金山银山"写入党的十九大报告，将为开创当代中国生态文明建设的自然辩证法提供价值遵循。

六 生态文明建设实践观：坚持山水林田湖草系统治理

习近平总书记生动而形象地描述道："山水林田湖是一个生命共同体，人的命脉在田，田的命脉在水，水的命脉在山，山的命脉在

---

① 《习主席演讲中的浙江元素：绿水青山就是金山银山》，2016 年 9 月 3 日，http：//news. cctv. com/2016/09/03/ARTI1GvBDeEpK8CIJjLblld8160903. shtml。

② 习近平：《共谋绿色生活，共建美丽家园——在 2019 年中国北京世界园艺博览会开幕式上的讲话》，2019 年 4 月 28 日，http：//www. xinhuanet. com/politics/leaders/2019－04/28/c_1124429816. htm。

土，土的命脉在树。用途管制和生态修复必须遵循自然规律，如果种树的只管种树、治水的只管治水、护田的单纯护田，很容易顾此失彼，最终造成生态的系统性破坏。由一个部门负责领土范围内所有国土空间用途管制职责，对山水林田湖进行统一保护、统一修复是十分必要的。"① 从哲学角度看，习近平总书记"山水林田湖是一个生命共同体"的科学论断，形象、生动地表明人直接来源于自然、人直接内化为自然生态系统这一事实，是马克思主义人与自然关系最直接、最形象的新表述、新概括和新发展，它以非常清晰明了的科学论断，向世人阐明，整个自然生态系统，都是命运攸关的生命共同体，它们之间通过相互作用达到一个相对稳定的平衡状态。山水林田湖草系统治理，应该统筹治水和治山、治水和治林、治水和治田、治山和治林等。对此，习近平总书记深刻指出："全国绝大部分水资源涵养在山区丘陵和高原，如果破坏了山、砍光了林，也就破坏了水，山就变成了秃山，水就变成了洪水，泥沙俱下，地就变成了没有养分的不毛之地，水土流失、沟壑纵横。"② 他同时指出，"治水也要统筹自然生态的各要素，不能就水论水"③。因此应该有这种系统性的整体意识，全方位、全地域、全过程地开展生态文明建设。

统筹山水林田湖草系统治理的实质，是以系统思维推进生态文明建设的系统工程。要自觉打破自家"一亩三分地"的思维定式，从顶层设计中进一步建立和完善严格的生态保护监管体制，如国家对全民所有自然资源资产行使所有权并进行管理和国家对国土范围内自然资源行使监管权是不同的，前者是所有权人意义上的权利，后者是管理者意义上的权力。这就需要完善自然资源监管体制，统一行使所有国

---

① 习近平：《关于〈中共中央关于全面深化改革若干重大问题的决定〉的说明》，《人民日报》2013 年 11 月 15 日第 1 版。

② 习近平：《在中央财经领导小组第五次会议上的讲话》，载中共中央文献研究室编《习近平关于社会主义生态文明建设论述摘编》，中央文献出版社 2017 年版，第 55—56 页。

③ 同上书，第 56 页。

土空间用途管制职责，使国有自然资源资产所有权人和国家自然资源管理者相互独立、相互配合、相互监督。同时，必须对草原、森林、湿地、海洋、河流等所有自然生态系统以及自然保护区、森林公园、地质公园等所有保护区域进行整合，实施科学有效的综合治理，让透支的资源环境逐步休养生息。扩大森林、湖泊、湿地等绿色生态空间，做好资源上线、环境底线和生态红线的全方位、全系统界定，通过山水林田湖草的系统治理逐步增强环境容量。

七　生态文明建设的历史使命：实现中华民族伟大复兴中国梦，建设富强民主文明和谐美丽的社会主义现代化强国

习近平总书记指出："走向生态文明新时代，建设美丽中国，是实现中华民族伟大复兴的中国梦的重要内容。"[①] 实现中华民族伟大复兴的中国梦，是近现代以来中华民族及其儿女最大的憧憬。深刻理解习近平总书记关于生态文明与中国梦这一关系范畴及其科学论断，可以从三个基本逻辑层次展开。一是中国梦强调对华夏五千年悠久文明的历史传承，这启示我们要更加注重中华传统文明的生态智慧。如前文所述，《易经》的"天地人和""元亨利贞"，儒家的"天人合一""与天地参"，道家的"道法自然""道常无为"，佛家的"众生平等""大慈大悲"等，无不显示出中华民族先贤崇尚自然的精神风骨、包罗万生的广阔胸怀，也彰显出经儒释道各家共同作用推动下中华民族独特、系统和完整的生态文化体系，成为中华传统生态文明领先世界的人文基础。"万物有所生，而独知守其根。"[②] 在生态环境问题以区域性、全球性趋势蔓延的今天，在世界各国积极应对全球气候变化，落实《巴黎协定》，实施《2030 年可持续发展议程》的今天，中华传统生态文明的生态智慧，有望为人

---

① 《习近平致生态文明贵阳国际论坛 2013 年年会的贺信》，2013 年 7 月 20 日，http://www.xinhuanet.com//politics/2013-07/20/c_116619687.htm。

② 陈广忠译注：《淮南子》，上海三联书店 2014 年版，第 15 页。

类一个地球家园、一个生态系统和一个命运共同体的存续贡献古老东方智慧。二是中国梦特别强调近代 170 多年来中华民族从饱受外族入侵到获得独立解放的历史进程，这种理念要求我们深切感受因饱受屈辱、久经战乱、满目疮痍、山河破碎而导致的中华传统生态文明理念的历史断裂，在某种程度上要求我们面对当代中国生态文明建设的艰难性、往复性和持久性时，保持必要的淡定和理性，以建设性、发展性和前瞻性眼光积极投身生态文明建设的大潮，特别是胸怀"生态文明，匹夫有责"的生态公民观，少牢骚、多实干。三是中国梦强调新中国成立，特别是改革开放以来的伟大实践和继往开来，主张实现中华民族伟大复兴中国梦的"两个百年"奋斗目标，要求我们以更大的决心、更大的气力，以时不我待、只争朝夕的精神，面向全面建成小康社会，能够率先交出"美丽中国"的基本画卷。总而言之，实现中华民族伟大复兴的中国梦，一定是美丽中国梦。这是我们获得建设生态文明的时代动力。

八　生态文明建设人类命运共同体：必须从全球视野加快推进生态文明建设

习近平总书记指出："必须从全球视野加快推进生态文明建设，把绿色发展转化为新的综合国力和国际竞争新优势。"[①] 中国立场、世界眼光、人类胸怀，携手构建合作共赢、公平合理的气候变化治理机制，始终是习近平总书记持续思考、探索和推动建设人类命运共同体的全球治理理念、重大生态理念。他不断指出，"建设生态文明关乎人类未来。国际社会应该携手同行，共谋全球生态文明建设之路"[②]；在 G20 杭州峰会上，习近平主席向世界宣布，中

---

① 《中共中央国务院关于加快推进生态文明建设的意见》，《人民日报》2015 年 5 月 6 日第 1 版。

② 习近平：《携手构建合作共赢新伙伴，同心打造人类命运共同体（2015 年 9 月 28 日）》，载《十八大以来重要文献选编》（中），中央文献出版社 2016 年版，第 697 页。

国将全面落实《2030 年可持续发展议程》。另外，从世界绿色产业发展态势看，以绿色技术和绿色产业为核心的新一轮产业革命、经济革命正席卷全球。世界主要发达国家和新兴经济体都在制定自己国家的绿色发展规划，期望在世界绿色发展浪潮中赢得先机，抢占主动，取得绿色发展话语权。我们要以习近平总书记"必须从全球视野加快推进生态文明建设"的科学论断为遵循，以海纳百川、有容乃大的包容性、开放性和博大性，着力统筹国际和国内、世界和民族、全球和区域大局，共同变压力为动力、化危机为生机，共同引领文明互容、互鉴和互通，从合作应对全球性生态危机进程，加强与世界主要发达国家和相关发展中国家在新一轮科技、产业和能源技术革命中的合作中，积极参与全球环境治理，为中国生态文明走向世界打开绿色通道。

第三节　我国生态文明建设的历史机遇期、战略期和展望

一　习近平生态文明思想深入人心，"绿水青山就是金山银山"从根本上提供了新的绿色发展观

习近平生态文明思想深入人心，其思想内涵丰富，立意高远，对于我们深刻认识生态文明建设的战略地位，坚持和贯彻新发展理念，正确处理经济发展同环境保护的关系，坚定不移地走生产发展、生态良好、生活幸福的文明发展之路，坚持绿色发展、低碳发展、循环发展，推动形成绿色发展方式和生活方式，建设美丽中国，共建人类命运共同体都具有十分重要的时代意义和历史意义，是迄今为止中国共产党人关于人与自然关系最为系统、最为全面、最为深邃、最为开放的理论体系和话语体系。党政军民学，东西南北中，党是领导一切的。全党全国全社会政治意识、大局意识、核心意识、看齐意识内化于心，习近平新时代中国特色社会主义思想的指导地位更加鲜

明，习近平生态文明思想广泛传播、持续繁荣和蓬勃兴起。

作为习近平生态文明思想核心理念的"绿水青山就是金山银山"，实质是绿色发展理论的创新，体现了马克思主义理论发展的新高度，极大地丰富和拓展了马克思主义发展观，是中国特色社会主义生态文明价值观的重大创新。习近平总书记提出，要树立自然价值和自然资本的理念，自然生态是有价值的，保护自然就是增值自然价值和自然资本的过程。这充分体现了尊重自然、重视资源全价值、谋求人与自然和谐发展的价值理念，是对马克思主义核心价值理论的传承和发展，是当代中国建设生态文明的东方智慧。"绿水青山就是金山银山"蕴含着绿色生态是最大财富的深刻道理。环境就是民生，青山就是美丽，蓝天也是幸福，良好的生态环境是最公平的公共产品、最普惠的民生福祉。优美清洁的生态环境既可以提高人民群众的生活质量，又可以提高人民群众的健康水平。绿水青山可以带来金山银山，但金山银山买不到绿水青山。这一重大理念，越来越得到全民高度认同，内化为当代中国实现绿色发展的民族智慧，激发了全体中华儿女建设美丽中国的内在动力。

二 系统完整的生态文明法律制度体系为生态文明建设提供了强有力的制度基石

党的十八大以来，以习近平同志为核心的党中央全面依法治国，用最严格的制度、最严密的法治为生态文明建设提供法治保障。2016年1月，《大气污染防治法》正式实施；12月，国务院主持召开《中华人民共和国水污染防治法修正案（草案）》并提交十二届全国人大常委会第二十五次会议分组审议；12月，《环境保护税法》也在全国人大常委会第二十五次会议上获得通过；12月，《最高人民法院、最高人民检察院关于办理环境污染刑事案件适用法律若干问题的解释》出台。这一系列法律法规的实施和新修订，体现了以习近平同志为核心的党中央，以全面依法治国为引领，不断推进生态文明建设科学立法、严格执法、公正司法、全民守法的法治自觉。

与此同时，生态文明建设领域全面深化改革取得重大突破，顶层设计和制度体系建设加快形成。蹄疾步稳地推进全面深化改革，改革全面发力、多点突破、纵深推进，生态文明建设系统性、整体性、协同性着力增强，重要领域和关键环节改革取得突破性进展，由自然资源资产产权制度、国土空间开发保护制度、空间规划体系、资源总量管理和全面节约制度、资源有偿使用和生态补偿制度、环境治理体系、环境治理和生态保护市场体系、生态文明绩效评价考核和责任追究制度八项制度构成的主体框架基本确立，生态文明领域国家治理体系和治理能力现代化水平明显提高。

中国开始实施"史上最严"新《环境保护法》。2018年起施行的《环境保护税法》，是中国第一部推进生态文明建设的单行税法，这意味着我国环保治污的法律体系进一步完善。这是绿色发展呼唤出来的"绿色税收"体系，在资源开采环节，以资源税、耕地占用税增加资源环境使用成本；在生产环节，运用增值税、企业所得税优惠政策鼓励节能环保；在流通环节，完善"两高一资"产品进出口税收政策支持产业结构调整；在消费和财产保有环节，使用消费税、车船税合理引导消费需求——近年来，我国覆盖生产流通消费各环节的"绿色税收"体系正在加快构建。《环境保护税法》的执行，标志着我国税收加快从行政手段向法制化转变，是完善"绿色税制"的重要一步，其重要原则是实现排污费制度向环保税制度的平稳转移。新《环境保护法》提供了一系列足以改变现状、有针对性的执法利器，开始发挥效力。如新增"按日计罚"的制度，对非法偷排、超标排放违法企业施行"按日计罚"、罚款数额上不封顶的惩罚手段；规定了行政拘留的处罚措施，对污染违法者将动用最严厉的行政处罚手段；设立了环保公益诉讼制度，"符合规定的社会组织向人民法院提起诉讼，人民法院应当依法受理"；对于连续发生突发环境事件，或者突发环境事件造成严重后果的地区，有关环境保护主管部门可以约谈下级地方人民政府主要领导。过去环保执法过松过软，环保不守法是常态，而今后要让守法要成为常态。"守法是底线，不论是企业还是政府，都要守法，这不是高要求，这是一个底线的要求。"①

三　供给侧结构性改革为生态文明建设提供了基础性战略抓手

供给侧结构性改革是新常态下着力改善供给体系的效率和质量，着力调整经济结构、发展方式结构、增长动力结构，着力实现供给侧和需求侧同步调整和动态平衡的新逻辑、新战略和新举措。推进供给侧结构性改革，是以习近平同志为核心的党中央在综合分析世界经济长周期和我国发展阶段性特征及其相互作用的基础上，集中全党和全国人民智慧，不懈进行理论和实践探索的结晶。它不仅在理论上丰富了经济新常态理论、为中国特色社会主义政治经济学书写了新篇章，而且在实践上开创了我国改革发展、宏观调控和经济结构调整的新纪元。② 科学统筹经济社会与环境保护两者内在关系，促进绿色发展，必须高度重视供给侧结构性改革和生态文明建设这一关系范畴。从提高效率的角度来看，绿色发展的核心是提高单位能源资源消耗或单位污染排放的产出率，而供给侧结构性改革的目的是通过制度改革提高全要素生产率，以实现经济可持续发展。作为习近平新时代中国特色社会主义经济思想重要内容的供给侧结构性改革，为新时代生态文明建设提供了强大的时代依据。

生态文明建设的重点是源头控制和减少能源资源消耗与污染排放。这就必须提高全要素生产率，而提高全要素生产率正是供给侧改革的要义所在。③ 因此，要把握生态文明制度建设中供给侧改革的着力点，推进主体的改革，调动生态文明建设的个体积极性，促进生态文明建设与发展。下大力气解决我国生态文明建设面临的系统

---

① 《环保部长陈吉宁：改变环保不守法常态，守法是底线》，2015 年 3 月 2 日，http：//www. chinanews. com/gn/2015/03 – 02/7090046. shtml。

② 刘元春：《推进供给侧结构性改革理论和实践创新》，《人民日报》2017 年 5 月 25 日第 7 版。

③ 李佐军：《供给侧改革助推生态文明制度建设》，《人民日报》2016 年 4 月 5 日第 7 版。

性难题，科学破解经济社会发展和环境保护的"两难"悖论，给力绿色发展，必须以创新、协调、绿色、开放、共享的发展理念为指导，从供给侧结构性改革入手，补短板、去产能、提效率、强保障，扩大有效供给，减少无效供给，提高全要素生产率，使人民享有供给侧结构性改革给生态文明建设带来的红利。

四　中国可再生能源投资近年保持全球第一

新中国成立 70 年来，我国能源发展实现了前所未有的重大变化，取得了举世瞩目的历史性成就，能源生产和消费总量跃居世界首位，能源保障能力不断增强，能源结构不断优化，节能降耗成效显著，为我国经济持续快速发展、人民生活水平不断提高提供了坚实有力的基础保障。从依赖进口到全面赶超，科技创新实现突破。新中国成立之后，我国出台多项能源科技发展规划及配套政策，走出了一条引进、消化吸收、再创新的道路，能源技术自主创新能力和装备国产化水平显著提升。煤炭绿色开采、机械化开采、重载铁路运输技术达到世界先进水平。石油、天然气复杂区块和难开采资源勘探开发、提高油田采收率等技术取得了重大突破。"华龙一号"百万千瓦核电机组开工建设，使我国成为继美国、法国、俄罗斯之后又一个具有独立自主三代核电技术的国家。高效燃煤发电、水电站设计建设和设备制造等技术均位居国际前列……中国这个曾经发电设备基本靠进口的国家，正在昂首阔步向能源科技强国迈进。清洁能源也意味着更少的污染，意味着实现更健康、更快乐的发展。[①]

新中国成立 70 年来，从无到有，从无人问津到"风光"无限，从落后到赶超，可再生能源跨越式发展已经成为我国能源领域最耀眼的亮点，中国作为"可再生能源第一大国"的绿色新名片越来越亮，可再生能源引领全球。联合国环境规划署报告数据显示，中国

---

① 王轶辰：《改革开放 40 年来我国能源生产和消费总量跃居世界首位》，《经济日报》2018 年 11 月 7 日。

是迄今为止世界上最大的可再生能源投资国，2017年投资额达到创纪录的1266亿美元，同比增长31%，其中，在光伏和风力发电领域，中国成为全球最大投资者。联合国环境规划署执行主任埃里克·索尔海姆表示：对可再生能源进行投资将使更多的人受益，因为它能提供更多高质量且高薪的就业岗位。面对新的能源形势和气候变化，世界各国都在发展水能、风能、太阳能等可再生能源。加快全球能源转型，实现绿色低碳发展，已经成为国际社会的共同使命。①

五　自然生态和农村环境保护处于历史最有利的发展时期

尽管我国的生态环境形势十分严峻，各方面的困难和挑战都很大，但在新形势下，我们也面临难得的历史性机遇。这个重要的战略理念转型，就是党的十九大报告提出的"实施乡村振兴战略"新发展理念，这既切中了当前乡村发展的要害，也指出了乡村发展的新方向，明确了乡村发展的新思路，绘就了乡村发展的新图景。追溯历史，我们很容易发现，乡村发展不仅是农耕经济的载体，也是文化传承的载体，更是中华五千年文明的根源。"开轩面场圃，把酒话桑麻。"唐诗宋词里留下了对田园乡村的咏叹。在工业文明的发展浪潮中，乡村发展该何去何从，已然是一道令人费解、需要慎重思考的选择题。党的十八大以来，为了让居民"望得见山，看得见水，记得住乡愁"，重构新型城乡、人与自然的关系成为时代的呼唤。党的十九大报告指出，农业、农村、农民问题是关系国计民生的根本性问题，必须把解决"三农"问题作为全党工作的重中之重。要坚持农业农村优先发展，按照产业兴旺、生态宜居、乡风文明、治理有效、生活富裕的总要求，建立健全城乡融合发展体制机制和政策体系，加快推进农业农村现代化。重提乡村振兴是对乡村地位和作用的肯定，也是用历史的眼光看待乡村的地位与作用，体现了我国

---

① 《联合国报告称中国可再生能源投资领先全球》，2018年4月6日，http://www.chinanews.com/cj/2018/04－06/8484448.shtml。

农村在实现中国梦伟大征程中历史与现实的统一。①

六　坚持人与自然和谐共生，建设人与自然和谐的现代化

党的十九大报告把"坚持人与自然和谐共生"作为新时代坚持和发展中国特色社会主义的基本方略之一，并强调：我们要建设的现代化是人与自然和谐共生的现代化，既要创造更多物质财富和精神财富以满足人民日益增长的美好生活需要，也要提供更多优质生态产品以满足人民日益增长的优美环境生态需要。这集中体现了新时代生态文明建设的新目标，即实现人与自然和谐共生的现代化。报告提出，到 2035 年，生态环境根本好转，美丽中国目标基本实现。即国土生态安全框架基本形成，生态服务功能和生态承载力明显提升；基本建成资源节约型、环境友好型社会，绿色富国和绿色惠民取得重大进展；在可持续发展领域形成较强的技术和产业竞争优势，绿色生活方式基本确立；建成系统完备、科学规范、运行有效的生态文明制度体系；到 21 世纪中叶，把我国建成富强、民主、文明、和谐、美丽的社会主义现代化强国，物质文明、政治文明、精神文明、社会文明、生态文明将全面提升。实现绿色富国和绿色惠民，形成具有强大竞争力的可持续发展经济体，在全球绿色发展和治理体系中发挥领导力，生态系统进入良性循环的轨道，生态文明建设水平与现代化国家相适应，实现人与自然的和谐发展。这个新目标既振奋人心又催人奋进，将美丽中国建设上升到全球生态安全和人类命运共同体的空前高度。中国生态文明建设进入了快车道，天更蓝、山更绿、水更清将不断展现在世人面前。

面向未来，要坚决打赢环境污染防治攻坚战。坚决打赢蓝天保卫战，以空气质量明显改善为刚性要求，调整优化产业结构、能源结构、运输结构、用地结构，强化区域联防联控和重污染天气应对，

---

① 娄海波：《以新发展理念推进新型城镇化建设》，《人民论坛》2018 年第 22 期。

进一步明显降低 PM2.5 浓度，明显减少重污染天数，明显改善大气环境质量，明显增强人民的蓝天幸福感，还人民蓝天白云，繁星闪烁。着力打好碧水保卫战，深入实施《水污染防治行动计划》，扎实推进河长制、湖长制，坚持污染减排和生态扩容两手发力，加快工业、农业、生活污染源和水生态系统整治，打好水源地保护、城市黑臭水体治理、长江保护修复攻坚战，保障饮用水安全，消除城市黑臭水体，减少污染严重水体和不达标水体，还给人民清水绿岸、鱼翔浅底的美景。扎实推进净土保卫战，全面实施《土壤污染防治行动计划》，突出重点区域、行业和污染物，有效管控农用地和城市建设用地土壤环境风险，强化土壤污染管控和修复。[①] 有效防范风险，严禁"洋垃圾"入境，减少进口固体废物的种类和数量。实施"增量"和"提质"体系，保护和修复自然生态系统。扩大森林、湖泊、湿地面积，提高沙区、草原植被覆盖率。在重点生态功能区、重大生态工程区和各类自然保护地，实施生态系统质量提升工程，促进生态保护由数量扩张向质量提升转变。以环境风险防控为底线，以人体健康安全为导向，以区域流域环境问题为着力点，全面改善环境质量。扩大优质生态产品供给。

培育绿色增长新动能，推进绿色富国。党的十九大报告明确指出：构建市场导向的绿色技术创新体系，发展绿色金融、环保节能产业、清洁生产产业和清洁能源产业。实施绿色创新战略，加快绿色技术创新和推广，实现产业转型升级。强化企业在绿色创新中的主体地位，掌握一批具有主导地位和自主知识产权的关键核心技术，抢占全球绿色技术制高点，完善绿色技术研发推广机制。加快传统部门的绿色改造和新型绿色产业的扩张。着力推动绿色化与智能化的"两化融合"。推动能源互联网和智慧能源体系建设；大力推动共享经济的发展，促进闲置资源的重配；推动全国绿色智慧物流体系

---

① 中共中央、国务院：《关于全面加强生态环境保护　坚决打好污染防治攻坚战的意见》，2018 年 6 月 24 日，https：//www. gov. cn/zhengce/2018－6－24/content_5300953. htm。

建设；实施绿色品牌增值战略，大幅度提升绿色产品附加值，大力发展绿色生态农业、乡村休闲旅游业；推进生活方式绿色化，培育健全繁荣稳定的绿色消费市场。

七　全面实施《2030年可持续发展议程》，不断引领和形成全球可持续发展治理体系

《2030年可持续发展议程》是国际社会推出的新的可持续发展议程，内容涵盖社会、经济和环境三大领域，呼吁各国采取果断行动，为实现17项可持续发展目标而努力。该议程就环境问题宣布，国际社会将阻止地球的退化，包括以可持续的方式进行消费和生产，管理地球的自然资源，在气候变化问题上立即采取行动，使地球能够满足今世后代的需求。[①] 对于自然资源枯竭和环境退化带来的危害，《2030年可持续发展议程》强调：自然资源的枯竭和环境退化产生的不利影响，包括荒漠化、干旱、土地退化、淡水资源缺乏和生物多样性丧失，使人类面临的各种挑战不断增加和日益严重。气候变化是当今时代的最大挑战之一，它产生的不利影响削弱了各国实现可持续发展的能力。全球升温、海平面上升、海洋酸化和其他气候变化产生的影响，严重影响到沿岸地区和低洼沿岸国家，包括许多最不发达国家和小岛屿发展中国家。许多社会和各种维系地球的生物系统的生存受到威胁。[②]

《2030年可持续发展议程》是"一套全面、意义深远和以人为中心的具有普遍性和变革性的目标和具体目标"，具体目标中也时刻贯穿着"以人为本"的可持续发展理念。这些目标和理念，对于国际社会的发展有重要的指导意义，也与中国政府"以人为本"的发

---

① 《变革我们的世界：2030年可持续发展议程》，2016年1月13日，https：//www.fmprc.gov.cn/web/ziliao_674904/zt_674979/dnzt_674981/qtzt/2030kcxfzyc_686343/t1331382.shtml。

② 同上。

展理念相通。为推动落实联合国《2030 年可持续发展议程》，中国政府依照中国的基本国情，提出了《中国落实 2030 年可持续发展议程国别方案》。该方案提出：着力解决好经济增长、社会进步、环境保护三大领域平衡发展的问题。树立尊重自然、顺应自然、保护自然的生态文明理念，加大环境治理力度，以提高环境质量为核心，实施最严格的环境保护制度，深入实施大气、水、土壤污染防治行动计划，形成政府、企业、公众共治的环境治理体系，实现环境质量总体改善。推进自然生态系统保护与修复，筑牢生态安全屏障。①这不仅是联合国《2030 年可持续发展议程》的要求，也是中国生态文明建设的伟大实践。

现时代，中国人民到了有实力、有条件、有信心、坦诚开展全方位、多层次、立体化的生态文明国际合作的窗口期。习近平新时代中国特色社会主义外交思想也为习近平生态文明思想走向国际舞台提供了新理念、新思想、新战略支撑。举办"一带一路"国际合作高峰论坛、亚太经合组织领导人非正式会议、二十国集团领导人杭州峰会、金砖国家领导人厦门会晤、亚信峰会、世界园艺博览会，都没有脱离生态文明、美丽中国和美丽世界、人类命运共同体话语语境。面向未来，要以更加包容和开放的心态积极开展生态文明国际交流和务实合作，特别是把西方发达国家已经成熟的绿色生态技术、社会绿色治理经验像当年引进技术、引进管理一样引进来，促进我国生态环境和生态文明治理体系变革；同时把我国发展绿色能源、应对气候变化的成熟经验推广到世界范围，促进全球治理体系变革。

---

① 《中国落实 2030 年可持续发展议程国别方案》，2016 年 10 月 12 日，https：//www.fmprc.gov.cn/web/zyxw/t1405173.shtml。

参考文献

《马克思恩格斯选集》（第 1 卷），人民出版社 1995 年版。

《马克思恩格斯全集》（第 20 卷），人民出版社 1971 年版。

《马克思恩格斯全集》（第 23 卷），人民出版社 1972 年版。

习近平：《切实把思想统一到党的十八届三中全会精神上来》，《求是》2014 年第 1 期。

习近平：《推动我国生态文明建设迈上新台阶》，《资源与人居环境》2019 年第 2 期。

《"十三五"生态环境保护规划》，《中国环境报》2016 年 12 月 6 日第 2 版。

《强化应对气候变化行动——中国国家自主贡献》，《人民日报》2015 年 7 月 1 日第 22 版。

《全面落实科学发展观　加快建设环境友好型社会　第六次全国环境保护大会隆重召开　中共中央政治局常委、国务院总理温家宝出席大会并发表重要讲话　中共中央政治局委员、国务院副总理曾培炎主持会议并作大会总结》，《环境保护》2006 年第 8 期。

《我国环境污染治理投资已占 GDP 1.49%》，《节能与环保》2009 年第 11 期。

《我国加入的主要国际环境公约简介》，《环境保护》2006 年第 14 期。

《我国生物多样性保护成效显著》，《中国环境报》2015 年 12 月 3 日第 1 版。

曹前发：《学习毛泽东勤俭节约的思想与风范》，《求是》2013 年第
　　12 期。

常纪文：《二氧化碳的排放控制与〈大气污染防治法〉的修订》，
　　《中国环境法治》2009 年第 1 期。

陈英：《节约原材料工作取得新进展》，《经济工作通讯》1991 年第
　　22 期。

董战峰、高晶蕾、郝春旭等：《京津冀地区〈大气污染防治行动计
　　划〉投资需求分析》，《环境污染与防治》2017 年第 10 期。

杜宣逸：《环保部通报环境保护国际合作有关情况》，《中国环境报》
　　2017 年 7 月 21 日第 1 版。

冯贵霞：《中国大气污染防治政策变迁的逻辑》，博士学位论文，山
　　东大学，2016 年。

高吉喜、李岱青、何萍等：《中东部地区生态保护与建设成效》，
　　《环境科学研究》2005 年第 6 期。

国家海洋局：《2017 年中国海洋生态环境状况公报》，2018 年。

国家核安全局：《国家核安全局 2017 年年报》，2018 年。

国家环境保护总局自然生态司：《共和国生态保护发展历程及取得的
　　成就》，《环境教育》2007 年第 1 期。

国家经济贸易委员会：《关于进一步开展资源综合利用的意见》，
　　《资源节约和综合利用》1996 年第 4 期。

国家林业和草原局：《中国国际重要湿地生态状况白皮书》，2019 年。

国家林业局：《三北防护林体系建设 30 年发展报告（1978—2008）》，
　　中国林业出版社 2008 年版。

国家林业局编：《中国林业统计年鉴（2017）》，中国林业出版社
　　2018 年版。

国家统计局、生态环境部编：《中国环境统计年鉴（2018）》，中国
　　统计出版社 2019 年版。

国家统计局国民经济综合统计司编：《新中国六十年统计资料汇编》，
　　中国统计出版社 2010 年版。

国务院新闻办公室：《中国与世界贸易组织》白皮书，2018 年 6 月。

胡鞍钢：《中国：创新绿色发展》，中国人民大学出版社 2012 年版。

胡涵景：《国际上各贸易便利化机构所从事的贸易便利化工作概述》，《中国标准导报》2013 年第 3 期。

胡运宏、贺俊杰：《1949 年以来我国林业政策演变初探》，《北京林业大学学报》（社会科学版）2012 年第 3 期。

黄梅波、吴仪君：《2030 年可持续发展议程与国际发展治理中的中国角色》，《国际展望》2016 年第 1 期。

姜欢欢、原庆丹、李丽平、张彬、李媛媛、黄新皓：《从参与者、贡献者到引领者——我国环保事业发展回顾》，《紫光阁》2018 年第 11 期。

姜珊：《新中国成立初期中共生态保护思想、制度与实践研究（1949—1956）》，硕士学位论文，西南交通大学，2015 年。

李宏涛、杜譞、程天金等：《我国环境国际公约履约成效以及"十三五"履约重点研究》，《环境保护》2016 年第 10 期。

李双双、延军平：《西部社会、经济与生态互动发展效果的综合评价》，《干旱区资源与环境》2011 年第 7 期。

李佐军：《供给侧改革助推生态文明制度建设》，《人民日报》2016 年 4 月 5 日第 7 版。

林叶：《2019 年世界湿地日中国主场宣传活动在海口市举行——〈中国国际重要湿地生态状况白皮书〉发布》，《国土绿化》2019 年第 1 期。

林毅夫、刘培林：《振兴东北要遵循比较优势战略》，《辽宁科技参考》2003 年第 11 期。

娄海波：《以新发展理念推进新型城镇化建设》，《人民论坛》2018 年第 22 期。

梅凤乔、包塨含：《全球环境治理新时期：进展、特点与启示》，《青海社会科学》2018 年第 4 期。

牛秋鹏：《2018 年中国国际保护臭氧层日纪念大会在京召开》，《中国环境报》2018 年 9 月 18 日第 1 版。

任玲、张云飞:《改革开放 40 年的中国生态文明建设》,中共党史出版社 2018 年版。

生态环境部:《中国应对气候变化的政策与行动（2018 年度报告)》,2018 年。

司文文:《巴塞尔公约》,《中国投资》2019 年第 1 期。

孙大发、樊孝萍、袁彭春等:《浅谈中国改革开放四十年环境保护理论与实践的探索》,《湖北林业科技》2018 年第 5 期。

孙经国:《生态安全问题何以成为国家安全战略问题》,《前线》2017 年第 6 期。

涂瑞和:《在全球化和区域化快速发展背景下看我国的环境问题》,《环境保护》2007 年第 18 期。

王得祥、杨改河:《西北地区林草植被及其生态环境建设策略》,《西北林学院学报》2003 年第 1 期。

王立新、张仁志、孔繁德:《中国工业环境管理》,中国环境科学出版社 2006 年版。

王玉庆:《中国环境保护政策的历史变迁——4 月 27 日在生态环境部环境与经济政策研究中心第五期"中国环境战略与政策大讲堂"上的演讲》,《环境与可持续发展》2018 年第 4 期。

肖爱萍:《新中国成立以来中央农村环境保护政策的演进与思考》,硕士学位论文,湖南师范大学,2010 年。

肖良武、张艳:《西部生态环境与经济协调发展困境与出路研究》,《贵州民族研究》2017 年第 2 期。

徐靖、银森录、李俊生:《〈粮食和农业植物遗传资源国际条约〉与〈名古屋议定书〉比较研究》,《植物遗传资源学报》2013 年第 6 期。

徐庆华:《中国环境保护国际合作历程与展望》,《环境保护》2013 年第 14 期。

延军平:《西北经济发展与生态环境重建研究》,中国社会科学出版社 2008 年版。

延军平：《中国西北生态环境建设与制度创新》，中国社会科学出版社 2004 年版。

闫杰：《环境污染规制中的激励理论与政策研究》，博士学位论文，中国海洋大学，2008 年。

杨晓华：《履行环境国际公约，构建人类命运共同体》，《国际人才交流》2018 年第 9 期。

于宏源：《全球环境治理体系中的联合国环境规划署》，《绿叶》2014 年第 12 期。

张焕波、周京：《第一章中国实施绿色发展的历程和严峻挑战》，载中国国际经济交流中心编《中国实施绿色发展的公共政策研究》，经济科学出版社 2013 年版。

张连辉：《新中国环境保护事业的早期探索——第一次全国环保会议前中国政府的环保努力》，《当代中国史研究》2010 年第 4 期。

张倩芸：《新中国成立以来我国生态文明制度建设研究》，硕士学位论文，扬州大学，2016 年。

张志卫、刘志军、刘建辉：《我国海洋生态保护修复的关键问题和攻坚方向》，《海洋开发与管理》2018 年第 10 期。

赵贝佳：《中国积极应对气候变化》，《人民日报》（海外版）2018 年 11 月 27 日第 2 版。

郑华、欧阳志云：《生态红线的实践与思考》，《中国科学院院刊》2014 年第 4 期。

郑艳、潘家华、谢欣露、周亚敏、刘昌义：《基于气候变化脆弱性的适应规划：一个福利经济学分析》，《经济研究》2016 年第 2 期。

郑艳、翟建青、武占云、李莹、史巍娜：《基于适应性周期的韧性城市分类评价——以我国海绵城市与气候适应型城市试点为例》，《中国人口·资源与环境》2018 年第 3 期。

中共中央文献研究室、国家林业局：《毛泽东论林业》，中央文献出版社 2003 年版。

中共中央文献研究室、国家林业局：《周恩来论林业》，中央文献出版社 1999 年版。

中国社会科学院生态文明研究智库编：《中国生态文明建设年鉴（2016）》，中国社会科学出版社 2016 年版。

钟文静：《西北地区生态资源质量评价与差异分析》，《农业环境与发展》2007 年第 1 期。

周生贤：《携手合作，共同保护好全球海洋环境》，《环境保护》2006 年第 20 期。

Jarrett, H., *Environmental Quality in a Growing Economy*, Baltimore: The Johns Hopkins University Press, 1966.

Krasner, S. D., "Structural Causes and Regime Consequences: Regimes as Intervening Variables", *International Organization*, 1982, Vol. 36, No. 2.

后　　记

在新中国成立 70 周年之际，根据中国社会科学院的总体部署，中国社会科学院生态文明研究智库（以下简称智库）组织城市发展与环境研究所以及其他兄弟院所相关领域专家学者集体撰写了《新中国生态文明建设 70 年》一书，以献礼新中国 70 华诞。智库理事长、学部委员蔡昉研究员指导了书稿大纲的制定和修改，对书稿进行了审定。智库全球治理研究部主任王谋在书稿的组织、撰写和统稿方面做了大量工作。该书共 11 章，包括：总论篇一章，该章提纲挈领概述了新中国 70 年我国生态文明建设的基本历程、主要成就、形势和挑战，由学部委员潘家华撰写。专论篇三章，分别介绍了生态保护、资源利用、污染控制三个维度的基本内涵、发展进程、主要成就和面临的挑战，提出了解决生态资源和环境问题的路径与建议。其中，第二章由李萌撰写，第三章由娄伟撰写，第四章由张莹和陈涛峰撰写。地区篇四章，从生态保护、资源利用、污染控制视角，介绍了新中国 70 年来生态文明在不同区域的建设历程和实践经验。其中，第五章由朱守先撰写，第六章由禹湘撰写，第七章由郑艳和林陈贞撰写，第八章由廖茂林和赵雅卉撰写。国际篇两章，介绍了中国参与国际生态文明治理的历史进程，分析了中国参与国际治理的认知、定位和作用的演变，并为继续推动命运共同体建设，做全球生态文明建设重要参与者、贡献者和引领者提出建议。其中，第九章由王谋和吕献红撰写，第十章由陈迎和朱磊撰写。展望篇一章，重点论述了新中国 70 年来生态文明建设的主要启示，以及习近平生态文明思想对中国和全球生态文明建设的重大理论创新、历史贡献和启示，指出我们要抓好生态文明建设历史机遇期、战略期，推动生态文明建设在新的历史征程中迈上新台阶，本章由黄承梁撰写。全书由潘家华、王谋、黄承梁、康文梅统稿。

古人云："以铜为鉴，可以正衣冠；以人为鉴，可以明得失；以史为鉴，可以知兴替。"在新中国成立 70 周年之际，本书作者就新中国生态文明建设的历程和经验进行总结，同时提出在新的历史征程中我们要以习近平生态文明思想为根本遵循，不断增强新时代生态文明建设的道路自信、理论自信、制度自信和文化自信，为实现经济、社会高质量发展、促进人类命运共同体建设做出新的贡献。

由于作者水平有限，加之时间紧、任务重，书中肯定有疏漏或者不足的地方，敬请读者批评指正。